U0257650

中国社会科学院财经战略研究院报告
National Academy of Economic Strategy Report Series

中国社会科学院创新工程学术出版资助项目
中国能源安全系列研究

中国能源安全的国际环境

INTERNATIONAL ENVIRONMENT OF CHINA'S ENERGY SECURITY

史 丹 / 主编

社会科学文献出版社
SOCIAL SCIENCES ACADEMIC PRESS (CHINA)

出版前言

中国社会科学院财经战略研究院始终提倡"研以致用",坚持"将思想付诸实践"作为立院的根本。按照"国家级学术型智库"的定位,从党和国家的工作大局出发,致力于全局性、战略性、前瞻性、应急性、综合性和长期性经济问题的研究,提供科学、及时、系统和可持续的研究成果,当为中国社会科学院财经战略研究院科研工作的重中之重。

为了全面展示中国社会科学院财经战略研究院的学术影响力和决策影响力,着力推出经得起实践和历史检验的优秀成果,服务于党和国家的科学决策以及经济社会的发展,我们决定出版"中国社会科学院财经战略研究院报告"。

中国社会科学院财经战略研究院报告,由若干类专题研究报告组成。拟分别按年度出版发行,形成可持续的系列,力求达到中国财经战略研究的最高水平。

我们和经济学界以及广大的读者朋友一起瞩望着中国经济改革与发展的未来图景!

中国社会科学院财经战略研究院

学术委员会

2012 年 3 月

《中国能源安全的国际环境》
课题组名单

主　编　史　丹

成　员　（按本书各章作者排序）

查道炯　薛彦平　陈　沫　朱晓中　张季风

钟飞腾　朴光姬　孙洪波

序　国际关系视角下的能源安全

能源是战略商品，世界各国无不把能源安全作为国家政治经济中的重要问题。国际石油界知名人士丹尼尔耶金的名言"石油，10％是经济，90％是政治"，道出了石油在当今世界的特殊属性。从国际政治的角度研究能源安全的著述已是汗牛充栋。然而，也正是能源安全与国际政治的密切关系，使得从国际关系视角下研究能源安全这一命题常青不老。因为世界每时每刻都在发生变化，这些变化都在影响或改变全球或者某些国家能源安全的局势。

全球能源格局正在调整：一是石油供应格局正在向多元化方向发展。随着北非、拉美等石油探明储量和产量的增长以及北美非常规油气资源的开发，美国等一些国家对中东地区的石油依赖正在逐步下降，世界能源供需格局可能会随着美国能源的独立而形成西半球供应圈，全球有可能形成中东、北美和非洲三个石油输出中心。二是亚洲大多数国家的石油消费进一步上升，对其他地区的石油依赖有增无减，区内竞争也更加激烈。与此同时，世界能源生产大国也在非洲和拉美等新兴资源国展开了资源竞争。三是新能源和非常规油气资源的开发，使得世界一些国家的能源力量对比发生改变，围绕着维护本国利益的能源贸易争端加剧。中国在这次全球能源格局调整中成为最大的利益相关者之一。首先，中国超过美国成为全球最大的能源消费国。发达国家很难接受中国崛起这一事实。换言之，中国需与这些国家重建国际关系。在维护全球能源安全方面，尽管中国与发达国家已成为利益共同体，但是由于政治和意识形态的对立，中国在积极参与全球能源治理的过程中，还必须要维护国家政治利益。其次，中国经济的发展，带动了能源对外投资的快速增长，中国对发展中国家和发达国家的投资均有较大的增长，维护本国海外投资利益成为中国构建新的国际关系的重要考量。一方面，中国要与发展中国家处理好投资与被投资的关系；另一方面，中国要与发达国家在资源开发方面形成合作关系，中国的国际形象和地位在全球能源格局的调整中已被改变。最后，中国正在面临前所未有的复杂的国际环境，在国际舆论上，"中国威胁论"不断变换出场，日本、菲律宾等周边一些国家在美国重返亚太战略的支撑下，挑衅我国领土和主权；欧美针对我国快速发展的风电和光伏产业抡起"双反"大棒。中国在国际能源格局中的地位的上升，虽然有利于在全球能源治理中维护中国的能源安全，但是也要承受更多的挑战和压力。

近年来，中国进口需求逐年增长。其中石油对外依存度已接近60%，天然气对外依存度接近1/3，煤炭净进口不到两年就成为全球最大的进口国。中国一次能源全面净进口使得中国能源安全风险加大，能源安全形势更加严峻。从经济学的角度来看，能源安全风险的产生源于对进口能源的依赖和能源对外投资，是消费过多的进口能源和过度对外投资所产生的负外部性。经济学的理论和方法可以通过效率的改进或者资源的优化配置减少对能源的进口，但是当进口不可避免甚至成为一种长期趋势时，如何消除风险却超出了经济学的分析范畴，需要运用国际关系学的理论和方法。根据各种地理要素和政治格局以及历史因素，分析和预测世界和地区的发展趋势及有关国家的政治行为，从而判断能源生产、供应的国际形势应该是国际关系学研究能源安全的基本逻辑。

影响全球能源安全的两大核心因素是政治利益与经济利益。地缘政治是国际关系学中的重要组成部分。地缘政治学认为，有一部分国家或地区在地理上占有重要位置，因此，出现了所谓的"海权论""陆权论""空权论"以及"大陆心脏学说""边缘地带学说"等理论，这些理论是从地理空间关系讨论国家安全和利益的，对能源安全的研究具有重要启示。亚洲是能源资源相对贫乏的地区，同时又是能源消费增长最快的地区。中国东、南、西三个方向的邻国，基本上都是能源净进口国，在能源方面存在竞争关系，只有北部相邻的中亚和俄罗斯等国家是能源净出口国。近年来俄罗斯和中亚与中国的能源贸易有所增长，但俄罗斯的能源战略重点仍在欧洲。中国从中东和非洲进口的石油要经过长距离的海运，要通过霍尔木兹海峡和马六甲海峡两个战略咽喉。在美国重返亚太战略的支撑下，中国周边的一些国家加强与中国能源资源的竞争，对中国的国土和领海进行挑衅，使中国的地缘政治环境更为复杂。

开展能源外交是提高能源安全保障的重要手段，但能源外交是从利益交换关系的角度来看待能源安全的，能源可能是外交的目的，也可能是为求得其他方面利益的外交砝码。分析各国的能源外交战略，首先应从全球能源供需关系的角度对其进行归类，俄罗斯学者日兹宁把世界各国分为三种类型——能源出口国、能源消费国和能源过境国，大部分学者也跟随这种分析范式。这种分析的逻辑是国家对能源利益的诉求决定了国际能源外交的方向和企图。能源出口国关心的是供给安全，即如何能长期保持以合理的"高价"对外供给能源；消费国首先关心需求安全，即怎样以稳定的"低价"购买能源；能源过境国关心运输安全，主要是长期维持经本国领土将能源出口国的能源输往能源消费国并获得最大利润。消除利益对抗，实现利益交换应该是能源外交所要做的努力。

在能源外交中必须要正视大国的作用和影响。从能源资源、生产和消费的集中度来看，无论是石油资源，还是石油生产和石油消费，排名前三位的国家的市场集中度达到30%，排名前十位的国家的市场集中度达到65%以上，排名前十五位的国家的市场集中度超过70%。美国、中国、俄罗斯和沙特阿拉伯既是石油资源大国，也是石油生产大国和消费大国，在世界石油市场上占有重要地位。若把欧盟15国作为一个经济体，欧盟在世界石油消费市场上也具有重要影响。全球石油消费大国基本上是净进口国，美国、中国、日本是世界上石油净进口最多的国家。欧洲和亚洲是世界上石油净进口地区。

俄罗斯是全球天然气资源最丰富的国家，探明储量占全球的21.4%，其次是伊朗，占全球储量的15.9%。美国和俄罗斯是全球最大的天然气生产国，其产量合计占全球天然气产量的38.5%；加拿大天然气产量位居全球第3，但产量占比只有4.9%；中国天然气产量占全球天然气产量的比重为 3.1%，位居全球第 6。前 15 位国家天然气产量的占比为 72.5%。从消费量来看，美国的天然气消费占全球的 21.5%，俄罗斯占 13.2%，伊朗和中国分别位居第 3 和第 4，消费量各占全球的 4.7% 和 4%。

美国、俄罗斯、中国是世界上煤炭资源最丰富的国家，其中，美国煤炭资源占全球的 27.6%，俄罗斯占 18.2%，中国占 13.3%，前两者合计占全球的 45.8%，三者合计占全球的 59.1%。中国是全球最大的煤炭生产国，其煤炭产量占全球的 49.5%，美国位居第 2，产量占全球的 14.1%，其余煤炭生产大国基本集中在亚洲。在亚洲地区，一些国家如泰国、菲律宾和印尼的煤炭消费增长甚至超过 10 倍，大大超过了中国；日本煤炭消费增长也超过了 1 倍；而其他地区煤炭产量增长不到 1 倍。2011 年中国超越日本成为全球最大的煤炭进口国。上述一系列数据表明，美国、俄罗斯、中国、日本、沙特阿拉伯、伊朗和加拿大等国是对全球能源市场影响较大的国家。

目前相当多的学者认为，在经济全球化的浪潮下，世界各国的能源安全不可分割，更不能相互对立，坚决抵制以损害他国能源安全谋求本国"绝对能源安全"或者以武力威胁保障自身能源安全的做法，否则最终必然威胁全球能源安全，从而也会危及自身能源安全。构建共同的能源安全观也是中国政府在国际社会中所倡导的。在倡导互利共赢的全球能源安全格局中，如何构建中国的能源安全版图是至关重要的。

中亚和俄罗斯、非洲、中东地区国家是中国与能源资源出口国开展能源外交的三大战略区，但中国在这三大战略区的战略措施有所不同。中国要改变与中亚和俄罗斯"政热经冷"的局面，全面加快推进能源战略合作；要同非洲加强广泛的经贸关系，提高我国对非投资的国际竞争力，促进双方的能源合作；中东不仅现在而且将来也是全球重要的能源供应中心，中国不应因中东政局不稳而放弃或减少与中东的能源合作，而是要用政治与外交智慧处理好与中东、美国等的关系，扩展与中东能源产业合作的领域。此外，北美的加拿大和拉美的委内瑞拉、巴西等国是能源生产潜力较大的国家，是未来与中国具有广泛合作前景的国家，当前应加强与这些国家的能源合作。世界能源消费大国除中国和印度外，主要是发达国家，中国与发达国家的能源关系主要集中在能源技术以及新能源产品贸易方面。中国要特别注意与美国和欧盟的能源关系，因为这两个经济体对全球能源安全以及中国能源安全的影响不仅体现在能源供需稳定方面，更重要的是它们对全球能源秩序、国际能源规则制定、能源价格变动有着重要影响。由于中国经济的迅速发展，美国、欧盟等发达国家对中国新能源产业的发展更加敏感，从贸易和舆论上对中国设置障碍和施加压力。中国与美国和欧盟等发达国家的能源合作，一方面，要注意防范其能源问题意识形态化，遏制中国能源和经济发展；另一方面，要结合国际贸易与投资规则制定产业政策，提高中国能源企业在国际竞争中的适应性和竞争力。日本和印度是中国周边国家，政治经济关系较为复杂，与日本和印度两国开展能源合作，有利于促进中国与周边国家的稳定，但要坚持国家领土利益高于一切的原则。能源过境运输问题是中国能源安全中的重要问题，东南亚地区与此利害相关。中国要加强与东南亚国家的合作，与美国、日本等大国联合确保马六甲海峡的畅通，同时，要加快建设与周边国家的陆上油气通道，加强能源运输线路的安全保卫。

我们认为，建立广泛的、正常的能源经贸关系是维护能源安全的基础，但是能源安全的内涵要与时俱进，能源安全不仅意味着供应安全，更包含了资源掌控、生产供应、消费需求、价格主导、运输安全、高效清洁使用等多个方面。能源安全的国际关系也因能源安全的内涵与要求的改变而改变。

本书是中国能源安全系列研究的第一部。其研究的重点是分析中国能源安全所面临的国际形势。本书采取分区域、有重点的研究方法，对北美地区、欧洲地区、中东非洲地区、东北亚地区、俄罗斯与中亚地区、亚太地区、拉美地区七个地区及重点国家进行研究。研究内容主要包括三个方面，一是该区域在全球能源格局中的地位和作用，二是该区域与中国的政治与经济关系，三是中国与该区域能源合作的风险防范和对策建议。本书是对策性研究报告，因此在书中并没有专门阐述有关能源安全和能源外交的理论。本书对上述七个地区从能源安全的角度进行了较为深入的分析，旨在揭示我国能源安全的国际环境。这一方面的研究，超出本人及本人所在单位——中国社会科学院财经战略研究院的研究领域，因此，特别邀请了中国社会科学院其他院所和北京大学等一些专门从事国际问题研究的学者加入本项研究。本书是社科院财经院跨单位、跨学科进行合作研究的成果。书中各章作者是该领域的知名专家学者，颇有造诣，但他们虚怀若谷，尽管工作繁忙，仍能根据本人的修改建议进行多次修改，在此对他们致以衷心的感谢和敬意！

史　丹

2012 年 11 月

目 录

第一章　北美能源局势变化与
中国的能源安全

北美地区油气资源丰富，全球有近1/5的大油气田分布其中。在化石能源和可再生能源两个领域，北美的形势变化都对全球具有先导性意义。北美地区内能源格局的一个显著特点是成员国（美国、加拿大、墨西哥）之间优先保障相互间消费需求的安排通过自由贸易法的制度性安排被固定下来。近年来，北美国家间在全球能源贸易领域的互动发生了重大变化，特别是美国对进口美洲区域外所产油气的依存度开始降低，西半球能源市场在全球能源供销格局中的地位开始突出。由于中国对化石能源进口的需求将是一个长期趋势，因此研究未来北美地区能源的可获得性具有现实意义。

一　北美三国能源概况

北美在全球化石能源的生产和贸易中占据重要地位。就石油而言，如表1-1所示，三国的探明储量总和在2011年占全球的比例为13.2%。美国的探明储量在过去20多年间基本持平，加拿大的探明储量有大幅度的提高，墨西哥的探明储量则呈现出逐步下降的趋势。

2011年，美加墨三国的石油产量占全球的比例为16.8%，略高于其探明储量的全球份额。如表1-2所示，美国和加拿大的石油产量稳中有升，而墨西哥的产量则呈下降趋势。

表 1-1　北美三国石油探明储量

单位：亿桶，%

国家	1991 年	2001 年	2011 年	2011 年占全球比例
美　国	32.1	30.4	30.9	1.90
加拿大	40.1	180.9	175.2	10.60
墨西哥	50.9	18.8	11.7	0.70
合　计	123.1	230.1	217.8	13.20

资料来源：BP, Statistical Review of World Energy, June 2012, p.6。

表 1-2　2006~2011 年北美三国石油产量

单位：千桶/天，%

国家	2006 年	2007 年	2008 年	2009 年	2010 年	2011 年	2011 年占全球比例
美　国	6841	6847	6734	7270	7555	7841	8.80
加拿大	3208	3305	3223	3222	3367	3522	4.30
墨西哥	3689	3479	3165	2978	2958	2938	3.80
合　计	13738	13631	13122	13470	13880	14301	16.90

资料来源：BP, Statistical Review of World Energy, June 2012, p.8。

北美是全球重要的石油消费地区。2011 年，三国的消费总和占全球的比例为 25.2%（见表 1-3）。可见，北美是全球石油贸易中的重要力量。

表 1-3　2006~2011 年北美三国石油消费量

单位：千桶/天，%

国家	2006 年	2007 年	2008 年	2009 年	2010 年	2011 年	2011 年占全球比例
美　国	20687	20680	19498	18771	19180	18835	20.50
加拿大	2246	2323	2288	2179	2298	2293	2.50
墨西哥	2019	2067	2054	1995	2014	2027	2.20
合　计	24952	25070	23840	22945	23492	23155	25.20

资料来源：BP, Statistical Review of World Energy, June 2012, p.9。

与消费量高度相关的是三国的石油提炼能力。如表 1-4 所示，北美三国的石油提炼能力一直稳中有升，2011 年北美三国的石油提炼能力为全球的 23%。也就是说，炼油能力的稳定意味着该地区有充足的能力满足本地区的消费需求。而且，充足的提炼能力为满足全球不同地区、不同质地的原油的需求提供了保障。

表1－4　2006～2011年北美三国的石油提炼能力

单位：千桶/天，%

国家	2006年	2007年	2008年	2009年	2010年	2011年	2011年占全球比例
美　国	17443	17594	17672	17688	17594	17730	19.10
加拿大	1914	1907	1951	1976	1951	2046	2.20
墨西哥	1463	1463	1463	1463	1463	1606	1.70
合　计	20820	20964	21086	21127	21008	21382	23.00

资料来源：BP, Statistical Review of World Energy, June 2012, p.16。

在天然气领域，北美地区的探明储量虽然占全球的比例不高，但是美国储量的稳步提升是其显著的特点（见表1－5）。

表1－5　北美三国的天然气探明储量

单位：兆立方米，%

国家	1991年	2001年	2010年	2011年	2011年占全球比例
美　国	4.7	5.2	8.2	8.5	4.10
加拿大	2.7	1.7	1.8	2.0	1.00
墨西哥	2.1	0.8	0.3	0.4	0.20
合　计	9.5	7.7	10.3	10.9	5.20

资料来源：BP, Statistical Review of World Energy, June 2012, p.20。

与储量形成鲜明对比，北美的天然气生产占全球的比例，在2011年达到了26.5%（见表1－6）。同期，其消费比例也占到了全球的近27%（见表1－7）。这显示出北美地区在全球天然气产销链条中已经基本达到了自给自足。

就煤炭而言，北美三国2011年年底的煤炭探明储量为全球的28.5%。其中，美国的储量最大，为237.295万亿吨（27.6%），加拿大次之，为65.82亿吨（0.8%），墨西哥储量为12.11亿吨（0.1%）。北美三国的煤炭产销，也呈现出本地区内自给自足的态势，如表1－8和表1－9所示。

表 1-6 2006~2011 年北美三国天然气生产量

单位：百万吨油当量，%

国家	2006 年	2007 年	2008 年	2009 年	2010 年	2011 年	2011 年占全球比例
美 国	479.3	499.6	521.7	532.7	549.9	592.3	20.00
加拿大	169.6	164.4	158.9	147.6	143.9	144.4	4.90
墨西哥	46.4	48.6	48.5	49.1	49.6	47.2	1.60
合 计	695.3	712.6	729.1	729.4	743.4	783.9	26.50

资料来源：BP, Statistical Review of World Energy, June 2012, p. 24。

表 1-7 2006~2011 年北美三国天然气消费量

单位：百万吨油当量，%

国家	2006 年	2007 年	2008 年	2009 年	2010 年	2011 年	2011 年占全球比例
美 国	560.0	597.3	600.6	590.1	611.2	626.0	21.50
加拿大	87.3	86.6	86.5	85.4	85.5	94.3	3.20
墨西哥	54.8	56.9	59.5	59.6	61.1	62.0	2.10
合 计	702.1	740.8	746.6	735.1	757.8	782.3	26.80

资料来源：BP, Statistical Review of World Energy, June 2012, p. 23。

表 1-8 2006~2011 年北美三国煤炭生产量

单位：百万吨油当量，%

国家	2006 年	2007 年	2008 年	2009 年	2010 年	2011 年	2011 年占全球比例
美 国	595.1	587.7	596.7	540.9	551.8	556.8	14.10
加拿大	34.1	35.7	35.6	32.8	36.0	35.6	0.90
墨西哥	5.2	5.5	6	5.5	5.0	4.8	0.20
合 计	634.4	628.9	638.3	579.2	592.8	597.2	15.20

资料来源：BP, Statistical Review of World Energy, June 2012, p. 32。

表 1-9 2006~2011 年北美三国煤炭消费量

单位：百万吨油当量，%

国家	2006 年	2007 年	2008 年	2009 年	2010 年	2011 年	2011 年占全球比例
美 国	565.7	573.3	564.1	496.2	526.1	501.9	13.50
加拿大	29.1	29.8	29.9	25.2	24.0	21.8	0.60
墨西哥	9.1	9.1	6.8	8.4	9.4	9.9	0.30
合 计	603.9	612.2	600.8	529.8	559.5	533.6	14.40

资料来源：BP, Statistical Review of World Energy, June 2012, p. 33。

在非化石能源领域，北美地区的生产量占全球的比例更为突出。BP在2012年6月发布的数据显示，2011年，美国、加拿大和墨西哥的核电发电总量达21.19千万吨油当量，为全球的35.4%；水电发电量为16.76千万吨油当量，占全球的21.2%。2011年，美国和加拿大的生物质燃料产量为29.224亿吨油当量，占全球的49.6%；不包括水电的可再生能源产量达到了5.14千万吨油当量，占全球的26.4%。这些非化石能源基本没有进入全球贸易领域，所以在此简述之。

综上所述，北美地区能源状况的一个显著特点是地区内油气工业，尤其是炼化工业高度发达，有充足的能力消纳为满足下游消费需求而进口的原油。其原油和煤炭的开采保持着稳定发展的态势。天然气的开采在以惊人的速度发展。在非化石能源领域，北美的发展程度也非常高，地理因素制约了北美电力对地区外经济体能源消费的直接贡献。北美稳定增长的化石能源生产将如何影响全球能源的供需格局变化，是一个越来越重要的话题。所以，下一部分重点关注北美三国间的化石能源贸易安排。

二　北美三国间的能源关系

（一）制度性安排

美国、加拿大、墨西哥三国互为最大、最重要的贸易伙伴。这既是地缘经济因素所致，也是20世纪中后期开始的自由贸易区建设的成果。就油气而言，美国是三国中的最大消费国和进口国。加拿大作为能源净输出国，其出口99%流向美国。墨西哥的净出口国地位已经发生变化，但同时需要通过出口能源获取经济利益。

所以，对三国而言，如何将各自的出口和进口需求，通过贸易条约等制度性安排稳定下来，是具有共通性的能源和整体经济利益保障的途径。设立以三国为成员的北美自由贸易区（NAFTA），并在其中规定能源条款以保障加、墨的石油能源得以长期供应美国市场，是北美三国间能源关系安排的基本逻辑。

NAFTA 的前身是美加自由贸易协定。其谈判从 1986 年 5 月开始，到 1987 年 12 月达成协议，1989 年 1 月 1 日生效。此前，美加两国的能源贸易关系充满了矛盾，两国政府都对各自的能源进出口采取干预政策。例如，1973 年年底，由于中东国家对美国实行石油禁运，美国面临石油短缺的危机，此时加拿大却临时停止了对美国缅因州的工业用油的供应。后来加拿大虽然恢复了这一供应，但为了满足国内需求和维持储备，不断削减对美国的石油出口。1980 年，加拿大政府又通过"国民能源计划"，减少外国资本对本国石油和天然气业的控制程度。与此同时，加拿大为了减少石油出口，还对原油的出口价格实行控制，对出口原油征收出口税。在当时加 - 美经济与政治关系背景中，加方认为在油气出口领域对美国市场的高度依赖是一种"好坏参半的运气"（mixed blessing）[1]。

是什么促成了加拿大政府转变政策取向？根据 Michel Duquette 的研究，从 1983 年开始，该国联邦政府与省政府之间在能源开发政策方面进行了新的一个轮回的博弈。结果是联邦政府影响能源和资源开发进度的力量得以强化。联邦政府从整体经济发展的需求出发，推动了与美国展开自由贸易的进程。与美国建设自由贸易区的设想由加方提出[2]。显然，地缘政治和地缘经济逻辑占了上风。

《美加自由贸易协定》中的能源协议在《协定》的第 9 章中有所阐述。具体条款包括：双方保证将在双边能源贸易中实现最大限度的自由化；双方都不对双边能源进出口贸易进行任何形式的数量或价格的限制。只有在能源枯竭、保持国内储备、受到军事威胁、涉及国家安全的情况下，才能对能源出口实施数量限制。但在实施这种限制时，实行限制一方必须保证对方能获得过去 36 个月内其在本国能源供应中所占份额的能源供应等。

---

[1]　H. B. Silverstein，"Canada and Hydrogen Systems: an Energy Policy for a Nation," *International Journal of Hydrogen Energy*, Volume 7, Issue 8, 1982, p. 615 – 621.

[2]　Michel Duquette, "From Nationalism to Continentalism: Twenty Years of Energy Policy in Canada," *Journal of Socio-Economics*, Volume 24, Issue 1, Spring 1995, p. 229 – 251.

在墨西哥国内，参与自由贸易安排而推动国内资源经济改革的设想与美国的地缘经济区建设需求之间，产生了契合①。墨西哥国内的区域经济发展不平衡是个长期性的历史现象，该国与美国的两个具有强劲经济吸引力的州——得克萨斯和加利福尼亚接壤。墨西哥的南部地区以农业经济为主。通过与美国经济的联合，新的出口机会，有利于带动这些欠发达地区的发展②。

1994年1月1日生效的北美自由贸易协定中的能源条款在该协定第二部分货物贸易的第六章。以美加自由贸易协定中的能源条款为基础对具体内容进行了完善。其主要条款包括禁止在任何情况下实行任何形式的数量限制、最低或最高出口价格要求，除非当执行反补贴和反倾销命令时，禁止实行最低或最高进口价格要求；任何成员方不能对任何出口到另一个成员方的能源或基本石油产品采用或保留任何的税收和费用，除非这种税或费被用在或保留在以下情况：①应用于对所有的成员方的这种产品的出口。②这种产品的目的是为了国内消费；实施限制的一方必须保证对方能获得过去36个月内其在本国能源供应中所占份额的能源供应；成员方不能通过任何诸如许可证、收费、税收和最低价格要求等方法，使一种出口到其他成员方的能源或基本石油产品的价格高于本国国内消费的价格等③。

综合起来看，NAFTA对成员国之间的能源贸易安排具有战略性。这种战略性体现在成员国之间在能源贸易领域的相互优先。协议不仅保障了美国能够以符合美国需求的"公平合理"的价格获得加拿大和墨西哥的油气和其他能源资源，也通过为美洲能源经济区的形成奠定法律和政策框架的途径提高了整个北美地区应对全球油气供应态势变化的相对独立程度。

---

① Richard Auty, "Resource-based Industry in Boom, Downswing and Liberalization: Mexico," *Energy Policy*, Volume 19, Issue 1, January - February 1991, p. 13 - 23.

② Isidro Morales, "NAFTA: the Institutionalisation of Economic Openness and the Configuration of Mexican Geo-economic Spaces," *Third World Quarterly*, Volume 20, Number 5, October 1999, p. 971 - 993.

③ North American Free Trade Agreement, Chapter Six: Energy and Basic Petrochemicals.

（二）"西半球能源市场"

在有关全球能源格局的讨论中，所谓"西半球"是指北美洲、南美洲的能源生产国，即以加拿大、美国、墨西哥、巴西和委内瑞拉等国为主体的能源产销关联圈。近年来，加拿大的油砂，美国的页岩油气，巴西的海上石油开采，随着技术进步和能源开采投资的优化，不仅开采量在上升，而且发展前景较好。相关的美洲国家在贸易联系、劳动力以及人口流动等地缘经济要素上联系紧密。相互间的能源贸易，具有运输距离更近，运输过程更安全，保障程度更高的优势。部分因为中东油气产区的地缘政治结构性依旧不稳定，美国的国际能源形势观察家开始产生了一种乐观估计：一个西半球能源市场——对中东油气的依赖程度将不可逆转地走低——已经开始出现，兴许有未来取代中东而主宰全球能源格局的可能[①]。

有鉴于对南美洲的巴西和委内瑞拉的观察和讨论在本项目的其他章节中进行，本章仅涉及北美三国。从美国能源信息署发布的数据看，2011年，美国的原油和成品油进口中，48%来自西半球。其中，加拿大的贡献尤为突出，墨西哥也占有一定的比重（见表1-10）。

表1-10　2011年美国前五位原油和成品油进口来源

单位：%

国　　家	占比	国　　家	占比
加拿大	29	尼日利亚	10
沙特阿拉伯	14	墨西哥	8
委内瑞拉	11		

资料来源：美国能源信息署，How Dependent are We on Foreign Oil，www.eia.gov。

当然，促成这种状况出现的因素很多，其中包括前述 NAFTA 能源贸易安排。如表1-11所示，自1994年以来，从加拿大流向美国的原油和成品油，一直呈稳定上升趋势。作为对比，表1-11将同期美国从

---

① Daniel Yergin, "Oil's New World Order," Washington Post, October 29, 2011.

海外国家的进口量同时列出。墨西哥的出口量，受其国内产能变化和消费需求的影响，有不同程度的波动。自1993年起，美国开始向墨西哥出口石油（见表1-12）。

表 1-11 1994～2011 年美国原油和石油产品进口来源

单位：千桶/天

年份	加拿大	墨西哥	海湾国家	年份	加拿大	墨西哥	海湾国家
1994	1272	984	1728	2003	2072	1623	2501
1995	1332	1068	1573	2004	2138	1665	2493
1996	1424	1244	1604	2005	2181	1662	2334
1997	1563	1385	1755	2006	2353	1705	2211
1998	1598	1351	2136	2007	2455	1532	2163
1999	1539	1324	2464	2008	2493	1302	2370
2000	1807	1373	2488	2009	2479	1210	1689
2001	1828	1440	2761	2010	2535	1284	1711
2002	1971	1547	2269	2011	2706	1205	1862

资料来源：Energy Information Administration，www. eia. gov。

表 1-12 美国向墨西哥的原油和成品油出口

单位：千桶/天

年份	向墨西哥出口	年份	向墨西哥出口
1993	39993	2003	83385
1994	45310	2004	76413
1995	45484	2005	97868
1996	52511	2006	92996
1997	75646	2007	101743
1998	85841	2008	121835
1999	95372	2009	117454
2000	130905	2010	163439
2001	99957	2011	207644
2002	92763		

资料来源：美国能源信息署，US Exports to Mexico of Petroleum and Products，www. eia. gov。

与此同时，天然气是北美三国间能源贸易的重要组成部分（见表1-13）。其中，从美国通过管道输往加拿大和墨西哥的天然气，在美国的出口总量中，占绝对主导地位。美国向其邻国出口天然气的总量上升的主要因素是美国的致密油、致密气、页岩气的开采量的大幅上升。

表 1-13　2006~2011 年美国天然气出口概况

单位：百万立方英尺

年份	总量	管道出口量	出口加拿大	出口墨西哥	液化天然气出口量	出口墨西哥
2006	723958	663020	341065	321955	60938	173
2007	822454	773969	482196	291773	48485	87
2008	963263	924046	558650	365396	39217	53
2009	1072357	1039002	700596	338406	33355	84
2010	1136789	1071997	738745	333251	64793	208
2011	1507058	1435649	936993	498657	71409	1644

资料来源：美国能源信息署，U. S. Natural Gas Exports by Country，www. eia. gov。

对所谓"西半球能源市场"的观察，我们应该持开放态度。就北美地区油气产能的增长态势而言，由于北美，特别是美国，是全球产能需求的重要来源，美国自身产量的提高，实质上释放了全球产能。在其他油气出口来源的产量没有出现大幅度下降的情况下，美国从国外进口量的下降意味着可供选择的供应量的提高。由此类推，美洲地区国家间能源贸易程度的提高，也是对全球产能的释放。从这个角度看，西半球能源市场的形成，是一个有利于缓解全球供需紧张局面的正面发展。

此外，跨国能源生产是国际大宗商品领域的重要载体。北美地区在油砂、页岩油气、稠油等非常规油气开采中所产生的技术和装备的改进，将为在这一地区作业的公司将相关技术和设备应用到世界上的其他地区提供更具竞争力的物质条件。这些公司继续参与美洲以外地区的能源开发，既符合公司提高竞争力的自身动力，也与公司所在国的整体经济利益相符合。也就是说，稳定并扩大全球油气产能，有了新的基础。

最后，对境外能源供应程度的关注，与一个国家或地区所拥有的资源经济和资源地理禀赋、历史上与全球能源市场的互动经历（或者说记忆）高度相关。美国及其邻国对中长期能源安全态势的判断，其支撑逻辑，并不见得在另外一个国家或地区适用。即便是美国及其邻国刻意追求降低美洲能源受全球能源供应不稳定性的制约，也不见得就意味着来自美洲的力量就会从负面影响地区外的能源生产和贸易格局。

（三） 对北美三国间能源关系的总括性观察

相互"锁定"能源供需关系，是 NAFTA 安排的一个突出特点。美、加、墨三国间全面性经济要素的关联决定了这种安排的物质基础。在冷战结束后不久，三国便在本地区能源贸易机制建设上迈出了重要的一步，这个决策具有战略性。未来，不论所谓的西半球能源市场态势变化如何，既有的 NAFTA 项下的能源贸易安排都不会被削弱。相反，在美洲以外地区能源贸易竞争更加激烈的情景下，美、加、墨之间已形成的能源领域互联互通的基础，只可能得到进一步的巩固。

至于出现一个"西半球能源市场"一类的判断，特别是从中推论出的对全球能源地缘政治的判断，如上节所述，我们需要持开放的态度。在全球化石能源贸易环节，如何利用好由北美自我供应能力的提高所释放出的新的国际化石能源的产能空间，是具有战略性的挑战。在非常规油气开采环节，如何利用好在北美率先采用的设备和工艺，包括风险性项目融资的经验，以提高中国国内以及中国企业在包括北美在内的全球油气的开发能力，则是更具现实意义的话题。

虽然本章节没有对北美的非化石能源状况做深入观察，在核电、水电、生物燃料、风能和太阳能等可再生能源领域，一个国家或地区的开发成果，因地理因素所致，对其整体能源供应的贡献最为直接。如果说北美地区在非化石能源开发领域所走过的道路对包括中国在内的国家或地区有借鉴意义的话，那就是：加大非化石能源的开发与利用是应对国际能源供需态势变化的不可或缺的途径。

三　北美三国的能源情势变化概观

（一） 美国露出走向"能源独立"的迹象

针对有关美国能源市场的研究，国内学术界和产业界已经做了多年持续的努力，成果相当丰富。本节集中讨论在国内已经引起广泛关注的美国

"能源独立"的话题。

所谓美国是否在走向"能源独立",首要指标是美国满足其能源消费需求中石油进口成分的变化。在截至 2011 年 8 月底的 12 个月中,其成品油在 60 年后第一次出现出口大于进口的局面。同期,石油净进口量占美国国内需求的比例降至 46%。与此同时,天然气净进口量占美国国内消费量的比例在同一时间段回落至 9% 以下。作为历史对比,1973 年在阿拉伯世界对包括美国在内的西方实行石油禁运时,石油净进口量占美国国内需求的比例为 35%。七年后,这一比例上升至 37%。到 2005 年时,这一比例已达到 60%。1973 年,进口天然气占美国消费总量的比例为 4%,之后在 2007 年达到 16% 以上的最高点。

从事实层面看,这些变化显然没有意味着美国实现了能源自给自足,甚至可以说它离自给自足的愿景还有很长的一段距离。那么,国内外媒体和能源行业为什么在讨论美国"能源独立"这个话题呢?

近年美国境内非常规天然气生产的异军突起,是导致乐观预测的首要诱因。2011 年 4 月 5 日,美国能源信息署(EIA)公布了其对全球页岩气资源的初步评估结果。结果显示,全球 14 个地理区域(除美国外)、48 个页岩气盆地、70 个页岩气储层、32 个国家的页岩气技术可采资源量为 163 万亿立方米,加上美国本土的 24 万亿立方米,全球总的页岩气技术可采资源量升至 187 万亿立方米。

相对于石油,天然气是更符合环保要求的清洁能源。用于供暖或工业时,同热值的天然气二氧化碳(CO_2)排放比石油少 25% ~ 30%,比煤炭少 40% ~ 50%;用于发电,天然气 CO_2 排放比煤炭少 60%。天然气在世界能源结构中的地位日益重要,世界能源消费正全速进入"能源气体化"时代。流行的估计认为,到 2030 年天然气在世界一次能源结构中所占比例将从当前的 23.8% 提高到 28%,超过石油成为世界第一大能源[1]。

---

[1] 方小美、陈明霜:《页岩气开发将改变全球天然气市场格局》,《国际石油经济》2011 年第 6 期,第 40 ~ 44 页。

如果说美国的天然气革命在美国乃至北美三国化石能源的国际贸易中推动"独立"的话，其可能性将出现在液化天然气领域。至今，管道天然气是三国间贸易的唯一途径。未来，基于能源贸易基础设施对贸易途径所产生的惯性，管道也将继续是最重要的途径。2011年，三国从NAFTA地区外都有少量的液化天然气（LNG）进口（见表1－14）。与同年三国间通过管道贸易的天然气量相比，LNG对各国需求总量的贡献，所占的比例都很低（见表1－15）。

表1－14　2011年北美三国的液化天然气（LNG）进口来源

单位：十亿立方米

国家	特多	秘鲁	挪威	卡塔尔	也门	埃及	尼日利亚	印尼	合计
美　国	3.8	0.5	0.4	2.6	1.7	1	0.1	—	10
加拿大	1.2	—	—	2.1	—	—	—	—	3.3
墨西哥	—	0.7	—	1.8	0.2	—	1.2	0.3	4

注："特多"指特立尼达和多巴哥；"印尼"指印度尼西亚。

资料来源：BP, Statistical Review of World Energy, June 2012, p. 28。

表1－15　2011年北美三国间管道天然气贸易

单位：十亿立方米

国家	美国	加拿大	墨西哥	合　计
美　国	—	88	0.1	88.1
加拿大	26.6	—	—	26.6
墨西哥	14.1	—	—	14.1

资料来源：BP, Statistical Review of World Energy, June 2012, p. 28。

在以页岩气为代表的非常规天然气开采中，美国在开采设备、开采技术、科技研发能力方面的全球领先地位推动了国内能源研究界关注美国"能源独立"——油气的自给自足以及由此可能产生的美国对外能源政策变化的影响的讨论。一方面，更为严肃的观察者认为：①美国能源独立构想的实质是通过节能和发展替代能源，减少石油的对外依赖；②美国的社会节能效果不理想，但经济结构的重大调整对节能的贡献较大；③替代能源相关政策并不仅仅是出于能源安全的考虑，而是着眼于美国的整体经济利益①。也就是说，即便是对美国而言，为了"独立"而摆脱对进口油气的依赖也是不符合逻辑的。另一方面，基于整体中美关系的复杂性，中国学者们关注美国自身"能源独立"对世界油气格局的影响，也不无道理。

（二）用"能源自主"来表述美国能源态势更为确切

"能源独立"一词，英文原文是 Energy Independence。这不是一个新名词，作为一个政治口号，它最早出现在尼克松政府时期；卡特政府一度将它作为国家能源政策的目标。此后一直是一个具有争议性的话题②。如今，一方面奥巴马政府在其能源政策中重提这个口号；另一方面，在2011年，美国又一次实现了原油和油品出口的总量大于进口。数十年的愿景，似乎终于触手可及。

其实，将 Energy Independence 翻译成"能源独立"并不准确。作为一个政治口号，Energy Independence 的出现，与20世纪70年代初美国对进口石油，特别是源自欧佩克成员国的石油占进口总量的比例直接对应。1973的阿拉伯石油禁运，对美国的进口安全造成了直接冲击。从国际能源政治的角度，它表达的是对当时国际石油生产、贸易高度集中（卡特尔化）取向的反应。"摆脱对进口石油的依赖"（Ridding of Dependence on Imported Oil），是实现这个愿景的诸种政策取向中最有政治号召力的途径。

"能源独立"表述的事实基础是一个国家能源总量的供需平衡态势中国内生产成分所占的比例。自产成分越高，"独立"的程度也就越高。最高境界当然是完全自给自足。但是，作为一种大宗商品，其经营并没有（也不能）循着国家追求能源独立的意识形态的指引而变化。换言之，从能源经济学的角度看，自给率是一个市场要素配置的结果，并不存在越高越好的逻辑。

---

① 朱凯：《美国能源独立的构想与努力及其启示》，《国际石油经济》2011年第10期，第34~47页。

② 周云亨、杨震：《美国"能源独立"：动力、方案及限度》，《现代国际关系》2010年第8期，第24~28、44页。

将 Energy Independence 翻译成"能源自主"更为适切。就像 Bruce Tonn 等所做的归纳所列，在美国，关于如何处理美国能源供需状况变化的讨论，大致可以分为七大类思潮①。

第一，成本底线。以加工业利益诉求为代表，该理念期望看到国家层面的低价格能源供应。能源是工业生产的要素之一。消费能源价格的高企，侵蚀了技术要素所释放的加工品（国内和国际销售）的竞争力。在美国的产业工人平均工资高于其国际竞争者的情形下，能源价格的高企，则是雪上加霜。在这个诉求下，对源自美国的温室气体排放程度或者整体能源进口情势的顾虑，至多仅处于次要地位。

第二，投资创业。以开发资本市场利益诉求为代表，该理念力主通过美国市场独有的资本配置能力应对美国的能源问题。在期货和现货交易市场上，能源和能源产品是重要的载体，也是带动其他产品价格变化的源头，所以是吸纳资本投入的强劲选项。而新技术——包括传统能源的开采、加工、贸易，尤其是新能源开发所需的技术创新，都离不开资金的支持。与此同时，通过资本市场的国际化，美国可以吸纳全球资本的参与，吸纳资金贡献，分担投资损失风险。

第三，环境保护。以生态、环境保护利益为代表，该理念下追求的主要目标是如何保护美国以及世界其他地区的生态和人居环境，包括对在整体经济竞争中处于弱势的贫困和少数族裔的权益关注。随着 20 世纪 90 年代对温室气体排放的关注在全球铺开，该理念找到了又一个吸引政策和资金投入的公益事业动力。需要指出的是，该理念下，对化石能源开采和消费的指责，并不意味着它就排斥创新。环保主义运动所推导的力量中，就包括新能源、可再生能源、新技术的开发和利用。

第四，个人利益。以消费者利益诉求为代表，首要关注的是维持美国民众的高水平生活质量不因能源政策目标的追求而受到负面影响。该理念所力推的能源状况演变指标是能源价格的走高是否在可承受（Affordable）

---

① Bruce Tonn, et al. , "Power from Perspective: Potential Future United States Energy Portfolios," Energy Policy, 37（2009）, p. 1433.

的范围。因为美国的选举周期短，个人利益诉求，对影响政府的能源结构调整政策的有效性具有举足轻重、立竿见影式的影响力。需要特别指出的是，个人利益诉求并不意味着追求能源价格的持续走低。为节能环保而支付更高的化石能源价格，也是消费理念的一部分。

第五，政治运作。以立法和行政系统追求政府在能源政策演变过程中发挥主导作用的目的为代表，一个共通性的认知是在执行国家能源政策过程中必须满足来自社会各方尽可能多的——在本质上很可能是互不调和的——利益诉求。联邦制意味着这个政治运作过程涉及宪法所规定的联邦和州政府间的权限博弈。此外，广义上的政府能源政策还受到党派利益和选举政治的影响。国际经济与政治情势变化给国内政策调整造成的紧迫程度，是另一个政治运作的动因。事实上，政治运作中以不同利益间的最小公约数为最终妥协。所以，尽管从能源的物理禀赋而言，美国有独立于世界能源市场的基础，但是，一次又一次的"能源危机"并没有使美国摆脱对进口能源的依赖。

第六，技术应对。以科技创新力量的利益诉求为代表，这种理念主张通过大规模技术突破来实现能源供应自给和保护环境（包括减少温室气体排放）的双重愿景。显而易见的是，技术应对理念与环境保护和投资创业理念之间有着本质上的共通性。一个有启发性的现象是：在能源科技领域，不论有没有"能源危机"，也不论能源价格变化趋势是在走高还是在走低，美国一直在全球范围内起领头羊的作用。跨国合作有利于美国公司扩大其技术的应用范围，把握技术创新中自身的领导作用，并分担技术开发失败的经济风险。

第七，本国优先。以较为抽象但又不可否定的"国家利益"诉求为代表，该理念涵盖多层次内容。美国在全球能源消费中所占的高比例、维持美国经济和生活方式的人均能源使用量（全球最高）都不是问题。如果需要通过投入军事力量以保障能源供应源源不断地流进美国，那也是可以接受的选择。同时，新能源、新技术，特别是有利于提高美国军事行动灵活程度的能源和技术，也是符合美国利益的，受到政策和资金的支持选项。也就是说，本国优先并不排斥与境外力量的关联，而是包括美国积极卷入全球能源贸易、军事用能、能源科技领域的选项。

　　之所以引用上列美国学者对美国能源供需状况应对的观察，首先是因为有必要提醒我们自己：美国的能源政策，从利益集团游说、学术和决策论证、政府决策到实施、反馈，再到政策调整，是一个不同的利益和理念之间竞争性磨合——相互牵制、相互妥协——的过程。就像其他领域的公共政策课题一样，能源决策的开放性意味着这个过程中充满变数。

　　我们往往倾向于预设一个观察美国能源政策的立场，即这个国家在能源领域的行为，基于一个"顶层设计"（其中包括能源自给自足），其他环节都是由这个设计而派生的。从国际关系的角度看，"本国优先"的理念更能引起我们的注意。但是，我们也必须看到：美国的能源政策演变并不存在一个高度理性、安排周密、步调一致的系统。作为美国公共政策的动力，境外油气资源供应的不稳定、国内终端能源价格走高的"能源危机"，是各种利益诉求为试图推动自身利益得到拓展的一次机遇。每一次"危机"都为能源政策变革提供了紧迫性。但在一次又一次的危机应对过程中，国内不同利益和主张之间的磨合具有结构性特征。简而言之，"能源独立"这一表述中的"自给自足"成分，不适合用来归纳美国能源政策演变的过程和动力。

（三）加拿大能源情势新发展

　　一方面，加拿大拥有相当丰富的石油资源，是世界最大的原油生产国和出口国之一。据美国出版的《油气杂志》统计，截至 2008 年年底，加拿大探明石油储量为 1781 亿桶，在全球范围内仅次于沙特，占西半球石油总储量的 53%，约占世界已探明总储量的 13.3%。在加拿大的石油储量中，仅有 50 亿～60 亿桶为常规储量，主要位于阿尔伯塔省、萨斯喀彻温省及纽芬兰－拉布拉多省海上地区。而其余 97% 以上均为油砂，几乎全部位于阿尔伯塔省，该地是世界最大的油砂储藏地，几乎占全球探明油砂总储量的 80%。使用现有技术，可以提取出 1730 亿桶原油。按 2007 年加拿大油砂合成原油及沥青油总产量 4.38 亿桶计算，其油砂资源可开采 395 年。如果将这些储量都加以应用，这些油砂可以满足加拿大未来250年内对石油产品的消费需求[①]。

另一方面，加拿大的能源开发政策，并没有将维持油气产量的不断提高作为核心追求。加拿大政府依法对能源的开发和利用实行监管，先后制定了多项法律法规，形成了较为完备的能源法律体系。其能源法律体系是由联邦通过的能源相关法律、法规、法令、指导原则、指导意见和省政府制定的能源法律法规以及不成文判例等共同组成的一个完整的法律体系。在这个法律体系下，化石能源开发的进度，受政府对国家的能源效率、能源研究与开发、能源生态补偿、能源储备、能源安全、能源标识等各领域的能源经济和行政制度限制[②]。

从能源地质的情形看，加拿大石油生产主要有3个来源：西部沉积盆地、阿尔伯塔省北部的油砂储藏及大西洋海上油田。常规原油由陆上和海上油田生产，油砂则主要在阿尔伯塔省生产。多年来，加拿大的石油开发和生产一直立足于西部沉积盆地，即阿尔伯塔省的大部分和不列颠哥伦比亚省、萨斯喀彻温省、马尼托巴省及西北诸领地的部分地区，在过去60多年中一直是加拿大石油生产的主要来源，并使加拿大在20世纪80年代初期至90年代中期的石油产量稳步增加，成为最重要的欧佩克产油国之一。但到20世纪90年代中后期，这些地区的许多油田由于已开采多年，其产量开始递减，曾导致加拿大石油总产量一度下降。

专家们相信沿太平洋海岸也有很大的石油和天然气储量。但是，由于联邦政府对太平洋地区海上石油活动的限制，至今还没有动产。

另外，随着全球气候变暖，北冰洋冰层变薄，北极地区航运价值凸显，加之丰富的油气资源，加拿大与英国、美国、丹麦和俄罗斯五国围绕北极主权展开了激烈争夺。2008年8月加拿大总理斯蒂芬·哈珀称，加政府计划5年内投资1亿美元，绘制加拿大北部能源和矿藏地图，力图在北极地区的油气资源利用上占得先机。

现在，在加拿大已探明的石油资源中，大部分都是阿尔伯塔省的油

---

① 一个国家的油气资源评估，受勘探技术因素的影响，是一个变量。本节所用数据，来自张建华：《加拿大石油资源现状和未来发展分析》，《当代石油石化》2009年第3期，第13~18页。

② 黄婧：《加拿大能源法律制度构建》，《环境经济》2012年第1~2期，第76~80页。

砂，探明储量约 1730 亿桶。石油砂是一种沥青、沙、富矿黏土和水的高度黏稠混合物。与常规石油相比，石油砂开采无论是技术难度还是成本都很高。不过，随着近些年来石油价格的不断攀升以及开采、精炼技术的改进，加拿大石油砂的年产量从 2000 年的 3000 万吨迅速提高到 2010 年的 7400 万吨。根据加拿大石油生产协会的最新预测，该国 2025 年的石油砂产量将高达 1.9 亿吨。加拿大的油砂储区面积约 14 万平方千米，目前大约仅有 500 平方千米的土地上有采矿活动。

　　总体来看，加拿大的能源生产能力在提高。加拿大油砂产量占石油总产量的份额将稳步提高。乐观的估计，加拿大油砂有可能在未来取代沙特石油成为全球原油市场上最大的供应来源。对中国和其他的亚洲天然气进口国而言，由于全部探明的油砂储量和加拿大西部沉积岩盆地的大部分地区位于阿尔伯塔省，因此该省在加拿大石油产量中所占份额最大。那么，加拿大未来新增天然气生产，能否为包括中国在内的国家的进口提供新的机遇，才是更具直接意义的话题。

（四）加拿大与美国能源关系的发展：Keystone 管线案例

　　目前几乎所有国际石油公司都在投资油砂项目，加拿大每年向美国出口的石油中有一半源自油砂。通过管道将油砂运送到美国市场提炼并销售是加拿大能源公司的选项，既能保障经济性，又能保障出口需求的安全性。2010 年 6 月泛加拿大公司（TransCanada）铺设的 Keystone 1 号管道建成。这条管道横跨美国中西部农业区各州，贯通南北达科他州至伊利诺斯州，每日从加拿大向美国输送原油 59.1 万桶，以此来满足美国市场需求。

　　2011 年，泛加拿大公司向美国联邦政府申请批准继续扩张这条管道网络，扩张后的管道网络被命名为 Keystone XL。根据设计，Keystone XL 管道沿着加拿大阿尔伯塔省往东南延伸，直至美国俄克拉荷马州并最终到达得克萨斯州。

　　在金融危机的背景下，这项工程将为管线建设沿线地区创造更多的工作机会，增加地方的财政收入。根据泛加拿大公司的测算，这个管道项目在其两年的建设周期中可创造 1.3 万个工作机会，通过这条管道运送的资源则可为美国带来 200 亿美元的经济效益。同时，与委内瑞拉、沙特等向美国出口石油的大户相比，加拿大石油供应的稳定性，从地理上和政治上都有利于美国的能源安全。

但就在 Keystone XL 管线审批的过程中，美国国内出现了是否进口更多产自油砂的石油的争论。出现争论的重要社会背景之一是 2010 年 4 月由 BP 公司经营的美国路易斯安那州的一处海上钻井平台爆炸，造成 11 人失踪。爆炸后不久该钻井平台沉没，泄漏了大量原油，墨西哥湾浮油面积一天内扩大至少两倍。墨西哥湾原油泄漏事件引起了全球性关注，BP 公司堵住泄漏源头的努力，也得到了众多国家的能源公司的支持。到 2010 年 7 月 15 日，英国石油公司宣布，新的控油装置已成功罩住水下漏油点，"再无原油流入墨西哥湾"。

此外，既有的 Keystone 1 管道，在 2010 年 5 月，被美国的管道安全检测部监测出两次重大泄漏，并因此发布了继续运营的禁令。第一次泄漏地段在北达科他州的萨金特县，共计 400 余桶；第二次发生在堪萨斯州多尼芬县的一个抽水站附近，共有 10 桶原油泄漏渗入土壤之中。根据监管方的判断，禁令源自对"油管周围的居住区、水质、公路、高风险区域、输油管道对环境的危害程度"等一系列因素进行综合判断[①]。

禁令的具体内容之一是泛加拿大公司在 90 天时间内，向美国的监管部门提交可行的工作计划，来补救和解决管道泄漏之后所产生的一系列问题，该管道沿线的其他地区也同样存在泄漏隐患。

但是，作为一个能源政策话题，围绕新的管线要不要获得批准建设，在美国政府内产生了争论。一般而言，在"本国优先"的理念下，环境保护是技术性问题，而国家能源安全则是原则性问题。放在美国在伊拉克、阿富汗等地从事十多年的战争，中东产油地区的不稳定忧虑依旧存在的国家安全背景下，进一步稳定来自加拿大的油气供应，从逻辑上讲，应处于首位。

部分围绕 Keystone 项目的争论正好遇上美国大选，美国的国会政客选

---

① 陈小石：《加拿大石油管道行走在悬崖边上》，《中国石化报》2011 年 6 月 24 日第 8 版。

择了支持环保团体，苛刻对待管线延伸项目的审批。众议院能源和商业委员会主席亨利·A. 韦克斯曼等一些议员均认为 Keystone 管道项目正在将"大把金钱浪费在肮脏的能源之上"。美国国会内部反对这个项目的议员已经超过 50%，而美国环保署（EPA）也将该项目的环保评级定为"差"。美国能源部也站出来质疑这个管道"是否有存在的必要"。美国自然资源委员会甚至认为，如果这条管道在美国获批，将成为"奥巴马政府为美国留下的一个悲剧"[①]。

2012 年初，奥巴马总统临时性地冻结了 Keystone XL 管线的申请[②]。但这并不意味着美国的最高行政长官在国家能源供应安全和环境安全之间做出了倒向后一部分力量的选择。事实上，就在同年 3 月，奥巴马对加快审批通过立项表示支持[③]。

能源出口去向单一——99% 输往美国——是加拿大能源市场的典型特征。受金融危机下美国需求增长放缓、美国自产能源量上升等因素的驱动，加拿大近年开始努力开拓美国以外的出口市场。亚洲地区，包括中国、日本、韩国等主要经济体都高度依赖进口油气以满足消费。所以，加拿大在努力从事基础设施建设，为向亚洲出口做准备。

例如，2011 年年底，加拿大西海岸已在建设 3 个天然气液化和出口基地，预计在 5 年内完成。加拿大当前的天然气产量为 142 亿立方米/天，随着页岩气开采力度的加大，新增产量可达 45 亿~60 亿立方米/天。加拿大页岩区天然气储量估计为 1300 万亿立方米，足以满足本国未来100~200 年的需求。加拿大的油气出口前景看好。

总体看，对加拿大而言，减少对美国能源市场的依赖，并不是一个简单的能源经济问题。前述在北美自由贸易协定安排下，加拿大优先满足美国能源市场需求的安排没有变。"美国优先"的理念，在加拿大未来油气

---

①　于欢（编译）《加拿大：油砂之痛何时休》，《中国能源报》2010 年 10 月 18 日第 8 版。

②　John M. Broder and Dan Frosch, "Rejecting Pipeline Proposal, Obama Blames Congress," *New York Times*, January 18, 2012.

③　Jackie Calmes, "In Oklahoma, Obama Declares Pipeline Support," *New York Times*, March 22, 2012.

出口中，将依然起主导性的作用。当然，加拿大在管理其油气对外出口的过程中，全球市场动态的力量也在起作用。换言之，如何把握从加拿大进口油气所无法避开的地缘政治因素，是一个有长期现实意义的挑战。

（五）墨西哥抑或在未来十年内变为油气净进口国

以 1938 年设立墨西哥石油公司为标志，能源产业国有化长期是墨西哥能源经济的特点。国有石油公司控制着全国石油的勘探、开采、生产和销售全过程，同时其销售收入一度为国库提供了 1/3 的资金，在墨西哥国民经济中扮演着十分重要的角色。历史上，墨西哥石油公司经营管理的特点是国家高度集中的垄断式行业管理。政府部门对公司进行较多的行政干预，对资金的分配、产品价格、出口数量、利润上缴比例等都加以严格控制。20 世纪 80 年代，墨西哥石油公司的收入大部分上缴国库用于还债，企业自有资金及留利很少，影响了自身经营的发展，加之政府大幅削减对石油工业的投资和本身经营管理不善，企业利润从 1985 年开始大幅度下降，到 1989 年几乎降到了石油繁荣前的水平。

基于此，墨西哥石油公司曾经在 1992 年接受过一次重大改革，为石油产业的发展注入活力。2000 年国家行动党上台执政，福克斯政府在 2003 年试图推动能源改革，建议修改法规，让私人公司进入天然气开采、生产和石油提炼等领域，但该计划遭到议会的反对而搁浅。此后，墨西哥的石油工业面临一系列的结构性挑战。

第一，进入 21 世纪，墨西哥呈现石油产量和储量双双下降的局面。墨西哥石油公司原油产量在 2004 年达到最高水平后出现"二战"以来最大幅度的下降。位于墨西哥湾的坎塔雷尔油田原油日均产量占全国产量的 2/3，由于投资不足存在严重老化问题，自 2004 年起，坎塔雷尔油田的产量便开始以每年 11% 的速度下滑，2007 年以来产量降幅甚至达到了 51%。过度依赖坎塔雷尔油田，忽视对其他油田的投资与开发，使得维持其石油产能的油田资源即将被耗尽。

伴随着原油产量的下降，墨西哥原油出口量也逐年降低，从 2005 年日出口 181 万桶下降到 2009 年的 122 万桶。与此同时，墨西哥石油储量也呈下降趋势。造成储量降低的主要原因是墨西哥石油公司对勘探的投资严重不足。国际能源署预计，至 2020 年墨西哥石油日均产量将不能满足国内需求，墨西哥将成为石油净进口国。

第二，墨西哥石油公司炼油能力不足。墨西哥石油公司是继沙特阿拉伯国家石油公司、伊朗国家石油公司之后的世界第三大原油生产商，是拉美第二大石油公司。虽然身为世界上最大的原油生产和出口商之一，墨西哥 40% 左右的成品油和其他石油衍生品还需要从国外进口。由于自身缺乏石油精炼技术，墨西哥每年不得不花费 150 亿美元从国外大量进口石油衍生产品。

第三，国家垄断所带来的沉重债务、人员负担、高额赋税、内部腐败和缺乏科技创新等问题，这些问题已经严重制约了墨西哥石油公司的发展。由于 60% 以上的销售收入以税收的方式上缴国库，公司缺乏资金用于新项目的投资开发，只能通过债务合同融资，导致债务负担沉重[①]。

在这些因素的推动下，墨西哥政府在 2008 年启动了新一轮的能源改革计划。需要改革的主体就是墨西哥石油公司。2008 年 10 月，墨西哥通过了《能源改革法案》，放宽了墨西哥石油公司的自主经营权，允许企业自主制定预算规划并同下游厂商合作，赋予了墨西哥石油公司在新的勘探和开采活动中招募石油承包商，并与之进行有限度的合作的权利。

目前，墨西哥还是一个石油净出口国。但是，墨西哥石油产量一直在下降，比其 2004 年的峰值产量下降了 25%。2010 年墨西哥的国内需求却比 1971 年的水平增长了 4 倍。从墨西哥的国内消费前景看，公民现在人均年收入为 546 美元，如果按目前的趋势继续下去，2020 年人均年收入可达到 1055 美元。也就是说，墨西哥的国内石油消费需求将大幅提升。

石油总产量的降低和不断增长的国内石油需求，这两种发展趋势对墨

---

① 本节的写作，主要参考了宋玉春《墨西哥石油大国地位渐行渐远》，《中国石化》2005 年第 9 期，第 34~35 页；谌园庭：《墨西哥石油公司改革及前景》，《拉丁美洲研究》2011 年第 1 期，第 65~68 页。

西哥政府构成了严峻的挑战。美国赖斯大学公共政策詹姆斯贝克Ⅲ研究所和牛津大学于 2011 年发布的一项研究称，墨西哥未来 10 年内可能成为石油净进口国①。

与此同时，根据 2011 年 4 月，美国能源信息署发布的世界页岩气资源初步评价报告，世界页岩气资源丰富，墨西哥的技术可采资源量排名全球第五位（在中国、美国、阿根廷、南非之后）。天然气（特别是包括页岩气在内的非常规天然气）资源评估受技术和技术方法的运用而在不同时期会出现不同的结论。但是，墨西哥的优势之一是，它目前拥有较高的天然气产量，而且，天然气开采行业与美国、加拿大等国家公司间保持长期互动，具有一定的优势。

2012 年 2 月，美国和墨西哥宣布同意在墨西哥湾进行油气开发合作。美国采取行动的基础是预计协议所涉区域蕴藏着 1.72 亿桶石油，以及 3040 亿立方米天然气。根据协议，来自美国和墨西哥的公司将被激励在两国海洋边界进行合作开发，但是如果没有找到合伙人，也被允许单独推进项目。该协议结束了在墨西哥西部地区的海上边界附近暂停开发石油的局面，同时为相关公司建立起一个法律框架，以便共同发展跨境领域②。

美国与墨西哥合作开采墨西哥湾油气的前景，除了技术上应对 2010 年在同一海湾地区发生的石油开采严重泄漏事件外，墨西哥民众对本国石油可能被美国占用的恐惧也是一个需要应对的政治问题。目前，该协议还有待墨西哥国会审批通过。

总体而言，墨西哥是北美三国之间能源领域互动中地位最弱的环节。它依然能得益于北美自由贸易协定中的能源贸易安排，而从美国和加拿大获得稳定的能源供应。短期内，看不出墨西哥自身的能源供需变化与对亚洲市场的需求之间会出现联动。

---

① The Future of Oil in Mexico, James Baker III Institute for Public Policy and Oxford University, April 29, 2011. http://bakerinstitute. org/publications/EF – pub – BarnesBilateral – 04292011. pdf.

② John M. Broder and Clifford Krausss, "U. S. in Accord with Mexico on Drilling," *New York Times*, February 20, 2012.

（六）对北美三国能源态势的总括性观察

美国在油气领域满足自身需求的能力正在逐步提高，加拿大的能源产能也在提高。墨西哥的能源产业发展，虽然前景没有美国或加拿大的明朗，但也得益于它与美国以及加拿大之间的贸易和生产领域的广泛关联。

观察北美三国间在能源领域的互动，我们有必要把注意力集中在能源地理和能源产业间的惯性的层面上。就宏观能源政策选项的逻辑而言，这三个国家，就像其他国家一样，都具有"本国优先"的动力。同时，它们之间通过能源产业的互联互通，对促进各自的能源需求稳定起到正面作用。

整个北美地区何时走向"能源独立"以及这种情景下的国际能源经济和能源政治变化，是一个变量。不断的跟踪研究，在持续变化的国际能源情势下，基于自身利益需求的不同，结论会不一样。美国也许有一天能摆脱对地区外能源进口的依赖，但是，美国没有独立于其邻国加拿大以及墨西哥的能源生产和进出口的选项。

四　北美能源局势变化与中国的对策思考

（一）审慎评估使北美能源自主程度提高的国际能源地缘政治影响

就像本文所回顾的，基于北美自由贸易区协定中的能源贸易安排，美国、加拿大、墨西哥三国已经有了近20年的合作，努力在动荡的国际能源格局中做到"独善其身"。如果美国自产油气的增长趋势能持续下去，将对国际能源的地缘政治产生重大影响。若促成美国加大境内油气资源开发力度的一个重要外部诱因是第二次伊拉克战争以来中东地区的持续动荡，那么，美国（乃至整个北美地区）对中东油气依赖程度的降低，对中东油气未来的供应，会产生什么样的影响？

在国内外有关美国的中东政策研究中，将"为石油而战"看成是美国中东政策最重要的基石，几乎是无可争辩的结论。其实，与第二次世界大战前欧洲国家对中东的军事行为不同的是，美国所从事的石油战争行为并不是为了直接占领油田而归为己有，不是为了将某个中东国家从殖民统治中解放出来，也不是为了给当地的人民创造政治自由的空间。美国军事行为的显著特点是建立对美国友好的国家政权。尽管获得中东油气是广义上的战略目的，但美国的军事行动并不是为了保障中东石油必须流进美国市场。通过战争实现国际油价的稳定（并不一定是低油价）并维护中东亲美政权不被推翻是美国的中东战略政策的核心。

自20世纪70年代以来美国对中东地区的军事卷入，美国之所以无法脱身，一个重要的原因是美国从政治、外交层面支持，在军事层面武装国内执政基础脆弱的政权。美国向中东国家出售武器，使得该地区国家依赖军事手段应对重复出现的内部和外部政权威胁。地区国家的执政阶层因此卷入一场旷持日久的内政和外交战。换言之，美国在中东地区的军事卷入，反而强化了产油国和该地区局势的不稳定[1]。

卡特总统将中东油气定位为美国"核心利益"的逻辑，似乎难以继续成立。但是，我们在观察未来美国在中东的卷入程度时，有必要观察三大因素：一是石油，二是宗教，三是军事设施的利用。这三个因素相互交织，每一个都具有结构性。若将美国在中东的行为定格在仅仅是"为石油而战"，则是只见树木，不见森林。

宗教因素指的是支持和维持中东各国政权中的世俗力量不被激进的伊斯兰力量所取代，在犹太教与伊斯兰教之间出现矛盾时，坚定地站在犹太教这一边，当然也少不了保护并扩大中东社会的基督教力量的努力。虽然在教义上基督教与犹太教既有交叉也有区别，"在当今现实生活中，两种宗教经过美国本土化以后，相互靠拢，一个突出的表现是基督新教徒们认为犹太教是其宗教的前身。这是美国社会所推崇的'犹太教——基督新

---

[1] Toby Craig Jones, "America, Oil and War in the Middle East," *The Journal of American History*, June 2012, p. 208 – 218.

教传统'产生的前提。这种宗教上的强烈认同，奠定了占美国总人口90%的基督徒对以色列的支持基础"[①]。

在宗教因素的驱使下，不管是美国的犹太人还是占人口大多数的基督徒，都从对犹太教的认同发展到对犹太民族的认同，进而发展到对以色列国家的认同。这种社会基础使得美国的中东政策高度受到以色列的作为的影响。尽管以色列政府处理其对中东产油国关系的作为并不见得有利于中东地区的稳定，但是，美国政府并没有撇开以色列的偏好而处理中东事务的选择。

至于军事设施因素，指的是美国在中东部署军事力量，既有维持在当地的军事威慑力的一面，也有将中东作为向地区外投放军事力量的安排这一面，二者相辅相成、不可偏废。冷战期间，美国与苏联对抗，冷战后攻打、占领阿富汗，没有在中东的军事存在，是不可能完成的。

从结构性因素而言，军事基地是美国在中东维护海外利益的重要工具，具有重要的政治象征意义和军事威慑意义。当然，美国在中东的军事基地是一把双刃剑，它既维护了美国的战略和安全利益，又成为美国与伊斯兰世界矛盾的焦点之一[②]。正因为如此，结合本节前文所述，美国并没有因为自身从中东进口石油的比例在下降而撤出中东的选择，其军事力量的存在，会有所调整，但减弱卷入中东局势变化的选项是不存在的。

总而言之，中东地区不存在美国留下的"真空"由谁去填补的问题。未来美国从中东进口石油在量上的变化，不足以导致美国的中东政策不再受产油国或以色列的政策偏好"绑架"的问题。也就是说，未来中国获取中东油气资源所面临的地缘政治环境性因素，看不出发生了或者将会出现本质性的变化。

（二）通过贸易机制建设应对中国稳定中东油气努力中的美国因素

伊朗与美国及其欧洲盟友间外交关系的长期紧张局面，近年来不但没

---

①　沈文辉：《从宗教视角透视冷战后美国中东政策的悖论》，《阿拉伯世界研究》2009 年第 5 期，第 18 页。

②　邓海鹏：《冷战后美国在中东军事基地研究》，上海外国语大学硕士学位论文，2010。

有缓解的迹象，反而出现了对峙升级，走向军事冲突的可能性也似乎在增加。中国从伊朗进口油气的努力，因为奥巴马政府步步升级的对伊制裁措施，而受到日益直接的影响。2012 年 6 月，美国国务院宣布，因为中国在同年头六个月削减了从伊朗的原油进口，美国政府决定给予中国为期六个月的制裁豁免。这是迄今美国对伊朗的单方面政策直接影响中国油气进口稳定的实例。

一方面，美国援引其国内法规对包括中国在内的油气和其他经贸公司实施制裁，违反了国际关系准则；另一方面，可以预见的是，美国与伊朗之间的矛盾将是一个长期现实。来自美国的对中国与伊朗能源贸易的压力，不会因为我们对美国政府行为的价值判断而减轻。

就保护中国自身的中东油气进口利益而言，我们有必要在继续避免因进口伊朗石油而与美国出现大面积冲突的同时，为长期性地降低进口途径的不稳定性而从事进口机制建设。过去 30 多年的经历告诉我们，中国市场的消费能力是获得境外油气的最有力的保障。未来的决定性因素，依然主要是中国市场的消费需求在全球油气市场中的变化态势。也就是说，我国有必要走出因伊朗（或者其他的出口国）或者美国认定我国不得不维持既有的油气进口水平稳定而将我国双面外交绑架的尴尬局面。

通过加快与海湾合作委员会国家建立自由贸易区等上下游一体化建设等措施，我们有条件提高境外油气供应的稳定性。至今，中国与中东的石油合作尚不具结构性，一个原因在于我国油气产业的下游市场开放程度有限。只有全面依靠本国的国有能源公司才能保障中国的油气进口稳定的思维根深蒂固。其实，美国允许委内瑞拉在美国境内建设石油储备、炼化、销售一条龙服务，以此来锁定委内瑞拉的石油供应。除了北美自由贸易安排中的能源关系安排之外，这是一个很好的启发。事实上，上下游一体化，也是全球国家石油公司发展的一个重要趋势，因为这种一体化有利于资源出口国保障其出口稳定[①]。

---

① 吕建中、戴家权、陈蕊：《国家石油公司上下游一体化的内因及影响》，《国际石油经济》2007
　年第 11 期，第 22 ~ 28 页。

建设好长期稳定的油气进口机制，还要求我国加快建设对来自多个源头、不同品质的油品的加工能力。将政府的职责定格为对油品质量的监管、督促油品质量的不断提高，而不是油品提供商的国籍或所有制形式。

总而言之，应对类似从伊朗的油气进口受到来自第三方（美国）的外交干预的挑战，中国应提高自身可控能力，建设与石油出口国在公司稳定运营、盈利的基础上的稳定机制。如果停留在选择短期性、机会性的应对，则于事无补，不利于减少未来的摩擦。

（三）努力拓宽中国与北美国家能源合作的领域

中国与北美三国在能源领域的互动，从结构性态势而言，呈现以下几个特点：①源自美国的能源合作动议，自两国建交以来，便不包括如何促进两国市场间的能源产品贸易。美国政府支持的两国间能源合作项目，主旨是两个：促进两国能源企业在非化石能源领域的互动；支持美国油气企业进入中国的油气开发市场，提供设备和技术服务，在获得公司层面的效益的同时减轻中国对国际油气供应的压力。②加拿大在近年才开始努力开拓与中国在能源领域的联系，而且，加方的兴趣重点是促成中国的油气企业加大参与油砂等非常规油气的开发。③墨西哥与中国在能源领域的互动程度，历史上不高，未来也难见大幅提高的可能。

争议不断，就动态性态势而言，是近年中国与美国在能源领域互动的又一个突出特点。前文所述的美国干预伊朗与中国之间的能源贸易问题属于国际层面的外交斗争，中国需要从平衡与美国和伊朗的长期外交关系的角度审慎判断每一个斗争环境的选择。在中美双边领域，涉及能源互动的摩擦，大致可以归纳为以下两类。

第一，中国的油气企业试图收购美国的油气公司受到政治阻挠。突出的实例是 2005 年中国海洋石油公司并购加州优尼科油气公司的要约不得不选择放弃。进入美国从事能源资产并购，未来将依然受到美国政治以及美国同业公司对竞争态势的影响。

第二，美国多次对中国出口的风电、太阳能光伏发电设备发起反倾销、反补贴调查。由于在世界贸易组织规则中，中国还没有获得"市场经济"定位，在类似的贸易争端解决过程中，中方处于一种不利的地位。

针对类似争议，中国有必要把个别项目所涉及的问题与未来争端解决机制的建设结合起来。减少因向美国的油气资产发起跨国并购所引发的政治阻力，加快中美双边投资保护协定的谈判，努力促成协定在双方立法机构的批准，是一个必不可少的途径。鉴于向美国出口的可再生能源生产设备受到"双反"调查的问题，如何确保 2016 年中国被接受为"市场经济"的安排不出现曲折，是我们目前应当努力的方向。

此外，对中国而言，不论中美之间围绕可再生能源设备的贸易纠纷如何频繁，努力通过包括吸引国外的可再生能源企业参与我国推广可再生能源利用在内的措施，推动这一类设备在中国的应用，也应是我国政策选择的重点。毕竟，外企和外资参与这一领域的竞争，有利于提高我国能源供应的自主程度。

对中国而言，北美地区能源自主供应程度的提高，就保障未来的境外能源供应安全而言，最为重要的挑战是如何突破美国既定的双边能源合作局限，将拓展中美之间、中加之间能源商品贸易渠道纳入与北美的能源合作中。在北美地区自身化石能源供应保障提高的情形下，中国利用美国能源的美方物质基础是存在的。我们也应看到美国能源政策中的市场机制以及有商业利益者游说美方调整战略思维的力量。如果中美之间在煤炭、天然气、石油等战略性商品贸易领域的相互依存度能够提高，将有利于实现中美两个大国走出全面战略竞争的历史宿命的愿景。

参考文献

〔美〕戴维·A. 迪斯，约瑟夫·S. 奈伊：《能源和安全》，李森等译，上海译文出版社，1984。

〔美〕斯泰格·利埃诺：《美国能源政策：历史过程与博弈》，郑世高译，石油工业出版社，2008。

〔美〕罗伯特·布莱斯：《能源独立之路》，陆妍译，清华大学出版社，2010。

中国科学院、美国国家工程院：《可再生能源发电：中美两国面临的机遇和挑战》，科学出版社，2012。

中国科学院:《能源前景与城市空气污染:中美两国所面临的挑战》,中国环境科学出版社,2008。

史丹、杨丹辉:《我国新能源产业国际分工中的地位及提升对策》,《中外能源》2012年第8期。

史丹:《国际金融危机以来中国能源的发展态势、问题及对策》,《中外能源》2010年第6期。

韩文科:《维护能源安全重担正由美国转向中国》,《中国经济导报》2011年3月24日。

查道炯:《相互依赖与中国的石油供应安全》,《世界经济与政治》2005年第6期。

查道炯:《中美能源合作:挑战与机遇并存》,《国际石油经济》2005年第11期。

查道炯:《能源问题与中美关系》,《国际经济评论》2007年第7期。

查道炯:《拓展中国能源安全研究的课题基础》,《世界经济与政治》2008年第7期。

查道炯:《拓展世界能源市场的新机遇》,《人民日报》2012年4月10日。

Daniel Yergin. *The Quest: Energy, Security, and the Remaking of the Modern World*. New York: Penguin Books. 2012.

Gavin Bridge and Philippe le Billon. Oil. Cambridge: Polity. 2013.

Gal Luft and Anne Korin. *Energy Security Challenges for the 21st Century: a reference handbook*. New York: Praeger. 2009.

Zha Daojiong. *Managing Regional Energy Vulnerabilities in East Asia*. London: Routledge, 2012.

Michael A. Levi. *The Canadian Oil Sands: Energy Security vs. Climate Change*. Washington DC: Council on Foreign Relations, 2009.

Karen Hofman and Xiangguo Li. Canada's Energy Perspectives and Policies for Sustainable Development. *Applied Energy*. April 2009.

Toby Craig Jones. "America, Oil and War in the Middle East", *The Journal of American History*. June 2012.

Claudia Sheinbaum-Pardo. "Mexican Energy Policy and Sustainability Indicators", *Energy Policy*. July 2012.

Larry Hughes. "Eastern Canadian Crude Oil Supply and Its Implications for Regional Energy Security", *Energy Policy*. June 2010.

Richard J. Campbell. China and the United States-Comparison of Green Energy Programs and Policies. Congressional Research Service. March 2011.

第二章 欧洲局势变化与中国能源安全

一 欧洲能源格局

2009 年，欧洲国家[①]能源消费总量为 17 亿吨标准油，能源总产量为 8.12 亿吨标准油，综合能源对外依存率为 53.9%，其中，煤炭对外依存率 62.2%、石油对外依存率 83.5%、天然气对外依存率 64.2% （见表 2 - 1、表 2 - 2、表 2 - 3）。

表 2 - 1 欧盟 27 国主要能源产量

单位：百万吨标油

年份	1999	2000	2001	2002	2003	2004	2005	2006	2007	2008	2009	变化（%）
总量	949	941	941	940	932	928	896	877	856	850	812	- 14
石油	180	173	161	166	156	145	133	121	120	112	104	- 42
燃气	203	208	208	204	200	203	189	179	167	163	153	- 25
核能	243	244	253	256	257	260	258	255	241	242	231	- 5
硬煤	133	119	114	111	108	103	99	94	89	83	74	- 44
褐煤	91	94	97	99	99	98	96	97	96	94	91	1
RES	93	97	100	97	104	111	115	122	133	141	148	60

注：RES 为可再生能源的英文缩写，下同。

资料来源：根据 Eurostat Energy Transport and Environment Indicators for 2011 数据整理。

---

① 本文的"欧洲国家"或"欧洲"是指欧盟 27 个成员国。

表 2 - 2　欧盟 27 国主要能源消费量

单位：百万吨标油

年份	1999	2000	2001	2002	2003	2004	2005	2006	2007	2008	2009	变化(%)
总量	1711	1725	1763	1758	1799	1818	1823	1825	1806	1802	1703	0
石油	671	661	676	671	675	677	678	674	659	658	623	-7
燃气	383	394	404	405	425	435	446	438	433	441	417	9
核能	243	244	253	256	257	260	258	255	241	242	231	-5
硬煤	222	225	225	221	230	228	222	229	231	212	178	-20
褐煤	91	95	98	98	101	99	96	96	97	94	90	-7
RES	93	97	100	98	104	112	116	124	135	144	153	65

资料来源：根据 Eurostat Energy Transport and Environment Indicators for 2011 数据整理。

表 2 - 3　欧盟 27 国能源对外依存率

单位：%

年　份	1999	2005	2006	2007	2008	2009
总能源	45.1	52.5	53.7	53.0	54.7	53.9
煤炭类	38.6	56.4	58.3	58.8	64.7	62.2
原　油	72.9	82.3	83.5	82.4	84.1	83.5
天然气	47.9	57.7	60.8	60.3	62.3	64.2

资料来源：根据 Eurostat Energy Transport and Environment Indicators for 2011 数据整理。

（一）欧洲能源的生产与消费

1. 煤炭的生产和消费情况

2009 年，欧洲国家煤炭储量占世界煤炭总储量的 19.5%，主要分布在德国、法国、英国、波兰和捷克等国。由于煤炭开采成本较高、燃烧中污染物排放严重，"二战"结束后，欧洲主要煤炭生产国已相继关闭了境内的煤矿。1990~2009 年，欧洲煤炭燃料产量下降了 55%，年产量从 3.7 亿吨下降到 1.65 亿吨（硬煤产量 7400 万吨，褐煤产量 9100 万吨），在能源总产量中所占比重从 39% 下降到 20%[①]。煤炭在燃料消费中的比重也大幅下降，从 1990 年的 27% 下降至 2009 年的 16%。2009 年，欧洲国家煤

----

① Eurostat：Energy, Transport and Environment Indicators for 2011, p. 35.

炭总消费量约 2.5 亿吨，34% 的煤炭消费需要进口[1]。

2. 石油的生产和消费情况

2010 年，欧洲西部地区[2]已探明的石油储量约为 135 亿桶，石油资源主要分布在挪威、英国、丹麦和罗马尼亚少数几个国家，其中挪威和英国已探明的石油储量占欧洲西部地区石油储量的 77.5%，占世界石油总储量的 0.9%。2010 年，挪威石油年产量约为 71 亿桶，英国石油年产量约 34 亿桶。20 世纪 70 年代两次国际石油危机后，欧洲国家主动调整了能源消费结构，石油消费的增长得到有效的控制。1990~2009 年，石油燃料消费比重从 38% 降至 37%，对外依存率仅增长 3.3%。2009 年，如表 2-1 和表 2-2 所示，欧盟 27 国石油年产量为 1.04 亿吨，同期的石油消费量为 6.23 亿吨，需进口石油 5.19 亿吨。2009 年，德国、法国、西班牙等主要国家的石油对外依存率均高于 95%，英国的石油对外依存率为 8.6%，挪威和丹麦则完全不需要进口石油。

3. 天然气的生产和消费情况

2010 年，欧洲西部地区天然气储量约 5 万亿立方米（如果加上波兰、罗马尼亚，则可达到 5.7 万亿立方米），大部分天然气资源分布在荷兰和挪威，少量分布在英国和其他国家，其中荷兰和挪威两国就占了西欧天然气储量的 70%。2010 年，欧洲国家天然气储量约占世界天然气总储量的 2.9%[3]。天然气由于在许多方面可以代替石油，而且开采和运输成本比较低，燃烧过程中有害物质排放较少，已经成为欧洲国家青睐的一种环保型清洁能源。1990~2009 年，欧洲国家能源总消费中，天然气比重从 18% 提高到 24%，同期欧洲国家能源总产量中，天然气的比重从 17% 增至 19%。荷兰、丹麦是主要的天然气生产国和出口国。英国也曾是欧洲重要的天然气生产国，不过，从 2003 年开始，英国已成为天然气的净进口国。欧洲的许多国家都需要进口天然气，其中法国、比利时、卢森堡、希腊、葡萄牙、瑞典等国所消费的天然气几乎全部需要进口（对外依存

---

[1] European Comission Directorate-General for Transport, Key Fitures, June 2011, p. 11 – 12.

[2] 包括丹麦、法国、德国、意大利、荷兰、挪威、土耳其、英国等。

[3] OPEC Annual Statistical Bulletin 2010/2011 Edition, Vienna, Austria, 2011, p. 21 – 22.

率为 99% ~ 100%）。欧洲国家天然气消费的 31% 来自挪威，34% 来自俄罗斯，其他则来自尼日利亚等国。

4. 核能的生产和消费情况

欧洲国家核能在一次性能源消费中的比重高于世界平均值。1990 ~ 2009 年，欧洲能源总产量中核能的比重从 22% 提高到 28%，2009 年核能消费相当于 2.31 亿吨标油（2006 年为核能消费最高峰，约相当于 2.6 亿吨标准油）。1990 ~ 2009 年，欧洲国家核燃料在全部燃料消费中的比重已从 12% 提高到 14%。核能是一种清洁和高效的现代能源，但技术要求和风险系数较高，1986 年苏联切尔诺贝利核事故和 2011 年日本福岛核事故以后，欧洲国家的核能战略转为谨慎，一些国家开始制定分阶段退出核能领域的政策。目前，已经制定或执行退出核能政策的欧洲国家包括英国、德国、意大利、西班牙、瑞典、比利时、荷兰。法国是欧洲国家中核能利用最普遍的国家，核电比重为 78%，核电比位居全球第一、核发电量位居全球第二。2012 年 5 月，奥朗德当选后曾表示，在未来 13 年内，法国核电装机容量比重将从目前的 78% 被调低到 50%。

5. 可再生能源的生产和消费情况

2009 年，欧洲国家可再生能源产量相当于 1.48 亿吨标准油，已超过当年欧洲国家 1.04 亿吨的石油产量，约占全部能源产量的 18%。可再生能源是一种综合性能源，目前主要包括生物能、太阳能、风能、海洋、潮汐、地热能和水能等。

生物能源主要取自生物有机体——油料作物、有机物垃圾和废弃物，可直接作为工业、交通和生活燃料，主要产品有生物柴油和生物汽油（生物乙醇）。近年来，欧洲国家生物燃料发展很快，2009 年生物燃料年生产能力达到 2432.7 万吨，实际产量达到 1452.9 万吨。其中，生物汽油年生产能力为 362 万吨，实际产量为 292.1 万吨；生物柴油年生产能力为 1770.7 万吨，实际产量为 883.4 万吨；其他液体生物燃料产量为 327.4 万吨。2010 年，欧洲国家生物质能源所取代的传统能源相当于 1 亿吨标准油，到 2020 年，生物质能源可望替代 1.5 亿吨标准油的传统能源。

1995 ~ 2009 年，欧洲国家累计的风电装机容量从 24.97 亿瓦

（2497MW）增加到 747.67 亿瓦（74767MW），即在 15 年内增长了 29 倍，2009～2010 年，欧洲国家风力发电装机容量平均每年递增 15%。到 2020 年，欧洲国家利用风能所节约的传统能源将相当于 4000 万吨标准油。在欧洲，德国利用风能发电的历史较长，而且德国的风力发电能力和技术都居世界领先地位，到 2030 年，德国所消费的全部电力中将有 25% 来自风力发电。

太阳是人类取之不尽的热能和光能来源。2010 年，欧洲国家因太阳能综合利用而节约的能源相当于 300 万吨标准油，到 2020 年，将提高至 2000 万吨标准油。欧盟委员会的一份研究报告显示，到 2020 年，欧盟 27 国光伏发电装机容量将达到 844 亿瓦（84.4GW），太阳热能年发电量达到 59 万亿度（59TWh）[①]。

北欧国家[②]水力资源丰富，利用水力发电的历史较长，2009 年北欧国家水电比重超过 50%。如表 2－4 所示，2009 年，欧盟 27 国的水力发电装机容量达 1440 亿瓦（GW），占全部装机容量的 17.2%，发电量 3273.85 亿度，占全部发电量的 10.3%。2009～2010 年，欧盟 27 国水力发电装机容量增加了 27%。

按照欧盟 2050 年能源发展战略的要求，到 2050 年，欧盟国家可再生能源在最终能源消费中的比例将提高到 75%，其中，在电力生产燃料中的比例将提高到 97%。

表 2－4　欧盟 27 国电厂采用各种能源的装机容量

单位：10 亿瓦/GW

年份	1999	2000	2001	2002	2003	2004	2005	2006	2007	2008	2009
总量	683	695	704	712	728	735	751	772	788	810	834
热力	400	407	410	412	423	428	434	446	451	459	465
核能	138	137	137	138	137	136	135	134	133	133	132
水力	136	136	137	138	137	138	139	140	142	142	144
其他	10	14	19	25	30	36	44	52	62	76	92

资料来源：根据 Eurostat Energy Transport and Environment Indicators for 2011 数据整理。

[①]　European Comission, Joint Research Center, Brussels, Belgium, February, 2012.
[②]　"北欧国家"包括：挪威、芬兰、瑞典、丹麦、冰岛。

6. 电力的生产和消费情况

2009 年，欧洲国家发电量为 31830 亿度（TWh）[①]。从燃料结构上看，1990～2009 年，火力（煤炭）发电比重从 39% 降至 26%，石油发电比重从 9% 降低至 3%，天然气发电比重从 9% 上升到 23%，核能发电比重从 31% 降低到 28%，可再生能源发电比重从 12% 提高到 18%。2009 年，欧洲国家电力生产的能源消费结构差异较大——奥地利电厂 68% 的燃料为可再生能源，法国电厂 76% 的燃料为核能（装机容量为 78%），意大利电厂 50% 以上的燃料为天然气，波兰电厂 87% 的燃料为煤炭。近年来，欧洲国家可再生能源装机容量和发电量均呈迅速增长的态势。2009～2010 年，水力发电装机容量增长了 7%，其他可再生能源（主要是风力和太阳能）发电装机容量增长了 14%，相比之下，传统能源发电装机容量仅增长了 5%，而且主要是清洁度较高的天然气，核能发电装机容量也只增加了 1%。欧电联（Eurelectric）预测：2020 年之前，欧洲国家 70% 的电厂将普遍采用可再生能源技术和 CCS 技术。

综上所述，欧洲能源结构的特点是：基本能源消费高度依赖进口。20 年来，欧洲国家采取各种手段提高能源安全性，但受制于目前的产业结构和能源技术，基本能源对外依存度仍然很高。欧盟委员会在《2020 能源展望报告》中指出：如果目前情况继续发展下去而不采取相应的措施，那么到 2020 年欧盟国家能源消费的 2/3 需要进口，到 2030 年欧盟国家石油消费的 90% 和天然气消费的 84% 均需要进口[②]。

（二）欧洲的能源战略

欧洲制定能源战略的初衷是保障本地区能源供应安全，但随着经济和

[①] 欧盟统计局（Eurostat）和欧电联（Eurelectric）公布的数据略有差别，例如，欧电联公布的欧盟 2009 年发电量为 30603 亿度，2010 年为 32404 亿度（http://www.eurelectric.org/PowerStats2011/），此处一律使用欧盟统计局官方数据。

[②] European Comission, Green Paper Toward a European Strategy for the Security of Energy Supply, (COM) 2000/769 & European Commission, An Energy Policy for Europe, 2007 - 01, http://www.eu.europa.eu.comm/energy_ transport/en/lpi_ lv_ enl.html.

社会的发展，除了保障能源供应安全外，欧洲能源战略也逐步涵盖了更多的内容。当前的欧洲能源战略已经演变为一种"综合性战略"，即不仅关注能源供应安全，也要关注经济可持续发展和减少温室气体排放，更关注全球能源合作和能源治理框架的建设①。

关于欧洲能源战略的目标，2006 年推出的《欧洲能源绿皮书》② 给予了明确的诠释，即必须实现"可持续性""有竞争力""供应安全"三个基本目标。

所谓"可持续性"，就是要积极开发可再生能源和其他低碳能源，以取代煤炭、石油、天然气这类面临枯竭的传统化石能源，减缓欧洲国家能源需求的增长，引导全球共同阻止气候变暖。所谓"有竞争力"，就是要通过法规、标准、政策的协调一致，提高能源市场的开放性，从而使整个经济获益，鼓励生产更多的清洁能源和提高能源投资效率，减轻国际能源价格对欧洲经济和社会的不利影响，使欧洲的清洁能源技术、可再生能源技术、核裂变技术能够保持领先地位。所谓"供应安全"，就是要采取各种手段减少欧洲能源对外依赖性，包括通过提高能源效率来降低对能源的需求，同时增加能源储备；实现能源消费的多元化，优先发展可再生能源；加强同主要能源供应国在"睦邻政策"和双边条约基础上的广泛合作，建立消费国和产出国之间的能源共同体。

从 2006 年后欧盟与其他能源市场主体签署的多边和单边协议中，人们可以清晰地看出，上述三大目标贯穿其中。但欧盟在实现三大目标方面还面临许多任务，其中不少任务带有挑战性。

第一，必须建立统一的内部能源市场。长期以来，欧洲天然气和电力市场的一体化程度不高，在这两个市场上存在着严重的国别割据现象，各国政策的重叠和相互矛盾导致天然气和电力的共享水平很低。为此，欧盟希望通过统一欧洲输电网络方案，最终建立一个"标准统一、协调有力、充分合作、技术安全"的"泛欧电力市场"。按 2011 年 2 月欧盟领导人

---

① 陈会颖：《世界能源战略与能源外交（欧洲卷）》，知识产权出版社，2011，第 25 页。

② Green Paper on a European Strategy for Sustainable，Competitive and Secure Energy，中文简称《能源绿皮书》。

峰会的要求，到 2014 年，欧洲国家将实现内部电力和天然气输送管网的合理对接。

第二，必须修订有关石油和天然气储备的欧盟法律。欧洲的战略石油储备力量比较薄弱，主要石油储备资源掌握在成员国手中，欧盟一级没有集中的战略石油储备资源，这就削弱了欧盟在危机情况下解决能源供需矛盾的能力。2009 年，欧盟理事会决定建立战略石油储备的法律框架，要求成员国储备相当于日消费量至少 60 天的石油储备，依据欧盟相关法规建立了"共同储备设施"（Central Stockholding Entities/CSEs），可在紧急情况下用于调剂成员国战略石油储备。

第三，必须按照《欧盟 2020 战略》的要求调整现有能源政策。调整后的欧洲能源政策既服务于能源安全目标，也服务于可持续增长和减少温室气体排放的目标。欧盟 27 个成员国必须遵守《2020 战略》规定的三个20% 的目标，即到 2020 年减少温室气体排放 20%，减少能源消耗 20%，把可再生能源消费比例提高到 20%。实现三个 20% 的目标的具体措施包括：提高能源利用效率——包括建筑物能效，利用金融手段和机制引导资金流向新能源技术和低碳技术开发领域，利用智能技术来优化交通运输业务和减少住房温室气体排放，提供更多的能源性能信息和制定最低能耗标准。

第四，必须制定和实施更有效的能源技术战略。2008 年欧盟推出的《战略能源技术计划》（SET）为能源技术革命构筑了坚实的平台，其资金规模超过 750 亿欧元；2011 年年底推出的《展望 2020 计划》为欧盟第八个框架计划提供了蓝本，在计划内的 720 亿欧元资金中，40% 被直接用于能源技术、气候变化技术和低碳技术。然而，资金的增加还不足以实现新能源战略，关键是如何加强欧盟和成员国，以及成员国彼此之间的计划协调。

第五，必须统一对外能源政策。长期以来，对外能源政策游离在欧盟共同外交和安全政策之外。欧盟认为，在当前国际能源安全形势和全球能源竞争形势下，必须把对外能源政策纳入整个外交和安全政策框架中考虑。鉴于国际能源市场激烈的竞争和地区政经形势的动荡，能源供应安全问题绝不是单个主权国家所能解决的，欧洲国家需要一种更加清晰、更加一致的对外能源政策，争取在国际能源市场上"用一个声音"说话。

欧盟制定的能源战略的内容非常丰富，关键是如何才能被成员国吸收，转化为国内政策措施，如果欧盟成员国能够做到这一点，那么欧洲的能源格局势必发生深刻的变化。目前，欧盟内部实行的是"两级能源管理体系"——欧盟委员会负责制定能源战略，各成员国政府根据总体规划来确定本国的基本能源政策和法规。在欧盟现有的决策机制框架下，这种两级管理体系存在明显的缺陷，即各成员国政府往往根据本国的需要诠释和执行这些战略和政策，导致欧盟委员会的许多重要战略意图难以充分实现。改变这种情况的唯一出路是调整欧盟内部的权力结构，将原来属于各成员国的内部能源政策职能和目标转化为欧盟超国家的职能和目标，各成员国需要让渡一部分国家主权——这种深层次的改革涉及方方面面，困难重重。

二 欧洲多边能源关系

目前，能源外交已经成为世界各国对外政策的重要组成部分。对欧盟而言，能源外交日益成为欧盟对外关系的关键。欧盟委员会指出：今后能源应成为欧盟对外关系的核心目标和首要目标[1]。欧洲在现代能源供应上的脆弱地位，决定了发展多边和双边能源关系对欧洲国家具有特殊的重要性。

（一）欧洲能源外交的法律基础

2006 年，欧盟委员会在《能源绿皮书》中指出：欧盟必须通过与各国的合作来实现自己的能源战略目标，而这种合作关系的基础是欧盟同各国之间的条约，它们对保障欧盟能源供应安全非常必要。

---

① 陈会颖：《世界能源战略与能源外交（欧洲卷）》，知识产权出版社，2011，第 87 页。

首先，欧盟希望所有签署国都能接受《欧洲能源宪章条约》（European Energy Charter Treaty，1994，简称"能源宪章"）确定的基本原则，因为这些国家与欧盟的能源关系非常密切——有的是重要的能源生产国（如俄罗斯），有的是控制着通往欧盟的能源通道的国家（如乌克兰和白俄罗斯），有的是与欧盟有共同价值观念的国家（例如挪威）。由于俄罗斯坚决抵制，欧盟利用《能源宪章条约》输出自己价值观的目标未能完全实现，于是，欧盟被迫同俄罗斯签订新的协定，以确保后者恪守《能源宪章条约》的其他条款。欧盟针对黑海 - 里海 - 中亚国家的能源交往相对较顺利，阿塞拜疆等国基本上不排斥欧盟提出的市场自由化改革方案。由于这些国家基础设施落后、经济发展缺乏资金，它们都希望把自己丰富的能源储量当做摆脱俄罗斯控制的工具，特别是在能源出口渠道上摆脱对俄罗斯的依赖，因此欧盟的能源政策很符合它们的胃口。

其次，欧盟希望通过一系列双边条约，拓展能源共同市场的边界。2005 年 10 月，为将巴尔干地区天然气资源纳入欧盟内部市场，欧盟同巴尔干国家签署了《东南欧国家能源共同体条约》（Energy Community South East Europe Treaty）。2005 年 12 月欧盟与乌克兰，2006 年欧盟与阿塞拜疆和哈萨克斯坦签署了能源合作协议，将阿塞拜疆纳入《欧洲睦邻政策》框架（European Neighbourhood Policy），这表明欧盟承认该国在国际能源政治中的重要地位。欧盟还通过《巴库行动计划》（Baku Initiative）和《黑海行动计划》（Black Sea Initiative）帮助高加索地区国家改革和建立区域性能源市场，并最终实现这一市场与欧盟内部能源市场的对接，为上述国家的能源输出开辟新的路径，逐步削弱俄罗斯的控制和影响。欧盟在北非和西非的能源战略主要同各种援助政策捆绑在一起，欧盟通过2007 ~ 2013 年的援助计划将北非——特别是利比亚的能源市场纳入了《能源共同体条约》的范畴，欧盟还通过 2002 年的《援助和可持续发展能源行动计划》（The EU Energy Initiative for Poverty Eradication and Sustainable Development）和 2005 年的《欧盟非洲战略》（EU Strategy for Africa），向撒哈拉以南地区提供大量发展援助，实现西非能源生产国与北非能源生产国输送管线的链接。

由此可见，欧盟已经开始了全方位的能源外交，其基础是欧盟同上述国家签署的一系列涉及能源供应的多边和双边条约。在贯彻全方位能源外交时，欧盟的重点是用欧洲的价值观念来塑造未来的泛欧能源市场，即这个市场必须基于市场经济原则和法治原则，必须拥有统一的市场标准和治理结构，必须限制国家干预和鼓励私有化竞争。对欧盟来说，如果某个国家的能源市场由国家垄断，那么即使它是欧盟重要的能源供应国，欧盟的能源安全地位也是不稳定的，特别是当欧盟同这个国家的政治关系出现麻烦的时候。

（二）欧洲与主要能源供应国的关系

1. 欧洲对俄能源外交

俄罗斯是世界上能源储量最丰富的国家之一。2010 年俄罗斯已探明石油储量大约有 794 亿桶，占全球总储量的 5.5%；天然气储量 46 万亿立方米，占全球储量的 24%[①]。2009 年欧盟国家石油消费的 33% 来自俄罗斯，天然气消费的 34% 来自俄罗斯，2008 年欧盟国家从俄罗斯进口的硬煤占全部硬煤消费量的 27%。2009 年，俄罗斯石油日产量达到 1000 万桶，国内消费量仅 200 万～300 万桶，剩余的 700 多万桶均可出口，欧洲国家自然是其最优先的选择[②]。

欧俄能源关系的历史可以追溯到苏联时期。在苏联时期，西欧国家就从苏联进口大量的天然气，而苏联也从对欧能源出口中获得大量外汇。苏联解体后，特别是中东欧国家加入欧盟后，欧盟国家同俄罗斯的空间距离缩短，加上世界其他能源生产国局势动荡，俄罗斯在欧洲对外能源战略中的地位更加重要。鉴于这种情况，欧盟确定的对俄能源外交的目标是：保持和加强俄罗斯作为主要能源供应国的地位，推动俄罗斯能源领域市场化改革，最终将俄罗斯纳入泛欧洲能源市场[③]。然而，欧盟

[①] OPEC：Annual Statistical Bulletin 2010/2011，p. 22 - 23.

[②] 欧盟《能源绿皮书》预测，到 2020 年，欧盟对俄罗斯能源总体依赖将有所缓解，其中原油进口比重将降低至 27%。

[③] European Commission：External Energy Relations：from Principles to Action，com（2006）590. FINAL. 74.

对俄能源外交既有建立在相互需要基础上的合作，也有出于国家利益的竞争。

苏联解体和中东欧国家加入欧盟后，欧盟与俄罗斯开始有共同边界，这为欧盟直接利用俄罗斯的油气资源创造了优越的地理条件。然而，欧盟信奉自由市场经济观念，而苏联的继承者——俄罗斯的能源产销仍然受到国家高度控制。为了将俄罗斯的能源最终纳入泛欧能源市场，欧盟希望通过能源技术和能源投资来换取俄罗斯的市场化改革和开放，这种策略并未取得完全的成功。欧盟和俄罗斯都是《能源宪章条约》的缔约方，但俄罗斯并不愿意完全遵循欧盟提出的市场自由化理念，所以《能源宪章条约》还不能为欧俄之间的能源合作提供牢固的基础。1997 年，欧盟与俄罗斯在《能源宪章条约》以外又签署了《欧俄合作伙伴协议》。这是在《能源宪章条约》指导下签署的一份欧俄能源关系的基础性文件，包括欧俄双方在能源供应、能源贸易、能源投资、能源效率、环境保护等多个方面的合作主题。2000 年，欧盟和俄罗斯首脑共同商定：在《欧俄合作伙伴协议》框架下启动"欧俄能源对话机制"。2005 年，"欧俄能源对话机制"内的主题不断调整，但始终没有离开欧俄能源市场对接这一欧盟最关心的难题。直至今日，实现欧俄能源市场完全对接的条件尚不成熟，因为俄罗斯能源市场仍在国家的高度控制下，没有实现市场自由化，而且，俄罗斯能源基础设施严重老化，需要大量投资和技术改造。

首先，俄罗斯不愿意接受，甚至强烈抵制欧盟提出的能源市场自由化的观念。欧盟能源政策的一个重要目标是推动能源市场一体化和自由化，消除国家垄断和实现能源价格自由化是这个市场的必要条件。作为欧盟最具潜力的能源供应国，俄罗斯能源体制改革对欧盟能源供应安全来说至关重要。时至今日，俄罗斯的能源体制仍然印有深深的苏联的痕迹——国家控制着主要的能源生产、销售和出口。以天然气产销为例，国家控制下的俄罗斯天然气工业股份公司几乎垄断了所有天然气出口业务，欧盟认为打破该公司的垄断地位、降低天然气价格、实现天然气价格市场化、避免垄断造成的价格波动——所有这些变化都符合欧盟的长远利益。近年来，俄罗斯政府不仅没有削弱对俄天然气工业股份公司的控制，反倒加紧了对战略能源领域的控制，特别是利用欧盟中东欧成员国对俄罗斯能源的传统依赖，试图削弱欧盟对上述国家的影响，使这些国家更向自己靠拢。苏联解体后，俄罗斯国际地位犹如自由落体般下降，丰富的能源储备和能源出口成为其扩大国际影响力的重要筹码，因此俄罗斯不会轻易接受欧盟的自由化改革的价值理念。此外，欧盟还要防范俄罗斯国有公司向欧洲国家能源下游市场的"侵蚀"，俄罗斯天然气工业股份公司在欧盟许多国家进行投资，特别是在法国、德国、意大利，投资领域包括电站和燃气存储设施。

其次，俄罗斯能源基础设施现代化需要天文数字的投资（需要 5500 亿～7000 亿美元），俄罗斯目前还拿不出如此巨大的资金。俄罗斯境内的能源基础设施，特别是向欧洲国家输送天然气的管道多建于 20 世纪 60～70 年代，经过数十年的运行已经严重老化和落后，甚至事故频发，如果不进行大量的投资改造和升级，很难继续向欧盟输送石油和天然气资源，为此欧盟在向俄罗斯能源基础设施投资的同时转让了大量能源新技术。在对俄罗斯能源基础设施投资方面，欧盟成员国中的消费主体——法国、德国、意大利表现得非常积极。1995 年，法、德、意三国与俄政府控制下的"俄罗斯天然气工业股份公司"联合斥资 20 亿美元修建亚马尔－欧洲输气管线，年输送天然气占俄罗斯天然气出口量的 50%，这条新的管线既解决了原来经过乌克兰和白俄罗斯两国的"东欧走廊"管线设备老化、输气量有限的问题，也避免了由于俄罗斯、乌克兰、白俄罗斯三国政治争端带来的输送中断问题，提高了欧盟国家天然气供应的安全系数。

考虑到俄政府改变目前立场的可能性不大，欧盟已经开始调整对俄能源外交：减少对俄罗斯能源的过度依赖，建立新的能源进口基地。欧盟认为俄罗斯是一个重要的能源供应国，同时也是一个不可靠的能源供应国，而且经常会把能源当做实现其政治意图的工具。例如，2009 年俄罗斯和乌克兰因为债务问题发生争执时就曾一度中断对欧盟的能源供应，欧盟在建立"南方走廊"能源输送管线上同俄罗斯的战略意图也大相径庭。

欧俄能源关系的博弈也表现在能源输送管线方案的选择上。为了获取里海 – 中亚国家的天然气资源，欧盟力主建立一条绕过俄罗斯的天然气管线，即全长超过 3300 公里、投资 120 亿 ~ 140 亿欧元的"纳布科"天然气管道，预计 2015 年建成后年输气能力为 250 亿 ~ 310 亿立方米。纳布科管道东起里海西岸的两个端点，经阿塞拜疆、格鲁吉亚、伊朗（东北部），在土耳其境内交会，延至土耳其西部后再次分为两条管线，一条通往意大利，另一条经过保加利亚和中欧通往奥地利和德国。俄罗斯的意图是用"南溪"天然气管道修筑方案来对抗欧盟的"纳布科"方案，南溪线东起俄罗斯黑海东岸，穿过黑海在保加利亚分为两条，一条经中欧通往奥地利和德国，另一条经希腊通往意大利；俄罗斯还提出"蓝溪"线作为备用方案，即东起俄罗斯黑海东岸，穿过黑海后在土耳其境内与纳布科线对接。欧俄在天然气管线路径上的明争暗斗实际上是控制与反控制的政治博弈。

2. 欧盟国家对里海和中亚国家的能源外交

环里海国家包括俄罗斯、伊朗、哈萨克斯坦、土库曼斯坦和阿塞拜疆。若论及能源储量，俄罗斯之外的主要油气生产国包括阿塞拜疆、哈萨克斯坦、土库曼斯坦、伊朗和乌兹别克斯坦（不毗邻里海）。2010 年，阿塞拜疆、哈萨克斯坦、土库曼斯坦和乌兹别克斯坦四国已探明石油储量约 480 亿桶，占全球总储量的 3.3%，已探明的天然气储量约 12.6 万亿立方米，占全球总储量的 6.5%[1]，其中石油主要分布在哈萨克斯坦和阿塞拜疆两国，天然气主要分布在土库曼斯坦、哈萨克斯坦和阿塞拜疆三国。2010 年，哈萨克斯坦和阿塞拜疆两国日产原油约 236 万桶，哈萨克斯坦、阿塞拜疆、土库曼斯坦、乌兹别克斯坦四国天然气年产量 1557 亿立方米。重要的是，里海地区的油气资源分布比较集中，便于开采和输送，例如，阿塞拜疆的沙赫德尼兹油气田（Shah Deniz Fields）已探明的石油储量在 15 亿 ~ 30 亿桶之间，天然气储量在 500 亿 ~ 1000 亿立方米之间，约占该国油气储量的 30% ~ 40%，此外，位于土库曼斯坦的 South Iolotan 是全球第二

---

[1]　OPEC：Annual Statistical Bulletin 2010/2011, p. 22 – 23.

大气田，潜在储量在 8 万亿 ~ 21 万亿立方米。

阿塞拜疆、哈萨克斯坦、土库曼斯坦、乌兹别克斯坦等国都曾是苏联麾下的"加盟共和国"。苏联解体后，它们仍然是俄罗斯的"后院"，能源勘探、生产和销售都受俄罗斯钳制。这些国家基础设施落后、产业结构单一，石油和天然气是最有价值的战略资源。这些国家均希望摆脱俄罗斯对本国能源出口的控制，实现能源销售渠道多元化、以能源出口换取经济发展投资也成为这些国家新的能源外交战略。这些国家的能源政策调整与欧盟多元化的能源外交战略可谓"不谋而合"。

在苏联解体初期，欧盟就已经将目光转向里海－中亚国家。欧盟最初是通过"经济援助"来发展与这些国家的关系的。1991 ~ 2002 年，欧盟向中亚五国提供了总计 3.66 亿欧元的援助，2006 年后每年援助额提高到 6600 万欧元，1993 年欧盟与高加索国家、中亚国家和黑海沿岸国家签署了《欧洲－高加索－亚洲能源运输走廊计划》，目标是建立一条经高加索地区把重要地区能源输送到欧洲国家的战略通道。欧盟的里海－中亚能源政策的重要目标国是哈萨克斯坦和阿塞拜疆两个油气资源最丰富的国家。2006 年欧盟与哈萨克斯坦签署了深化能源合作的谅解备忘录；2007 年欧盟与阿塞拜疆在《伙伴关系与合作协议》框架下启动了能源对话机制；2007 年欧盟理事会通过了《欧盟与中亚：新伙伴关系战略》，全面启动了与里海－中亚能源生产国的战略合作关系；2011 年，在欧盟委员会主席巴罗佐和欧盟委员会能源总司专员欧廷格成功访问阿塞拜疆和土库曼斯坦后，欧盟与两国开始谈判建立跨里海地区能源输送管道的授权，最终目标是缔结一项建立跨里海地区能源输送管道的条约。欧盟积极参与中亚国家能源项目开发，这对俄罗斯－中亚能源合作来说，无异于"釜底抽薪"——因为俄罗斯同哈萨克斯坦和乌兹别克斯坦签署了购买天然气的协议，俄罗斯表面意图是增加对欧洲国家天然气的出口量，实际意图是加强对两国天然气资源的控制，欧盟的计划打乱了俄罗斯的如意算盘。

由于阿塞拜疆等国不像俄罗斯那样坚决拒绝欧盟的市场经济理念，欧盟将这些国家纳入泛欧能源市场的努力遭遇的困难也相对较少。欧盟向这些国家提供了大批的基础设施援助，2007～2013 年执行《欧盟与中亚：新伙伴关系战略》的资金达到 7 亿欧元。欧盟的许多政策性银行——欧洲复兴开发银行（EBRD）和欧洲投资银行（EIB）都积极向中亚国家的基础设施建设投入巨资。英国石油公司（BP）、法国的道达尔公司（TOTAL）、意大利国家能源公司（ENI）和荷兰的皇家壳牌公司（SHELL）在里海地区油气资源开发中均扮演着先锋的角色。对资金短缺的里海－中亚国家来说，来自欧盟国家的投资可谓求之不得，这种投资成为缓解双边摩擦的"润滑剂"。

3. 欧盟国家对非洲和海湾国家的能源外交

非洲的油气资源主要分布在以下两个地区：地中海南岸国家，如北非的阿尔及利亚、利比亚和埃及；撒哈拉以南的非洲地区，主要包括西非的尼日利亚、安哥拉和东北非的苏丹。2010 年，上述北非三国已探明石油储量为 636 亿桶，约占全球总储量的 4.3%；天然气储量 8.2 万亿立方米，约占全球总储量的 4.2%。尼日利亚、安哥拉、苏丹三国的石油储备约534 亿桶，占全球总储量的 3.6%。尼日利亚和安哥拉两国天然气储量5.42 万亿立方米，占全球总储量的 2.8%。到 2025 年，整个西部非洲的油气储量可望提高至 1000 亿～1200 亿桶。海湾地区已探明的石油和天然气储量居世界第一，主要生产国包括沙特、阿联酋、科威特、伊朗、伊拉克等，2010 年上述五个海湾国家已探明的石油储量约 7580 亿桶，占全球总储量的 51.7%，上述五国加上卡塔尔的天然气储量为 77 万亿立方米，约占全球总储量的 40% [1]。

欧盟与非洲和海湾的能源关系通过欧盟和成员国两个层面展开。欧盟成员国与非洲和海湾国家有过密切的历史关系——例如，意大利、法国、西班牙同北非国家的关系，英国、法国同海湾国家的关系，法国与西非国家的关系。这种关系为欧盟制定针对该地区的能源政策奠定了重要的基础。

北非是欧盟国家传统的能源供应基地。20 世纪 70 年代，法国、德

---

[1]　OPEC：Annual Statistical Bulletin 2010/2011，p. 22 – 23.

国、意大利就开始大幅增加对北非的能源投资，20 世纪 80 年代阿尔及利亚建成了穿越地中海向意大利等国输送天然气的管道。1995 年，欧盟与北非 12 个国家在巴塞罗那签署了《欧洲地中海伙伴关系协定》，成为全面发展欧盟－北非关系的基础性文件，欧盟 1997 年同北非国家启动了能源论坛、1998 年签署了《能源行动计划协议》，2004 年的《欧洲睦邻政策》成为将北非纳入欧盟能源共同市场的重要法律文件，2007 年欧盟与地中海国家能源部部长签署了为期 5 年的行动计划（2008～2013 年），优先向北非地区提供能源技术和资金。然而，欧盟同北非国家在能源合作过程中也存在矛盾，主要是阿尔及利亚等国不愿意接受欧盟的市场自由化理念，希望继续保持国家对能源市场的控制，这样一来，欧盟能源消费国就将继续面临远高出市场价格的能源。

撒哈拉以南的非洲曾是欧洲国家的传统势力范围。欧盟对该地区的能源政策通常是与发展援助政策"捆绑"在一起的，即在发展援助政策框架内附带能源开发计划。例如，欧盟 2006 年推出的"欧洲发展基金"（EDF），总规模达到 230 亿欧元，其中 1/4 用于交通、能源、水源、信息网络建设；欧盟还与世界银行合作，计划建设一条穿越撒哈拉沙漠、总长度超过 4500 公里的天然气输送管道，使尼日利亚、安哥拉、喀麦隆、加蓬等西非国家的天然气资源能够直接输送到欧盟消费市场。撒哈拉以南非洲素以贫困和动荡著称，欧洲政策的重点放在缓解贫困和改善政府治理方面，目标是最大限度地保持该地区政局的稳定。

海湾地区是世界油气储备最丰富的地区，也是政治局势最动荡不定的地区之一。目前，欧盟的政策主要是发展同地中海沿岸中东国家的关系。2006 年制定的《欧盟－地中海共同能源计划》的目标是将埃及、叙利亚、约旦、黎巴嫩等国纳入欧盟石油、天然气、电力共同市场。在对待海湾国家关系上，欧盟的政策比较谨慎，一方面，欧盟同美国在海湾地区有着共同的安全利益；另一方面，欧盟同美国的海湾政策又保持一定的距离。例如，欧盟强调市场经济治理，而美国则强调军事存在。欧盟同海湾国家的能源关系发展相对较缓慢，欧盟曾提出建立欧盟－海湾国家自由贸易区的建议（EU – GCC Free Trade Area）①，但由于海湾国家反应冷淡，多年谈判没有取得结果。不得已，欧盟只能通过 1989 年签署的《海湾合作协议》与上述国家发展关系，2010 年欧盟－海湾联合委员会批准了 2010～2013 年的合作行动计划。与欧盟同海湾国家发展关系相比，欧盟成员国——英国和法国同海湾国家的能源合作关系要更为密切一些。

（三）欧洲与能源消费大国——美国的关系

在当今的世界能源市场上，欧盟和美国同属重要的能源消费主体。2009 年，美国能源消费总量相当于 23.8 亿吨标准油。欧盟能源总消费量相当于 17 亿吨标准油。在能源消费总量上，欧盟屈居美国之下，但在一次性能源——石油和天然气的对外依存率上却高于美国。

由于欧盟能源地位比美国更脆弱——油气储量少、产量低、综合能源对外依存率高，并且欧盟是一个由 27 个主权国家组成的联合体，因此，处理能源供应安全问题的行动能力和对重要能源生产地的危机干预能力不如美国。这些因素决定了欧盟必须采取有别于美国的能源安全政策。欧盟奉行"多边主义"的能源安全战略，根据《关贸总协定》的有关条款，欧盟积极推动《能源宪章条约》的签署，希望在市场化、自由化和公平互惠的基础上，构建能源消费国、能源生产国、能源过境国三方之间的合作关系。相反，美国则顽固坚持"单边主义"的能源安全立场。美国是冷战后唯一的超级大国，这种独一无二的地位是它在处理能源关系中推行"单边主义"的重要资本，因此，美国强调使用军事手段实现保障能源供应安全的目标。

欧美能源关系中既有为维护共同利益而进行的合作，也有为扩展各自利益和影响而展开的竞争。合作，主要是由于欧美作为能源消费主体具有很大的共性，例如，欧美的石油消费都需要大量进口，而且都需要从少数地区进口，所以在维护上述地区稳定上具有共同利益。近年来，欧美在国

---

① 2009 年，欧盟与海湾国家贸易总额为 8050 亿欧元，其中对海湾国家出口 5780 亿欧元，从海湾国家进口 2180 亿欧元，欧盟方面存在 3600 亿欧元的顺差。

际能源多边合作框架、如何对待新的能源消费大国的崛起、如何构建全球能源市场治理结构上的立场有所接近。在 2006 年的欧美首脑峰会上，双方在提高国际能源市场透明度、能源来源多样化、能源基础设施安全等一系列重要问题上达成了共识。此外，欧盟和美国都主张通过多边条约和双边条约把中国、印度等新的能源消费大国纳入国际能源合作体系。在对待俄罗斯的问题上，欧美双方的共同点更多。美国不愿意看到俄罗斯以能源供应为手段，强化对欧洲的影响和对中亚国家的控制，尤其不希望看到欧洲国家在天然气需求方面对俄罗斯过度依赖，因此，它积极支持欧盟同里海－中亚国家谈判，建立绕过俄罗斯的能源走廊。

然而，即使在这种合作关系中，由于能源安全观念的差异，欧盟和美国在采取何种手段维护能源供应安全的问题上也经常产生矛盾，在能源安全和涉及能源安全的诸多问题上甚至存在激烈竞争。例如，在减少由能源消费而产生的温室气体碳排放方面，双方立场就大不相同，欧盟对《京都议定书》的目标有明确的承诺，而美国经常回避温室气体减排义务，在欧盟碳排放交易配额扩展到航空运输的问题上，双方甚至不惜"对簿公堂"，致使美国与俄罗斯、中国、印度等国"结盟"，共同抵制欧盟航空碳税。此外，作为世界上最重要的两个能源消费主体，欧盟与美国在能源领域的竞争也带有全球性，海湾地区（特别是沙特、科威特、阿曼等国）是美国传统的实力范围，美国通过强大的军事存在保障着对该地区的控制，而拉美的委内瑞拉、墨西哥等国则属美国"后院"的范畴，上述地区，即使作为美国的政治和军事盟国，欧盟国家的政策也比较谨慎。在海湾地区，欧盟通过采取不同于美国的政策，来争取更多的海湾国家，为将来扩大对海湾地区的影响奠定基础。

三 欧洲局势与中国能源安全

中国是世界上能源消费总量仅次于美国的国家。2009 年，中国能源消费总量相当于 21.46 亿吨标准油（2010 年增加到 22.75 亿吨），当年美国能源消费总量 23.82 亿吨标准油，中国的能源消费总量远高于欧盟的

17 亿吨标准油。然而，中国与欧盟的能源消费结构存在很大差异。首先，中国的一次性能源消费主要是煤炭（特别是发电用能源），而欧洲主要国家已经基本上（不是全部）淘汰了煤炭；其次，中国的可再生能源利用比重虽然较高，但主要是传统的水力资源，在风能、太阳能和其他新型可再生能源利用方面同欧洲国家存在明显差距，欧洲国家的可再生能源开发与利用，特别是风能和太阳能技术远远领先于中国；最后，中国能源消费总量超过欧盟，但能源对外依存度却远低于欧盟，2009 年中国能源对外依存度只有 8.7%，而欧盟则为 52%，这主要是由于中国一次性能源消费中的煤炭和天然气的自产率高于欧盟多数成员国。

（一）欧洲国家局势的变化

2008 年的金融危机导致欧洲经济陷入衰退，2009 年欧洲经济衰退触底，全年经济增长率为 −4.3%。经济衰退直接导致欧盟国家能源消费量的下降。同 2008 年相比，2009 年，欧盟国家石油消费量减少 7%，进口量减少 8.1%；煤炭消费量减少 20%，进口量减少 17%；天然气消费量减少 5.4%，进口量减少 2.8%[①]。2010 年，欧盟国家经济开始走向复苏，由于债务危机的冲击，欧盟国家经济复苏缓慢而曲折，例如，2010 年经济增长率达到 1.9%，但 2011 年又下降了 0.1%，全年经济增长率只有 1.8%。2012 年，欧盟 27 国经济增长情况仍然令人担忧，根据欧盟委员会的预期，增长率可能归零。我们必须看到，近年来欧盟遭受到"金融""经济""债务"三重危机的连续打击，内部问题堆积如山，它迫切需要改善与中国这样的新兴能源消费主体的关系，特别是在资金紧张的情况下，更需要中国增加对世界能源市场的投资，以缓解整体能源需求紧张的局面——这给中国积极参加国际能源项目开发创造了更大的空间。

2012 年，欧洲国家政局发生了重大变化。2012 年 5 月，代表法国左翼力量的社会党总统候选人奥朗德击败了右翼的萨科奇，德国现任总理

---

① Eurostat: Energy Transport and Environment Indicators, 2011 Edition, Publications Office of the European Union, Luxembourg, 2011, p. 37 – 39.

默克尔领导的执政党在联邦地方选举中接连败北。法国和德国历来是左右欧盟发展方向的最重要的力量，因此，这两个事件预示着欧盟主要国家的政策可能发生重要变化。奥朗德已经公开表示要对法国核能政策进行调整。欧洲政治局势的变化肯定会影响中欧整体关系，这是否会对能源关系产生影响还有待观察。此外，欧盟东扩吸收中东欧国家后，欧盟的东部边界更接近俄罗斯和里海－中亚能源生产国，从地缘政治角度讲，更方便欧盟输出自己的自由市场理念和获取新的能源市场，鉴于中国也正在把目光转向油气资源丰富的重要地区，双方在上述地区的能源博弈不可避免。

（二）欧盟对中国能源地位的看法

世界上的能源，特别是石油和天然气资源分布相对比较集中，作为两个重要的能源消费主体，中国和欧盟不可避免地要在国际能源市场上相遇。因此，正确认识欧盟的能源外交，特别是正确判断欧盟对华能源战略的走向，对我国制定能源对外战略非常重要。欧盟对中国能源地位的看法中的正面和负面因素相互交织，而且，随着中国经济的增长和国际影响力的增强，欧盟对中国能源地位的看法也在发生变化。首先，欧盟意识到中国经济的迅速崛起，认为中国在世界上应该发挥更积极的作用。而且，中国经济的崛起使中国正在成为全球性的能源消费大国。从维护能源消费主体共同利益的立场出发，欧盟认为，中国在保持国际能源市场价格稳定、协调同产油国的谈判立场、联合投资开发新的油气资源等方面应该发挥积极作用。其次，欧盟认为中国能源需求的快速增长，特别是石油和天然气进口量的迅速增加，无疑会减少能源供给和推升国际能源价格，威胁欧盟国家的能源供应安全，因此，中欧为获得更多能源的竞争不可避免。欧盟对中国能源地位的认识存在不少误解和偏见。例如，欧盟认为中国能源企业积极参加国际油气资源的勘探、生产、贸易、运输是对欧盟国家传统势力范围的一种"侵蚀"；欧盟一些国家还到处制造舆论，宣扬"中国能源威胁论"，说中国对外能源合作是推行"新殖民主义"，认为中国企业在境外的能源开发具有

"国家背景"，是中国政府推行国家地缘政治意图的工具①。这些误解和偏见肯定会给中欧进一步发展能源合作关系造成障碍。

（三）欧盟与中国的能源竞争和合作

1. 中欧能源竞争

由于世界石油和天然气资源储产量均有限，而且集中分布在少数地区，中欧两个能源消费主体经常要从相同的能源生产地获取能源，因此在能源开采和进口方面存在一定的竞争关系。欧盟85%的石油消费和65%以上的天然气消费要从欧洲以外地区进口，主要是从俄罗斯、西北非洲和海湾国家进口。中国消费的能源主要是煤炭、石油和天然气，煤炭和天然气主要依靠国内自产，但石油对外依赖率已经超过50%，主要进口来自海湾地区的沙特、伊朗和西非的安哥拉的石油。从历史上看，西北非向来是欧盟成员国（主要是英法意）的"后院"，所以，欧盟认为中非能源合作是中国改变世界油气格局的一种努力，随着尼日利亚和苏丹等国向中国的"靠拢"，它们必然要"疏远"与欧盟国家的关系。西方国家都把伊朗看成是"恐怖主义国家"，把安哥拉看做是"失败的国家"，欧盟国家经常在人权和意识形态的借口下对这些国家进行经济制裁，这就对中国的石油供应构成直接威胁。欧盟还试图通过援助政策将自己的市场自由化观念灌输给西非国家，使该地区的能源与欧盟能源市场实现"对接"，2007年提出的欧-非能源联盟计划（Africa - EU Energy Alliance）虽不是专门针对中国，但该计划的实现对中国非常不利。为此欧盟和中国在布鲁塞尔围绕非洲能源展开谈判，欧盟的目标是迫使中国接受市场经济原则，减少中国国有公司在西非的活动，最终将中国企业排挤出当地能源市场。

近年来，考虑到能源进口的安全，中国已经将战略重心逐步转移到能源储备非常丰富的近邻——俄罗斯和中亚国家，这与欧盟的能源安全利益也发生了碰撞。俄罗斯是欧洲国家最主要的能源供应国，在苏联时期就建立了密切的能源关系，欧盟国家目前消费的石油和天然气中超过1/3来自

---

① Ian Taylor, *China Oil Doplomacy in Africa*, Survival, No. 2, 2006, p. 76.

俄罗斯。欧盟正在调整对俄罗斯的能源战略，意图是逐步减少对俄罗斯的依赖，但俄罗斯作为欧盟国家重要能源供应国的地位在短期内不会发生变化。所以，中俄能源合作始终牵动着欧盟的神经，也成为影响中欧能源关系的一个日益重要的因素。苏联解体后，中俄之间政治－意识形态分歧加深，但经济－贸易关系却日益密切，俄罗斯政府不可能忽视中国这个正在迅速崛起、又与自己有着数千公里共同边界的邻国。为此，俄罗斯政府正在积极调整能源战略，根据 2009 年俄罗斯政府通过的《2030 能源战略》（Energy Strategy 2030），俄罗斯未来的能源关系将朝着多元化方向发展，到 2030 年将有 30% 的能源出口转向亚太国家。固然，俄罗斯调整能源战略含有提高同欧盟谈判地位的意图，但也给中国创造了巨大的机遇。由于俄罗斯原来的油气输送管线都是西向的，面向亚太国家的油气管线严重缺乏，为实现《2030 能源战略》，俄罗斯准备拿出 2 万亿美元改善能源基础设施，俄罗斯政府希望其他国家，特别是与自己有着数千公里共同边境的中国积极参与投资竞争。

鉴于世界能源市场上的竞争格局，特别是俄罗斯政府全方位开放能源市场的战略意图，中国需要调整自己的策略。近年来，中国对俄和中亚国家的能源战略基本上是建立在以"投资置换能源"的基础上的。2008 年中国开发银行与俄罗斯签署了向俄罗斯提供 250 亿美元资金来换取俄罗斯在 2030 年向中国出口 3 亿吨原油的协议，2009 年 4 月中国向哈萨克斯坦提供 100 亿美元援助，2011 年中国又向土库曼斯坦提供 41 亿美元援助。除提供贷款外，中国还直接参加当地油气资源项目的开发，例如，中国与哈萨克斯坦等中亚国家联合建设的 CAGP 管线每年可以向中国输送 400 亿立方米天然气，油气田开发和管线建设资金由中方提供，哈萨克斯坦等中亚国家用输出油气来偿还贷款。迄今为止，中国对上述国家的能源总投资已超过 600 亿美元。在投资开发俄罗斯和中亚国家能源上，欧盟国家也不甘示弱，2010 年欧盟同俄罗斯签署了《现代化伙伴关系》，不仅向俄罗斯提供大量的能源基础设施建设资金，而且还向俄罗斯提供大量其迫切需要的能源产业更新换代的新技术，值得注意的是，欧盟国家先进的能源技术正在成为与中国竞争俄罗斯、中亚能源市场的最重要的"筹码"。

中俄之间的能源关系有自己的特点，这就是中国并不要求俄罗斯接受"自由市场"原则，而中国与中亚国家的能源合作中也从来不附带类似人权这样的政治性条款，比较容易被俄罗斯和中亚国家所接受。中俄能源合作、中国同中亚国家的能源合作提高了这些国家同欧盟讨价还价的价码，这给欧盟造成了一定的压力。而且，中国与中亚国家的空间距离较短，哈萨克斯坦与中国还拥有漫长的共同边界，可避免油气输送管道建设中过境第三国的麻烦，也降低了建设成本①。

2. 中欧能源合作

欧盟和中国是世界上最重要的能源消费主体，彼此关系中既有为获得有限能源的竞争，也有面对相同挑战和解决共同难题的合作。

（1）多边合作关系的发展。

目前，国际能源机构（IEA）、石油输出国组织（OPEC）是世界能源市场秩序的重要维护者，它们的干预和协调使国际能源供求关系保持稳定与均衡。作为能源的主要消费者，中欧在目前的国际能源治理框架内有许多共同的诉求，例如，双方都有保持供应安全和价格稳定的现实需求。随着中国、印度等新兴经济大国的崛起，欧盟对中国参加全球多边能源谈判的看法有很大改变。如前所述，欧盟承认中国作为正在迅速崛起的能源大国的地位，积极主张包括中国在内的世界能源消费大国应该作为一个集体发挥作用，提高同能源生产国谈判的能力。欧盟还认为，主要能源消费国应在建设战略能源储备机制上进行协调或经验交流，这样做可以减少在获取能源上的不必要的冲突和维护共同的安全利益。此外，随着主要能源消费国对能源需求的迅速增加，目前的能源开发投资需求巨大，因此欧盟希望中国在投资开发新的油气田方面做出更多的贡献。中国对海外能源项目的投资开发无疑会增加世界能源的产量，这对于稳定国际能源价格具有积极意义，减少国际能源市场的价格波动符合包括中欧在内的所有能源消费主体的利益，欧盟与中国在这方面应积极

---

① Richard Youngs, Europe's External Energy Policy: between Geopolitics and Market, Brussels, 2007, p. 11.

开展合作和对话。

（2）双边合作关系的发展。

欧盟开始日益重视同中国的双边对话与合作。20 年来，这种对话和合作日益朝着固定化和机制化的方向发展，目前，中欧较重要的能源合作议题主要通过"中欧能源大会""中欧能源对话""中欧能源峰会"等几个机制来具体实施。

1994 年，第一次中欧能源合作大会举行，以后基本上每两年举行一次。目前，中欧能源合作大会是中欧在能源领域内级别较高、规模较大的一次活动，对推动中欧在能源领域的合作起着积极的作用。中欧能源合作大会每次都选择不同的合作主题，例如，2010 年 7 月在中国上海召开的第八次中欧能源合作大会的主题是"金融危机后的节能减排技术合作"。1997 年，中欧举行了第一次能源对话，以后基本上每年轮流在欧盟或中国举行一次。2011 年 11 月，在布鲁塞尔举行了第五次中欧能源对话会议，此次会议上，中欧双方在提高能源效率、清洁能源开发、核电技术安全、举办中欧能源峰会等问题上达成了共识。中欧能源峰会是中欧双边能源合作的新模式。2012 年 5 月，在比利时布鲁塞尔举行了第一次中欧能源峰会，中国相关部委领导和来自欧盟 27 国的能源部长或代表参加了此次会议，会议主题为能源发展战略和能源供应安全，最后中欧双方签署了《中欧能源安全联合声明》。此外，在中欧领导人高峰会议上，能源合作也日益成为重要的议题。

2012 年 5 月，中欧在能源峰会上签署了《中欧能源安全联合声明》，它标志着中国和欧盟向建立能源战略伙伴关系的方向跨出了重要一步。《中欧能源安全联合声明》强调，为确保能源需求和实现互利共赢目标，双方应建立能源消费国战略伙伴关系，加强在可再生能源、改善能源效率、核电安全和能源基础设施建设等领域内关于先进技术和政策、标准、法规的合作；双方应共同确认建立公开、透明、高效和有竞争力的能源市场的原则立场，鼓励在能源勘探、生产、运输环节的投资，鼓励能源高效、可持续利用和促进公平贸易；双方应在国际层面共同推动有规则的全球能源治理，加强在全球能源趋势分析、能源战略和政策制定方面的交流与合作；双方应加强协调，通过中欧能源对话、中欧清洁能源中心、清洁与可再生能源学院项目等机制落实各项合作内容，鼓励双方企业与中欧清洁能源中心开展密切合作。

3. 中欧新能源贸易及合作

新能源是各国政府着力发展的无污染和可再生能源。从贸易角度讲，中欧新能源有很强的互补性，正是这种互补性使中欧新能源贸易得到飞速发展。新能源贸易有别于一般商品贸易和传统能源贸易，其特点是技术含量高，主要包含新能源技术和产品的贸易，如太阳能光伏产品、风力发电设备和生物质燃料的贸易。中欧新能源贸易的主要方式包括产品进出口、技术转移和技术投资。

（1）风电产品贸易。

欧洲是世界风电技术的领跑者，特别是德国和丹麦。世界上最大的5家风机供货商中有4家来自欧洲，中国国内30家主要的风电设备制造企业的原始技术几乎全部来自欧洲。中国出口到欧洲市场的风电产品主要是中小型风电机组（100~600千瓦），1000千瓦的大型风电机组市场主要由欧、美、日发达国家控制，至于6000千瓦的超大型风电机组，目前只有德国能够生产，但中国出口到欧洲市场上的中小型风电机组比欧洲同类产品价格低2/3左右，具有很强的市场竞争力。2010年，中国出口到欧洲市场的风电产品中，德国占12%，西班牙和丹麦各占11%，英国和意大利各占9%；2009年，中国风电机组进口额1.98亿美元，80%来自欧洲，其中仅从西班牙一国进口就达1.28亿美元①，中国从欧洲进口的主要是大型风电机组。

（2）太阳能光伏产品贸易。

中国是世界上最大的太阳能光伏产品生产国，2010年出口额达300亿美元，80%出口到欧洲市场，欧洲是中国太阳能光伏产品最大的海外出口市场。中国出口到欧洲市场的主要是太阳能光伏电池，中国的太阳能光伏电池生产能力很强，由于光伏电池价格较高，国内市场销售较少，因此

---

① 赛迪顾问：《2009~2010中国新能源产业发展研究年度报告》，2011，第69页。

95%的产品需要出口到国外市场。中国太阳能光伏电池生产所需要的设备、技术和原料（单晶硅和多晶硅）主要依赖进口，欧洲企业控制着目前中国国内太阳能光伏产品生产链的两端（高端和低端），中国完成的仅仅是出口加工过程，所获利润甚微。由于中国生产成本较低，经常面临欧洲同类企业的反倾销诉讼，例如，2010 年德国 Q – Cell 公司在提出反倾销诉讼的同时中断与中国企业的供货合同，2011 年德国 SolarWorld 公司要求德国政府请求欧盟对中国产品启动反倾销调查程序。

（3）生物质燃料贸易。

欧洲是世界生物质燃料，特别是生物质柴油的主要生产地。2009 年欧盟国家生物质柴油产量 840 万吨，占世界总产量的 54%，燃料乙醇产量 300 多万吨，约占世界总产量 4%；而中国 2010 年的生物质柴油产量只有 100 万吨，燃料乙醇产量为 500 万吨。中欧生物质燃料贸易量较小，目前中国的生物质燃料主要出口到亚洲一些传统化石燃料缺乏的国家，如韩国、日本、新加坡、缅甸和泰国等，对欧出口量很少。中国的燃料乙醇主要从美国和巴西进口，2010 年 1 ~ 6 月两国占中国进口总量的 33%，中国从欧洲进口的燃料乙醇主要来自德国和丹麦两国，只占进口总量的 2.6%[①]。中欧在利用生物质能源发电方面的合作前景广阔，丹麦 BWE 公司已经同中国合作建立了 23 家生物质资源直燃电厂，中欧在利用农作物秸秆萃取燃料乙醇方面的合作也是未来新的亮点。

（4）核电贸易和技术合作。

欧洲国家的核电开发历史长、经验丰富、技术先进，法国核电比重已达 76% ~ 78%，而中国核电发展起步较晚，目前的核电比重远低于世界平均值。中欧核电技术和设备贸易的主要对象是法国，2009 年中法两国（中广核集团与法国阿海珐集团）签署了价值高达 15 亿欧元的核电技术合作协议。目前，中欧核电技术合作主要集中在第三代核技术开发方面，已经启动的 15 个项目都属于第三代核电技术。随着法国和其他欧洲国家缩减和冻结核电发展计划，中欧在核电技术项目转让合作上的前景更为乐观。

---

① 赛迪顾问：《2009 ~ 2010 中国新能源产业发展研究年度报告》，2011，第 72 页。

4. 中欧围绕欧盟航空碳税的博弈

中欧能源关系受全球气候变化政策的影响。根据联合国《气候变化框架公约》，减少温室气体排放是世界各国的共同责任，但发达国家和发展中国家应该承担不同的义务，这就是所谓的"共同而有区别的责任"原则，但欧盟在处理同其他国家关系上常常违背这一原则，因此不断引起同包括中国在内的其他国家的摩擦。

根据欧盟委员会指令，从 2012 年 1 月 1 日开始，欧盟将把碳排放交易配额体系（EUETS）的适用范围延伸到国际航空运输业，即从 2012 年 1 月 1 日开始，所有在欧盟成员国机场起降的国际航班都将被强制征收碳排放费。这个计划的实施将影响全世界 2000 多家航空公司，中国的"国航""东航""南航"等 33 家航空公司名列其中。欧盟将在碳排放配额交易体系框架内，根据历史排放数据确定对各国航空公司的征费标准，所谓"历史排放数据"，即 2004 ~ 2006 年航空运输业年排放总额的平均值，由此确定的 2012 年航空配额量为 2.13 亿吨，其中免费配额 1.81 亿吨，2013 ~ 2020 年配额和免费配额逐年递减。欧盟委员会要求各国航空公司在规定的期间内提供排放数据，据此分配排放配额，如果实际排放量超过配额，每吨超额排放将被罚款 100 欧元，甚至是更加严厉的"禁飞"惩罚。

由于欧盟航空运输业的发展已近饱和，而中国航空运输业发展势头正猛，航空碳税的实施将给中国航空运输业带来严重的负面影响。首先，中国航空运输成本将增加。目前中国飞往欧盟成员国的航班平均单程耗油从几十吨到一百吨不等，按 1:3 的燃油排放系数计算[①]，每吨航油排放 3 吨二氧化碳，每个单程航班产生 300 吨二氧化碳排放，如果中国一家航空公司每年在欧盟机场起降的次数为 5000 次，一年碳排放量 150 万吨，需要为其中 90 万吨排放购买配额（根据欧盟的配额发放政策，欧盟航空公司可以获得 85% 的免费配额，而中国航空公司只能获得 40%）。如果 2012 年内配额价格在 20 欧元左右（2012 年 4 月欧洲气候交易所价/ECX 的价

---

① 根据中国航协数据计算。

格为每吨 16 欧元），则这家航空公司在 2012 年需多支付 1800 万欧元。这仅是一家中国航空公司的额外费用。根据中国航空业协会测算，2013 ~ 2020 年，整个中国航空业需支付 20 亿 ~ 30 亿欧元。其次，中国航空业发展空间受到挤压。近年来，欧盟国家航空运输增长率只有 2% ~ 4%，而中国则高达 13% ~ 17%，按照这个增长速度，到 2020 年中国航空公司用来购买碳排放配额的费用将为欧盟航空公司的 4 ~ 7 倍，中国航空公司的国际竞争力将被严重削弱。最后，中欧贸易将受到影响。目前，中欧之间的货物贸易值的 22% 通过航空运输实现，2009 年中国通过航空运输出口到欧盟市场的商品价值 436 亿美元，进口商品价值 351 亿美元，中国 66% 的信息通信产品通过航空运输进入欧盟市场，而欧盟国家出口到中国的同类产品中也有 60% 依赖航空运输。中国航空货物附加值较低，对运输价格变动非常敏感，航空运费的增加严重影响中欧之间的贸易流，特别是高新技术产品的贸易流。

鉴于欧盟航空碳税对中国航空运输业务的严重影响，中国在同欧盟谈判中立场异常坚定。2011 年 3 月，中国航协表示坚决反对欧盟实行航空碳税；同年 8 月，中国联合美国、日本、新加坡、印度、俄罗斯等国航空公司，发表共同抵制欧盟航空配额的《联合声明》；2012 年 3 月，中国等 32 个国家的政府代表在莫斯科达成协议，共同抵制欧盟航空配额。中国有关方面随即表示：禁止国内航空公司购买欧盟航空排放配额。目前，围绕欧盟航空配额展开的国际博弈仍然没有结束，而欧盟的这一政策正在给中欧关系，特别是中欧能源合作关系蒙上阴影。

四 对策建议

我国的能源结构特点是"富煤、缺油、少气"和水力资源丰富。2009 年，煤炭仍然是我国主要的一次性消费能源，占全部能源消费的 70% 左右。2009 年我国二次能源——电力生产中，74.6% 为火力发电，22.5% 为水力发电，其他能源发电仅为 2.9%。这种能源结构对经济发展和温室气体减排非常不利。

欧盟国家能源政策和能源外交的许多方面值得我们关注，其中有些经验还值得我国借鉴，为此我们提出以下对策建议。

（一）加强与欧盟的能源技术合作

欧盟国家能源技术开发比较早，掌握大量系统的能源技术成果，其中有些技术成果还是世界上最先进的。法国是欧洲和世界的核电技术大国，法国奥朗德政府上台后，法国的核能政策可能出现较大变化，法国核电比重从目前的76%降低到50%，其他欧洲国家则已在执行"分阶段退出"核能领域的政策。因此，欧盟国家未来一个时期内在核电技术转让限制上可能采取较宽松的政策，这是我国发展核电的一个难得的契机——既可获得第三代核电技术转让，也可在第四代核电技术研发项目上展开合作。目前，我国煤炭在一次性能源消费中的比例仍高于70%，由于煤炭主要产自国内，供应安全系数是最高的，但煤炭的热效能较低、开采成本较高，关键是燃烧过程中排放的二氧化碳和二氧化硫等有害气体过高，从长期发展看，不利于我国经济与社会的发展。欧盟国家在煤炭燃烧清洁化方面拥有大量先进技术，例如煤炭液化复合发电技术（IGCC）和碳捕获与存储技术（CCS），这两项重大技术已经在欧盟发电厂中取得了相当大的成功。如果我国能同欧盟合作，引进相关技术，我国煤炭燃烧过程中污染气体的排放必将大幅降低，能源煤炭燃烧效率也会大幅度提高。同欧盟整体相比，我国新型能源，特别是可再生能源在一次性能源消费中的比重并不算低，但我国的"可再生能源"主要是传统意义上的水力资源，2009年水电比重高达22.5%，而其他可再生能源发电比重只有2.9%。欧盟在太阳能综合利用、光伏发电、风能发电和生物质能燃料萃取等方面都拥有非常先进的技术，可以为我国所利用。关键的是，欧盟许多重大的能源技术合作计划都是开放型的，例如，欧盟框架计划内的能源研发项目就欢迎各国研究机构和研发人员参加。

（二）加强与欧盟的能源外交合作

在当今世界能源市场上，多边和双边合作框架多如牛毛，中国不仅要重视双边合作，更要积极参加多边合作。而且，从我国目前的能源生产和消费结构看，单靠国内能源政策不能完全解决问题，必须开展全方位的能源外交，积极参与国际能源市场的开发和利用，缓解国内一次性能源——特别是石油和天然气资源供求的矛盾。中欧都属国际能源消费主体，尽管欧盟对中国参与国际能源市场竞争持有一定偏见，但这种偏见正在减少。最近一个时期，特别是 2012 年 5 月《中欧能源安全联合声明》发表后，欧盟对华能源关系已经发生了很大改变——正式承认了中国作为能源战略合作伙伴的地位。欧盟对中国参与国际能源市场多边谈判、国际能源价格谈判和国际能源项目开发投资持欢迎和鼓励的态度，因为中国的参与有助于提高能源消费国的集体力量。

（三）努力实现能源多样化

我国的煤炭产量和消费量远远超过欧盟等主要能源消费国，煤炭在一次性能源消费中的比重也高于世界平均值，在温室气体减排已成为国际潮流的今日，这样的能源生产和消费结构给我国经济发展和对外交往带来很大的压力。因此，实现能源多样化是一个重要的选择。就我国具体情况而论，能源多样化主要应有两层意思：第一，能源消费结构多样化，主要是调整煤炭、石油和天然气在一次性能源消费中的比例关系，继续利用核能和水力资源，积极开发环保清洁型的可再生能源，最终形成有利于经济－社会可持续发展的合理的现代能源消费结构。第二，能源进口渠道多元化，主要是设法改变目前在石油和天然气进口上过于集中的情况。近年来，我国石油消费增长很快，60% ~ 70% 的进口来自局势动荡的海湾国家和非洲国家，而且运输经过的海域安全局势也令人担忧。所以，我国今后应更加重视发展与油气资源丰富的俄罗斯和中亚国家的能源关系，这些国家石油和天然气资源数量和质量均属上乘，而且俄罗斯和哈萨克斯坦又与我国有漫长的共同边界，在维护地区稳定与安全上有较多的共同利益，是提高我国能源供应安全的首选地区。

参考文献

陈会颖：《世界能源战略与能源外交（欧洲卷）》，知识产权出版社，2011。

赛迪顾问：《2009 2010 中国新能源产业发展研究年度报告》，2011。

赛迪顾问：《2009 2010 中国新能源产业发展研究年度报告》，2011。

Energy, Transport and Environment Indicators for 2011, Eurostat, 2012.

Key Fitures, European Commission Directorate – General for Transport, 2011.

Annual Statistical Bulletin 2010/2011 Edition, OPEC, Vienna, 2011.

Green Paper Toward a European Strategy for the Security of Energy Supply, （COM） 2000/769, European Commission.

An Energy Policy for Europe, （COM） 2007/1 （final）, European Commission.

External Energy Relations：*from Principles to Action*, com （2006） 590. FINAL. 74, European Commission.

Eurostat Energy Transport and Environment Indicators for 2011 Edition, Publications Office of the European Union, Luxembourg, 2011.

Ian Taylor, *China Oil Doplomacy in Africa*, Survival, No. 2, 2006.

Richard Youngs, *Europe's External Energy Policy*：between Geopolitics and Market, Brussels, 2007.

第三章 中东非洲地区局势与
中国能源安全

随着中国经济的增长，石油需求日益增加，而国内石油生产能力相对有限，增产的幅度远低于需求增加的幅度，由此带来的巨大石油缺口导致中国的石油进口量逐年增大。长期以来，中国的国际石油供应来源主要来自中东和非洲地区，其他地区在一定时期内难以取代其作为中国主要国际石油供应地的地位。

中东和非洲地区的不稳定态势将直接影响国际石油市场的稳定，也会威胁中国的能源安全。第二次世界大战以来发生的 10 多次国际石油供应中断绝大部分都发生在中东地区，其中 9 次供应中断的程度达到 200 万桶/日以上，造成了国际石油价格的明显上涨。对石油进口国及世界经济都产生了重大的影响。当前，中东地区的不稳定局势依然存在，叙利亚、利比亚、苏丹等国国内政局的动荡以及伊朗核危机等问题都会影响中东地区局势的发展，进而影响中东产油区，中东产油区发生的动荡将直接波及国际石油市场，也将威胁中国的能源安全。

一 重估中东非洲地区在国际油气市场的地位

（一）中东仍是世界主要能源资源区和供应来源

中东地区能源储量丰富，具有优越的能源资源优势，而且具有增产潜力，在国际油气市场上占据重要的地位。

1. 中东地区能源资源优越

中东地区在世界石油的储量、产量和供给方面一直保持优势地位，是世界能源供应的主要来源。在可以预见的将来，这种地位仍是其他地区和国家所难以取代的。

这首先是由于中东地区具有优越的能源资源开发条件。中东地区已探明石油资源在战后一直显著增长。1945年中东探明石油储量占世界探明石油总储量的46.4%，1975年这一比例上升至63.9%。随着非洲等地区探明石油资源的增加，2010年中东地区这一比例有所下降，但仍然占有48.1%的比重。2011年底，全球探明石油储量为2343亿吨，中东地区为1082亿吨。中东石油储采比均超过78.7年[1]。

世界其他地区石油资源储量比中东地区少。2010年，美洲的探明石油储量为840亿吨，占全球的比重为32.9%；欧洲和欧亚大陆为190亿吨，占全球的8.5%；非洲为176亿吨，占全球的8.0%；亚太地区为55亿吨，占全球的2.5%[2]。

中东地区，尤其是海湾国家的石油储量居世界前列，居于首位的是沙特阿拉伯，2011年其储量为265.4亿吨，占世界总储量的16.1%；居于第二至第六位的分别是伊朗、伊拉克、科威特、阿联酋和卡塔尔（见图3-1）。

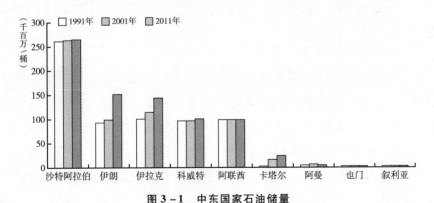

图3-1　中东国家石油储量

资料来源：BP, Statistical Review of World Energy, June 2012。

———————————

[1]　BP, Statistical Review of World Energy, June 2003, 2011.

[2]　BP, Statistical Review of World Energy, June 2011.

中东地区的石油资源不仅储量大，而且开采条件也极为优越，其主要特点是石油层厚、油质好、埋藏浅、自喷井多，靠近海岸线和大陆架，海上运输方便。同时，中东地区拥有的特大油田之多又是世界上其他地区所无法相比的。而且，中东地区石油资源的储采比远远高于46.2年的世界平均水平。

中东地区能源除石油以外，天然气储量也居世界前列，2011年中东地区天然气储量占世界天然气储量的44.9%，储采比均超过100年（见图3-2）。

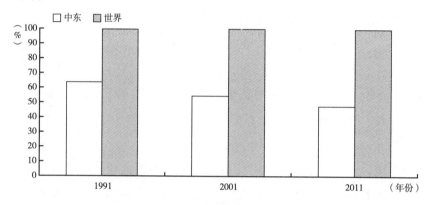

图3-2　中东石油储量占世界储量的比例

资料来源：BP，Statistical Review of World Energy，June 2012。

2. 中东地区石油增产潜力大

中东地区不仅石油储量大，而且生产和出口能力也很大。第二次世界大战后其原油产量基本上是直线上升。中东石油产量在世界原油总产量中所占的份额，1945年仅为7.78%，到1975年这一比例增至37.36%。此后中东石油产量占国际石油产量的比例一直保持在1/3以上（见图3-4）。

从中东地区能源资源的储产量来看，中东地区仍然是世界主要能源资源区和供应地（见图3-5）。2011年中东产油国石油供应量为13亿吨，日均2769万桶，占全球日均供应量的比例高达32.6%[1]。

---

[1]　BP，Statistical Review of World Energy，June 2011.

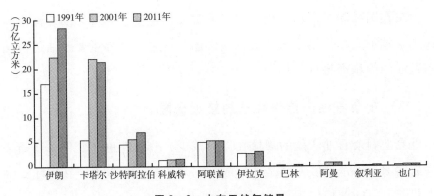

图 3 – 3 中东天然气储量

资料来源：BP，Statistical Review of World Energy，June 2012。

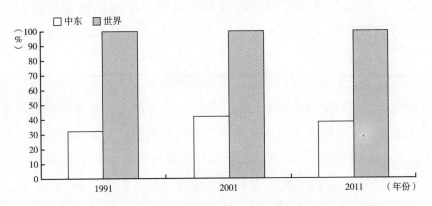

图 3 – 4 中东天然气储量占世界储量的比例

资料来源：BP，Statistical Review of World Energy，June 2012。

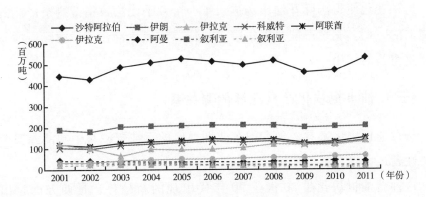

图 3 – 5 中东石油产量

资料来源：BP，Statistical Review of World Energy，June 2012。

中东在国际能源市场上仍占有十分重要的地位，对世界的石油供应将发挥越来越重要的作用，未来这种地位还会加强。世界主要石油进口国对中东石油的依赖都将日益加深。

（二） 剩余石油产能保障已经接近极限

世界上剩余石油产能的规模在逐渐减少，分散性也在变化，逐渐集中在少数国家。中东地区尤其是沙特成为剩余产能的拥有者，在国际石油市场上起着重要的调控作用。

剩余产能是世界能源安全的保障之一，需要足够的保有量和分散的分布，才能保证石油供应中断的时候持有剩余产能的国家能够动用其来弥补石油供应的短缺，而剩余产能的过度集中对国际石油市场的稳定不利。

长期以来，中东产油国一直以丰厚的剩余石油产能在国际石油市场上进行调控。然而，受诸多因素影响，中东产油国的石油剩余产能近年来没有明显增加，目前绝大多数国家剩余产能接近极限，只有沙特仍有一定的剩余产能。2010年12月，欧佩克剩余石油产能仅为465万桶/日，占全球供应量的5%左右，其中80%的剩余产能在沙特。而到2011年10月，欧佩克剩余产能只有280万桶/日，占全球供应量的比例进一步降至3%左右，而且基本上全部集中在沙特①。

这种变化使得国际石油市场进入了一个几乎无法再指望剩余产能的极端脆弱的时期。剩余产能过度集中在沙特，使得沙特在维护国际市场安全上产生重要的作用。

（三） 油市板块化凸显亚洲能源关系

从石油板块化来看，现在中东非洲地区的石油资源对中国能源安全的重要性超过世界上其他地区。

这种石油板块化是20世纪90年代出现的新趋势，是西方国家出于

---

① http://www.haiguanshuju.com.cn/xinwen/16366.html.

能源安全和国际战略的考虑采取石油供应来源多样化战略的结果。在这种战略的指导下，美国和欧洲在石油供应多样化的过程中逐渐摆脱了对中东石油供应的依赖，2002 年，美国从中东进口的石油占美国石油总进口量的 22.9%，欧洲从中东进口石油占其石油总进口量的 32.2%；到 2009 年，美国从中东进口石油占其石油总进口量的比重下降到 15.2%，而欧洲从中东进口石油仅占其石油总进口量的 16.1%[①]。美国和欧洲都将其石油供应来源纷纷集中到自己的周边地区。美国把主要来源集中到美洲，欧洲集中到中亚和北非地区，从而在国际石油供求的格局中形成了美洲板块和欧洲中亚北非板块。东亚国家包括日本、韩国、印度，中国由于地理原因依然不得不主要依赖中东的石油供应，从而形成了国际石油供求的亚洲板块。

三大石油板块的形成使得欧美国家摆脱了对中东石油的依赖，也减少了因为依赖中东石油而对其全球战略和中东战略的牵制。从这个意义上来说，中东对亚洲国家的能源安全意义和地缘政治意义相对上升，而对西方国家的能源和战略意义相对下降。

（四）非洲石油在国际石油市场中崛起

非洲石油在国际石油市场上的地位越来越重要，是 21 世纪以来的新现象，反映了非洲石油勘探开发的发展速度较快，在国际石油供应中的比重有所提升，而且石油的储采比也有所上升，石油资源的潜力还在不断地显现出来。

非洲石油探明储量较高的国家依次是利比亚、尼日利亚、安哥拉、阿尔及利亚、苏丹和南苏丹等（见图 3 - 6）。另外，埃及、加蓬、刚果（布）、赤道几内亚等国的石油探明储量也较丰富。由于新勘探技术的运用和新油田的发现，非洲石油储量还在不断增加。新的资源区已经出现，如几内亚湾和东非的苏丹、乌干达、乍得等区域，以及毛里塔尼亚的天然气等。

---

① BP, Statistical Review of World Energy, June 2010, p. 20.

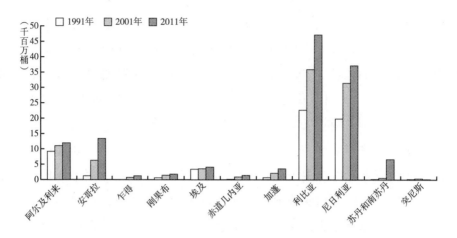

图 3 - 6　非洲石油储量

资料来源：BP, Statistical Review of World Energy, June 2012。

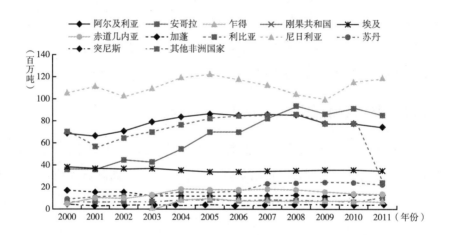

图 3 - 7　非洲石油产量

资料来源：BP, Statistical Review of World Energy, June 2012。

　　非洲石油的产量呈现出逐年上升的态势。2001～2011 年，非洲石油的日产量从 789.7 万桶增加到 880.4 万桶。2011 年，非洲的石油产量占到世界石油总产量的 10.4%。在非洲的产油国中，产量较大的分别是尼日利亚、安哥拉、阿尔及利亚、赤道几内亚、埃及、利比亚、苏丹和南苏丹。

由于非洲石油资源在不断被发现，潜力被看好。而且非洲石油质量高，开采成本低，相对于中东地区，运输方便。所以全世界的主要能源进口国都把非洲看作能源进口的重要战略区。2010 年非洲对美国的石油出口量为 8670 万吨，占美国石油进口的第四位；对欧洲石油出口为 1. 07亿吨，占欧洲石油进口的第三位；对中国的出口是 6229 万吨，占中国石油进口的第二位[①]。

在国际石油供应板块化的大格局中，中东地位的下降和非洲地位的上升形成了鲜明的对比。中东地区现在对西方国家的石油供应下降，而非洲从不起眼的地区上升为美国第三大和欧洲的第二大石油供应来源。非洲石油崛起的趋势，也使得非洲成为主要石油进口国以及这些国家的跨国石油公司博弈的地区。非洲天然气储产量占世界份额都不大。

二　地区政局变化对油气供应安全的影响

（一）中东动乱历来是石油供应中断的主要原因

石油供应安全主要体现在两个方面，一是石油供应中断造成的能源短缺；二是由于石油供应中断或者是由于对石油供应中断的预期而造成的石油价格暴涨。因此研究石油供应安全主要是要研究发生石油供应中断的实际原因和潜在原因。

从历史上看，"二战"后石油供应实际发生 10 多次中断，其中多次规模较大，达到 200 万桶/日。分析这样一些石油供应中断的原因可以清楚地看到绝大多数石油供应的中断都是由地缘政治因素造成的。而造成动乱的地缘政治事件几乎全部发生在中东地区（见表3 - 1）。

[①]　BP, Statistical Review of World Energy, June 2012.

表 3 - 1　1951～2003 年石油供应中断情况

单位：万桶/日

供应中断时间	平均供应缺额	供应中断原因
1951 年 3 月至 1954 年 10 月	70	伊朗油田国有化和阿巴丹地区罢工动乱
1956 年 11 月至 1957 年 3 月	200	苏伊士运河战争
1966 年 12 月至 1967 年 3 月	70	叙利亚石油过境费争端
1967 年 6 月至 1967 年 8 月	20	六·五战争
1969 年 5 月至 1971 年 1 月	130	利比亚油价争议和 Tapline 油管被破坏
1971 年 4 月至 1971 年 8 月	60	阿尔及利亚与法国关于国有化的斗争
1973 年 3 月至 1973 年 5 月	50	黎巴嫩动乱和石油过境设施被破坏
1973 年 10 月至 1974 年 3 月	260	阿以十月战争和阿拉伯石油禁运
1976 年 4 月至 1976 年 5 月	30	黎巴嫩内战和伊拉克石油出口中断
1977 年 5 月	70	沙特阿拉伯油田遭到破坏
1978 年 11 月至 1979 年 4 月	350	伊朗革命
1980 年 10 月至 1980 年 12 月	330	两伊战争爆发
1990 年 8 月至 1990 年 10 月	460	伊拉克入侵科威特和美国"沙漠风暴"行动
1999 年 4 月至 2000 年 3 月	330	欧佩克减产提价
2002 年 12 月至 2003 年 1 月	250	委内瑞拉石油工人罢工
2003 年 3 月至目前	200	美国对伊拉克发动战争和战后伊拉克局势动荡，中东地区政局变化对国际油气供应安全具有至关重要的影响

资料来源：杨光、马秀卿、陈沫：《安全的依赖——防范中东石油进口风险的国际经验》，中国社会科院重点研究课题报告，2004 年 3 月。

（二）　中东动乱逼近主要油气资源区

中东剧变造成的地区动乱逼近主要产油区，危及能源安全。

自从 2010 年年底以来，中东地区的阿拉伯世界普遍发生政治动乱，埃及、突尼斯、也门、利比亚等国发生了政权更迭，利比亚和叙利亚爆发了内战，阿拉伯世界发生动乱的原因错综复杂，既有国内的经济、政治、宗教、民族矛盾，也有国际金融危机冲击，以及西方国家干预等重要的外部因素。迄今为止，动乱造成利比亚等石油资源国的石油供应中断达 140 万桶/日。虽然利比亚石油产量及出口量占全球的份额很小，但利比亚石油出口的中断，影响了欧洲的原油供应特别是轻质原油的供应，造成了人们心理预期的变化，主要体现在对未来石油供应可能发生局部短时中断的担忧，以及对动乱蔓延至中东核心产油国的担心。

苏伊士运河作为国际供应的次要通道，其航行安全也一度因埃及的国内动乱而增加风险，因此，国际油价在利比亚战争期间曾经发生明显波动。

然而，中东剧变对国际石油供应造成的影响还存在着更大的风险。这场席卷阿拉伯国家的动乱正在逼近世界主要资源油气区——海湾地区。

从这场动乱的性质来看，这场动乱具有反对个人专制的民主运动的性质。为此，中东地区政治民主化程度最低的那些君主国深感忧虑，尽管海湾国家依靠超额的石油收入和较高的福利水平可以暂时延缓动乱的冲击，但反对君主制，要求教派平等和民主权利的呼声已经开始在海湾地区涌动。

2011 年巴林爆发了要求取消君主制、改善伊斯兰教什叶派地位的多次示威游行，在依靠沙特阿拉伯和阿联酋联合出兵后才停止了动乱。阿曼也发生了反对物价上涨的群众示威，王室通过增加补贴和依靠其他阿拉伯国家的资助才暂时缓解了压力。沙特阿拉伯有 200 万伊斯兰教什叶派居民，他们长期不能享有和逊尼派相同的政治经济权利，这也是沙特发生动乱的隐患。随着中产阶级以及受西方教育的现代知识阶层的出现，反对绝对君主制要求的呼声日益高涨。2011 年，沙特阿拉伯出现了中产阶级和知识阶层上书国王，要求改绝对君主制为立宪君主制的请愿活动。更令人担忧的是，这个拥有世界最大产能和最大剩余产能的国家正在面临继承危机。沙特阿拉伯王室第二代亲王年事已高，兄弟相承的继承制度几乎走到尽头，2011 年甚至发生年迈的王储早于国王去世的现象。而第三代亲王承袭王位的制度还不存在。在第三代亲王中，许多人受过西方教育，思想活跃，不满沙特阿拉伯王室现存的继承制度甚至不满沙特阿拉伯的君主制，继承问题给沙特阿拉伯政局的前景带来极大的不确定性。

由此看来，主要油气资源区——海湾地区的政治变革正在酝酿中，大规模的政局变化虽还不能准确预料，但发生在所难免。巴林的动乱已经波及沙特阿拉伯、阿曼、也门和科威特，这些国家都出现了不同程度的动乱，世界石油市场的石油价格也显现出升高的趋势。海湾地区一旦发生政局变化，势必对国际石油市场产生显著影响。

（三）伊核问题对油气供应安全的影响

伊核问题对油气供应安全的影响主要体现在对油气生产和运输方面的影响。伊朗对于国际油气供应安全的意义在于：第一，伊朗是世界主要油气资源国和生产出口国。第二，伊朗扼守世界石油运输主要通道霍尔木兹海峡，这个海峡的石油运输量占中东地区石油运输量的80%，占全世界运输量的1/3，是国际石油供应的关键水道。第三，伊朗地处海湾石油天然气的富集地区，其与周边国家的战争与和平都会影响国际石油供应的安全。伊朗伊斯兰革命和两伊战争对国际石油供应安全的影响证明了伊朗在国际石油供应中的重要地位。

2003年以来爆发的伊核问题使得伊朗再度成为国际石油安全的焦点。伊朗坚持推进发展核计划的立场有深刻的背景，既是伊朗地区大国情结的表现，也是伊朗和美国争夺地区霸权的结构性矛盾的反映。朝核问题、印度核问题的结果，都使伊朗受到鼓舞。美国遭遇的经济财政困难，及其在中东地区影响力的下降，也使得伊朗看到坚持核计划的前景，因此伊朗推行核计划的做法不会轻易改变，而且会与发展核运载工具及导弹同步推进。对美国而言，伊朗是美国在中东地区当前最大的敌手之一。伊朗核计划直接威胁美国在中东的战略盟友以色列的安全，威胁美国在中东地区军事基地的安全。因此，美国对伊朗发展核计划持强硬的态度。

伊朗还利用其地区影响力支持叙利亚巴沙尔政权，支持黎巴嫩的真主党、巴勒斯坦的哈马斯以及沙特、巴林等国的伊斯兰什叶派，对美国在中东地区的利益及盟友的安全构成威胁。因此，美国和伊朗的矛盾不可能轻易化解。

以色列在中东地区一年多来的动乱中，周边安全环境急剧恶化，其中最大的安全威胁就是伊朗具有发展核武器的可能。以色列是中东地区迄今为止唯一拥有核武器的国家，并据此对其他阿拉伯国家形成战略威慑。一旦伊朗拥有核武器，中东地区的战略平衡将会发生不利于以色列的重大变化。因此，以色列对于中东地区的伊斯兰国家拥有核武器一直采取零容忍的态度，对叙利亚、伊拉克的核设施发动过外科手术式的打击，一旦发现，必须将其全部清除。对于伊朗的核计划，以色列已经为发动空袭进行过多次演练。事关以色列的生存和安全，以色列为此不惜一战。但伊朗具有较强的军事实力，而且，其核设施分布分散，没有美国的配合，袭击成功的把握不大。因此，以色列仍在与美国保持着密切的联系。美国和以色列均把伊朗视为敌手，2012 年美国忙于大选，支持以色列对伊朗发动攻击的可能性不大。

但随着伊朗核计划的推进和美国大选的结束，2013 年，美国和以色列与伊朗发生冲突的可能性会显著增大。伊朗已经扬言，一旦遭到美以攻击，将封锁霍尔木兹海峡，中断石油出口，打击美国在伊朗周边的基地以实施报复。如果这种情况出现，伊朗 240 万桶/日的出口就会发生中断，而且海湾地区 80% 的石油外运将受到影响，海湾地区其他产油国的生产也将受到影响。沙特阿拉伯拥有的全部剩余产能将无法发挥作用。这种局势对国际石油市场的影响将是灾难性的。

（四）安全局势对石油供应的影响

中东地区的安全局势也是对世界石油供应产生影响的重要因素。中东地区除了海湾和伊朗，其他地区也对地区安全局势产生影响，值得关注的国家是伊拉克、苏丹和利比亚。

伊拉克是重要的油气资源国，具有提升石油产能的重大潜力，对于世界未来石油需求的满足，伊拉克、伊朗和海湾国家是潜力最大的。但是伊拉克的石油供应至今受安全局势的影响，尤其是 2003 年两伊战争后，由于什叶派和逊尼派的矛盾以及伊拉克库尔德和阿拉伯人之间的矛盾，使得伊拉克的石油利益分配问题长期得不到解决，政府提出的石油法草案得不到批准，无法可依，石油产量至今没有恢复到 1990 年海湾战争以前的水平。由于伊拉克民族和宗教矛盾复杂，其石油利益的分配问题在相当长的时间内难以解决，而这些矛盾的存在和发展，是伊拉克国内及地区安全的极大的隐患。这将限制伊拉克石油工业发展的步伐。

利比亚是非洲已探明的石油储量最大的国家。在 2011 年年初内战爆发前，利比亚每日原油产量达 160 万桶，占全球供应市场 2% 左右的份额。其中，约 120 万桶出口给 OECD 国家。由于战争爆发，利比亚石油出口一度中断。一些石油基础设施及油田遭到破坏，并且可能还要面临持续的安全问题。政治和安全问题是影响利比亚原油产量的最重要的因素。但是，利比亚石油供应中断不会对全球石油供应产生根本性影响，如果扩展到中东主要产油国，则可能会对全球石油供应格局产生冲击。

苏丹是非洲地区的重要产油国。中国中石油集团是苏丹石油的主要开发商，苏丹也是中国石油走出去的一个重点案例。但是，在美国的策动下，2011 年苏丹正式分裂为南北两国，而苏丹的主要油田恰恰分布在南北交界地区。苏丹分裂以前并没有就石油分配达成协议，为今后石油分配的冲突埋下祸根。南苏丹成立以来，石油纠纷加大，南苏丹占有苏丹石油资源的大部分，但依赖苏丹的管道和港口才能出口。南苏丹成立以后，对石油收入分配开出高价，令苏丹政府难以接受。南苏丹政府则以停产威胁，并寻求国际支持，试图向肯尼亚或喀麦隆铺设管道，以开辟新的出口通道。南苏丹与苏丹交界地区除了石油资源跨界分布以外，还存在边界纠纷，特别是阿布耶伊地区，由于游牧民的国籍难以确定而影响国界的划分。为此，两国的关系在 2012 年恶化，并发生军事冲突。石油生产由此受到严重影响。

就中东地区来说，还有大量的地缘政治因素继续对能源安全产生负面影响，如产油国国内局势一旦发生动荡和出现社会动乱，将对国际石油市场造成冲击并推动油价上涨。如何应对这些地区政局中的不利因素，对未来地区油气供应安全具有决定性的影响。

中东非洲地区局势的变化对油气供应安全的影响直接涉及石油进口国的利益，尤其是对于中国，由于石油进口主要来自中东和非洲地区，所以，该地区局势的变化对中国能源安全有着较为重要的影响。

三 中东非洲产油国能源政策与中国能源安全

(一) 中东非洲产油国能源政策

中东和非洲产油国大多是欧佩克成员国,其能源政策基本上与欧佩克能源政策一致。它们主要依靠其丰富的石油储量及其在国际石油市场上所占份额的优势,通过控制国际市场石油价格的涨落以达到石油收益的最大化,这在历次石油价格的涨跌中一览无余。

在20世纪70年代两次石油危机所造成的高油价刺激下,非欧佩克国家的高成本油田得到开发,使得欧佩克在国际原油市场上所占份额减少,高油价还刺激了替代能源的开发以及节能技术的发展。而西方国家为了预防石油危机,建立了巨大的石油储备。这些因素的综合影响,使得国际石油市场出现了严重的供过于求,油价大幅下跌,国际市场对欧佩克石油的需求量下降,欧佩克开始实行减产保价政策。1982年年初,国际石油公司大量抛出库存,使欧佩克限产保价政策失败,欧佩克正式决定采取产量限额制度,通过集体减产来保住油价。

然而,由于当时欧佩克的市场份额已经被非欧佩克石油输出国大量占有,限产保价政策没有得到非欧佩克石油输出国的配合而失败。1984年10月,非欧佩克石油输出国再次降低出口油价,欧佩克在限产保价无望的情况下,选择率先收回市场份额的战略,欧佩克成员国开始以低价与非欧佩克石油输出国展开争夺市场份额的价格战。虽然欧佩克因此收回了一定的市场份额,但也使得国际油价下跌到每桶不到10美元的低点,因而使欧佩克的石油资源和石油收入都受到极大损失。

20世纪70年代到80年代中期的油价波动对石油输出国经济造成的不稳定以及价格战的教训,使欧佩克认识到油价过低或过高都不利,最佳选择是使油价相对稳定在一个能够使石油进口国和出口国都可以接受的水平。因此,欧佩克在价格战后,采取了比较平衡的价格政策。欧佩克于1986年把欧佩克一揽子油价的目标确定在18美元/桶的低水平，以便继续实行较低的价格收复市场份额并维持世界经济和世界石油需求的稳定。2000 年，欧佩克根据石油贸易结算货币美元贬值等情况，把这一价位调整为 22 ~ 28 美元/桶的目标价格带。欧佩克平衡的油价政策和目标价格受到非欧佩克国家的认同。因此，从 20 世纪 80 年代中期开始，欧佩克在非欧佩克国家的合作下，逐步实现了目标价格。

为了维护国际油价的相对稳定，当国际油价高涨的时候，欧佩克也采取增产措施，把油价重新拉回到合理的水平上。在 1990 年伊拉克入侵科威特以后，以及 1991 年海湾战争爆发的时候，国际石油供应一时出现严重短缺，导致油价飞涨，而欧佩克及时采取扩大乃至临时全部放开限额管制的措施，使国际油价保障的局面很快得到平息。

当亚洲金融危机爆发导致世界经济增长减缓、石油需求下降，国际油价在 1998 年一度下跌到 10 美元/桶的低点时，欧佩克在两次单独减产均未产生促价效果时，于 1999 年 3 月联合挪威、俄罗斯、墨西哥、阿曼和安哥拉等非欧佩克石油输出国进行联合限产促价，终于使油价止跌回升。事实证明，欧佩克并不能单独主宰国际石油供应，其限产促价的成功往往需要以获得非欧佩克国家的合作为重要条件。

2011 年利比亚战争使其石油供应受阻，中东主要产油国特别是沙特阿拉伯及时提高产量以努力保持市场供需平衡，使世界市场避免了更加剧烈的价格震荡。之后，沙特阿拉伯等国迅速提高产量以弥补利比亚供应中断造成的空缺。科威特也提高了原油产量。这对遏制世界油价进一步飙升起到了重要的作用。

但是，近来欧佩克的能源政策对油价的调控由于成员国之间的矛盾和各自立场的不同未能奏效，2012 年 6 月 14 日的 OPEC 会议表现尤为突出，被欧美大力制裁的伊朗目前国内经济濒临崩溃边缘，油价的回落会导致其经济的崩溃。会议上，伊朗强烈要求 OPEC 限制产量，这种呼声也得到了中东以外其他所有 OPEC 国家和伊拉克的支持。事实上，国际油价从 2012 年 4 月回落至今，跌幅已逾 20%，重新回到了近两年来的最低水平。但沙特阿拉伯却站在欧美一方，要求继续提高产能上限。

在中东和非洲产油国中，由于各国情况不同，其能源政策以本国目标利益为原则，侧重点也有所不同。如拥有剩余产能的沙特阿拉伯等国，其能源政策主要是为维护石油供应的长期稳定和保证石油出口市场的安全，在世界市场供应不足的情况下，充当机动产能国；当石油市场出现油价过高或投资不足的时候，会增加对石油上游领域的投资，在上游开发项目上及时采取国际合作的形式，也会收取较高的租金收益，并且会重视先进技术的应用。另外，这些国家重视石油需求安全，并积极推进国际炼化一体化的进程，加大对本国炼化产业的投资，力图实现石油出口产品的多元化，提高石油出口的附加值。

一些想扩大生产能力而缺乏资金的产油国，如伊朗、伊拉克、阿尔及利亚、安哥拉和苏丹等国的能源政策主要侧重扩大本国的石油生产能力，获取更多的外汇收入。由于缺乏石油投资需要的技术和资金，这些国家为提高产量需要采取与国际石油公司合营的方式，通过向国际石油公司让渡部分石油地租收益以提高本国的生产能力。为满足对资金的需求，这些国家会向国际石油公司提供更多的油气勘探区块以换取本国需要的资金支持，或者以石油为交换条件获取贷款等。

伊朗受近年来美元对欧元、人民币等货币贬值的影响，贸易条件恶化，石油出口收入的实际购买力下降，而且同时受到美国的制裁。为摆脱石油贸易对美元的依赖，伊朗欲用欧元作为石油贸易结算货币。在2010年7月欧洲决定配合美国对伊朗的单方面制裁后，伊朗为了抵制西方的制裁，宣布把美元和欧元都从伊朗的外汇交易中剔除，在石油等商品的贸易中更多使用伊朗本国货币里亚尔以及其他愿意与伊朗合作的国家的货币进行结算。而且，伊朗为保障未来石油出口市场的安全，将原油出口方向逐渐转向亚洲。日本、中国、印度和韩国在伊朗石油出口市场中占据日益显著的地位。

安哥拉为解决资金不足，早在20世纪80年代末，就开始运用以石油为交换条件的贷款方式为石油开发进行融资。在2002年以前，旧的以石油为交换条件的贷款都是以一种每天固定的石油桶数偿还。石油价格上涨不仅为国家带来更多的收入，而且加快了偿还贷款的速度。但是，在全球金融危机背景下，能源价格急剧波动，涨跌幅度巨大。安哥拉由于经济结构单一、单纯依靠能源资源的出口，面临着财政困难、缺乏经济发展资金的困境。为摆脱这种困境，安哥拉采取了以"援助和贷款换石油"的能源政策。"援助和贷款换石油"的模式在购买贸易油、海外直接投资开采或并购等能源合作形式当中是一种创新。

（二）中东非洲产油国能源政策对中国能源安全的影响

油价变化对中国经济增长和能源安全造成不利影响。

中国是主要石油进口国，近年来石油进口不断增长。作为一个发展中国家和能源消费大国，中国对石油的依赖较大，所以石油价格的变化对中国经济会产生显著影响。一方面，油价上涨首先会增加中国石油进口开支，导致贸易盈余减少或赤字增加，这将对经常项目平衡、投资建设等带来不利影响；另一方面，油价上涨也可能使西方发达国家的经济增速放慢，消费需求下降，这将导致这些国家减少进口。出口目前仍然是推动中国经济增长的一个主要动力。油价上涨将会提高企业的生产成本，降低企业效益，影响企业扩大再生产。油价上涨还将抬升物价，带来通货膨胀压力。

中国作为亚洲乃至世界上的一个重要的经济大国，经济的增长状况对亚洲经济和世界经济都会产生影响。如果受到油价变化的影响而导致经济增长放慢，将会影响世界石油需求。

另外，21世纪初是中国进入全面建设小康社会的关键阶段，既需要和平稳定的国际环境，也需要安全的能源供应，中国需要维护国际石油供应的相对稳定，防止中东地区局势动荡造成国际石油市场供应中断或价格剧烈波动；需要促进石油美元的顺利回流，在增加从中东进口石油的同时保持国际收支的基本平衡；需要保持与阿拉伯伊斯兰国家的团结，在维护国家主权、防止宗教极端主义和民族分离主义，在实现祖国完全统一等中国国家利益问题上继续得到包括阿拉伯伊斯兰国家在内的第三世界的广泛支持；需要在中东这一外交平台上妥善处理大国关系，维护中国外交的总体格局。

面临如此现实，中国期望国际石油价格确定在合理的水平上，在这方面与欧佩克有长期利益的共同点，希望欧佩克采取增产措施，平抑油价。欧佩克追求合理油价的能源政策对中国能源安全有重要的作用。

沙特阿拉伯等需要保证石油市场稳定供应的国家，为中国寻求稳定的石油供应来源提供了合作的机会，双方可以在互利共赢的基础上，继续在石油下游企业如炼化等行业寻找合作空间。

有丰富石油资源且需要资金的产油国，如安哥拉、苏丹、利比亚、伊朗、伊拉克等国为维护其国内及地区的稳定，需要大量资金用于发展石油工业。这为中国能源企业"走出去"提供了投资的机会，为中国能源多样化提供了更多的选择。

针对安哥拉的资金需求，中国的贷款大大促进了"援助和贷款换石油"模式的运用，中国的贷款及时有效地化解了安哥拉国际资源能源进出口价格波动对其政府和企业带来的风险。这样的合作框架，使中国企业因此实施了"走出去"战略，带动了建筑工程承包等行业的发展，同时，中国也获得了石油的进口，实现了互利共赢，这对中非合作具有很大的启发意义。不少非洲国家对中国与安哥拉以石油还款的框架产生了浓厚的兴趣，它们认为当做还款保证的还可以扩展到其他资源上，这些选择表明非洲国家认可了这种新的合作模式。

"援助和贷款换石油"的模式在购买贸易油、海外直接投资开采或并购等能源合作形式当中是一种创新。在国际市场上直接购买贸易油，虽然灵活、经济，但是中国作为国际能源市场的后进入者，原油进口不得不主要依赖贸易油，而面对饱和及被瓜分的石油贸易市场，对贸易油的需求难以满足。而通过投资海外获取份额油，又面临一定的难度和风险。石油生产国并不愿意出让本国资源的开采权，大多数国家能源的上游不对外开放。而全球新发现的油田数量又极为有限，中国石油企业走出去较晚，因而被迫涉足一些政局或周边地缘形势不稳的国家和地区。

因此，"贷款换石油"既可以保证中国稳定地获取原油而不对国际市场带来重大冲击，又可以降低"走出去"战略过程中的政治风险，获得稳定的能源供应。同时，"贷款换石油"也是中国应对国际金融危机的一个明智选择。通过贷款换石油，中国把部分美元资产转换成油气等资源类资产，对于调整外汇储备结构、推动外汇储备多元化、抵御金融风险将发挥积极作用。

四　中东非洲产油国对外政策与中国能源安全

21 世纪以来，长期偏重对美国和欧洲关系的中东国家出现了比较明显的"向东看"现象。尤其是中东非洲产油国在"向东看"的过程中，与中国的合作关系发展得较快。这些国家的经济严重依赖石油出口收入，需要确保长期稳定的石油出口市场，而由于西方国家在实行进口来源多样化战略后减少了对中东石油的进口，因此这些国家为摆脱西方国家的压力，维护稳定的能源出口市场和石油美元的投资渠道等自身利益，开始重视发展与中国的关系，推动了与中国互利合作经济关系的发展，这对于中国维护稳定的石油进口来源、保障能源安全有着积极的意义。

世界上最大的石油出口国沙特是美国重要的石油来源地。长期以来，美国是沙特阿拉伯的第一大贸易伙伴，也是沙特最主要的武器供应者。两国有着共同的战略利益，沙特是美国在中东地区坚定的盟友和最重要的战略合作伙伴。但是，"9·11"事件后，两国关系出现了一些变化。政治上，美国以劫机犯多是沙特人为由，指责沙特是"基地"组织的主要资助者之一，认为其政体及宗教意识形态是产生恐怖主义的因素，对美国安全构成严重威胁。此后，美国提出改造阿拉伯国家的"大中东民主化计划"，公开要求沙特进行民主改革，导致沙特政府对美国的强烈不满，也使两国关系恶化。而沙特经济严重依赖石油生产，对石油出口安全和石油美元的安全问题更加关注。发展多元化的石油战略，也是对美国的一种制衡。尽管所产生的效果甚微，然而更大的意义在于扩大和发展稳定的石油出口市场。

另外，中国经济的持续发展，需要能源供应安全的保障，尤其是长期稳定的供应。

沙特阿拉伯在战略上主动转向中国，开始将中国视为最重要的外交力量之一，希望中国在联合国及中东问题上发挥更大作用，以制衡美国的霸权地位，并将中国作为稳定的石油出口市场，纷纷设立面向中国的投资基金，投资的领域从石油和石油化工逐步扩展到金融、电信、房地产等方面。

在沙特与中国经济关系的发展进程中，出现了一些"向东看"的举措。2006 年 1 月 22 日，沙特国王访问中国。这是两国自 1990 年建交以来沙特国王首次对中国进行的访问，也是出于重新调整能源布局的考虑。访问期间，两国签署了《关于石油、天然气和矿产领域开展合作的议定书》。

随着沙特"向东看"的出现，沙特对中国的石油和石化产品出口持续增加。2007 年沙特对中国的石油及石化产品出口额达 93.8 亿美元，占中国从沙特进口总额的 76.7%[①]。随着 2008～2009 年中沙能源合作协议及其补充议定书的签署，2009 年中国从沙特进口原油 4185.8 万吨（约 189.2 亿美元），同比增长 15.1%，约占中国同期进口原油总量的 32%。另据英国《金融时报》2010 年 2 月 22 日的报道，2009 年沙特对美国石油出口 20 年来首次降至每日 100 万桶的水平之下，表明石油地缘政治的中心从西向东转移。沙特已经成为中国在海外最主要和最稳定的原油供应国之一。

但是，这种"向东看"并不是"向东转"，实际上，沙特依然重视美国及西方的作用，美国依然是沙特最主要的合作伙伴。

沙特与美国的能源关系依然密切。美国公司在沙特的石油工业中拥有巨大的利益。但在中国与沙特的关系中，中国对美国不构成威胁。从政治方面看，尽管在中东地区问题上美国偏袒以色列，沙特希望中国在中东地区事务中发挥大国的作用，但是中国在阿以问题上的作用是相当有限的，只能通过中东特使在中东地区问题上起促和的作用。中国历来主张在国际关系中相互尊重国家主权，互不干涉别国内政。美国虽然提出对中东进行民主改造的政策，但是它以西方政治模式改造中东国家政治制度并不成功。美国政府重新认识到保持与中东盟友的关系对维护美国在中东的传统势力、实现中东地区的稳定是有益的。从经济方面看，沙特尚未对外开放石油工业的上游领域，阿美石油公司的技术服务主要是由美国公司提供的。沙特虽然对外开放了天然气工业的上游领域，但最大的外国投资者仍

---

① 2008 年《中国海关统计年鉴》。

然是美国公司。即便在建筑工程承包市场上，大的合同也是由美国等发达国家承包商获得的，中国公司获得的合同数量规模都相当有限。

所以沙特的"向东看"战略从根本上还是为了自身利益，为保证其稳定的石油出口市场，还是更看重与美国及西方的合作。近年来，沙特与美国及西方的合作在很多领域上向着更深、更广的方向发展。另外，沙特的"向东看"战略不仅给中国提供了机会，同时也给印度等东方能源消费国提供了机会。因此，印度是沙特"向东看"发展与东方关系时中国潜在的竞争因素，应该引起必要的重视。

伊朗安全问题长期以来受到困扰，伊朗伊斯兰革命后，特别是阿富汗战争、伊拉克战争后，来自美国和以色列的压力增加，尤其是随着伊朗核问题的发展以及美国和西方国家对伊朗的制裁，伊朗积极寻求发展同俄罗斯、中国和印度等亚洲国家的关系，以维护国家政治、经济的安全及寻找能源出口市场。为此，伊朗在其对外政策上采取了一系列措施，政府高官频繁出访，扩大深化与亚洲国家及周边产油国的关系；加强与中国的沟通与协调，在核问题上考虑中国的建议和意见，发展与中国的能源关系。伊朗对外政策"向东看"的举措牵制了美国和以色列对伊朗采取军事行动的计划。与中国等亚洲国家发展能源关系，扩大了伊朗油气开发项目，中石油、中海油、中石化在伊朗油田的勘探、开发、工程服务、炼油厂扩建和改造、天然气开发和 LNG 等能源股项目上签订了数百亿美元的合作协议。

苏丹由于受到美国的单方面制裁，其资源得不到开发，人民长期贫困。苏丹政府为提高人民生活水平，实现经济发展，在解决国内民族和解的基础上发挥农业发展潜力，实现经济多样化，积极发展与中国的关系。苏丹相信中国石油企业对石油资源开发的能力，希望中国能够支持和帮助苏丹开发石油资源。苏丹对中国农业技术转让也有需求。而中国需要苏丹的石油供应，由于苏丹石油资源的潜力大，可扩大进口来源。在石油投资市场被发达国家占领的情况下，苏丹存在着投资的机会。苏丹也是一个拥有巨大农业潜力的国家，农业也可以成为中国与苏丹合作的重要领域。因此，无论是从政治上还是从经济上看，中国和苏丹的关系存在互利共赢的基础。本着"互利共赢"的方针，中国与苏丹共同开发石油资源。在苏丹政府的请求下，中国为其开发石油提供资金、技术和人才支持，并帮助其建立了一套从上游到下游完整的石油产业体系，使苏丹从 10 年前世界上最不发达的国家变成今天年人均国内生产总值为 760 多美元的国家，并以 8% 的经济增长率稳居阿拉伯地区和非洲地区经济发展速度最快的国家前列。同时，中国也获得了苏丹的石油供应，为扩大中国能源进口开辟了又一个渠道。

五 中国依赖中东非洲能源的挑战与应对

（一）中国依赖中东能源的现状与未来

中国从 1985 年开始通过国际石油公司进口少量的中东石油。1993 年以后中国从中东产油国直接进口石油。20 世纪 90 年代以来，中国从中东进口石油的数量迅速上升：从 1990 年的 115.36 万吨增至 2000 年的约 7000 万吨，10 年间扩大了将近 60 倍。2010 年，中国从中东地区进口原油 1.13 亿吨，占中国原油进口总额的 47.1%[①]。随着中国的国际石油供应来源已经出现由亚洲向中东地区集中的趋势，中国从中东进口的石油占总进口石油的份额也呈增长的势头，其他地区难以取代中东作为中国主要国际石油供应来源的地位。

造成这种情况的原因，固然与中国实施石油进口来源多元化、分散化战略有关，但其他因素也较重要，由于印度尼西亚的石油供应潜力（指储采比）较小，其储采比已由 1990 年的 22 降至 2010 年的 11.8。因而它在 21 世纪不可能再继续保持其作为中国主要石油供应国的地位。中亚国家也是中国重要的石油供应来源地。从长远来看，进口中亚里海地区的原油是可行的。但是，从目前该地区的石油出产情况来看，还很难同中东地区相比。截至 2010 年年底，乌兹别克石油储量仅为 1 亿吨，仅占全球的 0.05%。它们 2010 年的原油产量在世界原油总产量中所占的比重也很小，

---

① 资料来源：海关总署。

阿塞拜疆为 1.3%，乌兹别克为 0.1%①。

因此，中国对中东石油的依赖加深已经成为一个不争的新现实，这种依赖的趋势今后仍然会继续发展，难以逆转。今后，中东是中国最主要的国际石油供应来源地，中国也将成为中东石油的重要买主之一。

中国从中东非洲地区进口天然气数量不大，通过管道外运不利，主要是液化天然气（LNG）的进口。2010 年，中国从卡塔尔进口 LNG16.1 亿立方米，从阿联酋进口 0.8 亿立方米，从也门进口 7 亿立方米，从埃及进口 0.8 亿立方米，从尼日利亚进口 1.7 亿立方米，从赤道几内亚进口 0.8 亿立方米，共占中国 LNG 进口的 21.3%②。

我国从中东非洲进口 LNG 距离远，运输成本高。以从卡塔尔进口的 LNG 为例，2011 年 5 月发到中国的 LNG 到岸价为 15.02 美元/百万英热单位，而同期发往英国的 LNG 到岸价则为 8.99 美元/百万英热单位③。

但是，在未来与中东非洲地区的能源合作方面，LNG 依然是一个重要的选择。

（二）中国进口非洲油气的安全意义

从非洲地区进口油气是中国保障能源供应安全的重要选择。从宏观上看中国的石油进口过去不太重视非洲，1990～2000 年中国把中东和中亚、俄罗斯地区作为可相互保障的进口来源地。但是，随着中东地区的局势越来越不稳定，石油供应面临中断的风险。从中东地区进口石油还要面临运输通道的风险。马六甲海峡受美国控制，石油运输在很大程度上受制于中美关系的变化。

以俄罗斯、中亚地区作为石油供应来源的保障则受到运输条件的制约，因为这个地区的管道运输能力有限，中俄泰纳线到大庆的分线以及通往哈萨克斯坦的管线运输能力为 3000 万吨，无法改变中国能源进口来源的比重，仅靠中亚、俄罗斯不能解决中国能源进口的需求。因此，中国能

① BP, *Statistical Review of World Energy*, June 2011.

② BP, *Statistical Review of World Energy*, June 2011.

③ http：//www.100ppi.com/news/detail－20111129－112728.html.

源多样化需要更多的选择，非洲成为这个选择的目标。

但是，非洲石油面临大国的争夺，中国在非洲石油出口中所占的份额不大，美国占非洲石油出口的1/3，欧洲占1/3，中国只占1/10。因此，中国在非洲进口石油也面临竞争。中国是世界上最大的石油进口国，非洲石油分配的格局与中国石油进口大国的地位不符。因此，减少从中东的石油进口，发展与非洲的能源关系对中国能源安全有着重要的意义。

从大国对非洲的石油进口来说，中国处于劣势。一是西方国家是非洲石油开发的先行者，非洲较好的石油资源已经被西方国家石油公司控制。二是中国和西方国家在石油勘探开发技术方面存在差距，在非洲发现的主要是深海石油资源，而中国的石油公司在陆地勘探开发方面经验丰富，深海勘探开发是弱项，在技术方面面临挑战。

但中国也具有明显的优势，中国与非洲国家在民族解放运动中相互支持，相互信任，与西方国家不同，中国持不干涉内政的原则，不在经济技术合作中附加政治条件。中国企业劳工和工程技术人员的成本低。中国在石油开发的综合方案方面有优势，如中国有较好的金融实力，贷款能力强大，而西方受金融危机的影响力所不及。中国在建筑工程承包基础建设方面有明显的优势，基础建设贷款和石油资源开发可以构成综合竞争力。在安哥拉、苏丹石油换工程换贷款模式中积累了经验，可以推广。这些优势使中国有条件进入非洲石油领域，而且在开发非洲油气方面有所作为。从事实上看，现在中国从非洲进口的石油已经远远超过了从俄罗斯中亚进口的石油，非洲被称为中国石油进口的战略方式。

（三）中国进口中东非洲能源面临的挑战与对策

中国进口中东非洲能源面临着一些挑战。

1. 地区局势

中国进口中东非洲能源面临的挑战首先是地区安全形势。中东非洲地区局势的变化和冲突，产油国国内政治经济形势的变化和发展等因素都是中国从中东非洲进口能源所面临的挑战。

2. 能源外交

中国在中东非洲地区能源外交的力度不够。能源企业在这些地区的财产担保问题上存在问题。

3. 多样化方向

中国从非洲的能源进口虽然面临竞争及其他问题，但依然应该成为发展能源来源多样化的一个方向。

4. 投资环境

中东非洲地区一些资源国法律不健全，存在民族矛盾及冲突的问题。受资源民族主义的影响，将产量分成对外国公司有利的方式，资源国不愿意；以服务费支付报酬，则对外国公司不利。

5. 维护稳定的能源供应来源

保持稳定的能源进口还需要加强与资源国的经济关系，能源进口导致的贸易不平衡不利于维护长期稳定的能源供应渠道。

6. 文化软实力

中国对外宣传力度不够，企业所在国对中国文化不了解。外界存在对中国人形象问题的质疑，甚至认为中国在这些地区的投资等是中国对其资源的掠夺。另外，中国企业对所在国文化了解不够，语言沟通能力不强。

面对这些挑战，中国应该采取相应的对策积极地应对。

第一，提高应急反应能力。面对中东局势的变化及可能造成的石油供应中断，首先要提高中国石油的应急反应能力。从中短期来看，要加快建设战略储备，提高应急反应能力。从长期来看，要加快推进石油替代能源的开发，如对页岩气和油砂的开发等；要提高能源使用效率，推动节能建筑材料的使用，从开源节流两个方面提高能源安全度；要扩大石油进口来源，发展与中亚、非洲及拉美产油国的关系。提高中国石油应急反应能力最根本的是要提高中国在国际能源格局中的话语权，如积极主导和促进上合组织能源俱乐部的成立。

第二，加强能源外交。面对中东地区地缘政治局势紧张及高油价导致的可能出现的石油供应中断的风险，中国作为发展中国家，并不具备在中东地区发挥主导作用的能力，但中国是联合国常任理事国，在多边框架内可以发挥比较重要的影响，而且中国与中东国家有长期友好的关系基础。另外，改革开放以来中国的经济实力显著增强，可以在相互尊重主权的基础上与中东地区石油资源国开展广泛的石油合作。这不仅有助于提高世界石油生产能力，而且有助于缓和地缘政治紧张状况，应当说无论是对稳定世界石油生产能力，还是对缓和地缘政治局势来说都是一种贡献，有利于维护国际石油供应和价格的稳定。

为保证非洲地区石油进口来源的稳定，要秉承相互尊重主权和互不干涉内政的国际准则，发挥中国在非洲地区已有的优势，利用中非合作论坛等外交平台，继续开展领导人的互访，积极开展对非洲地区产油国的外交合作，增强互信，增进了解，实现互利共赢，共同发展。

第三，继续加深和发展与中东非洲产油国关系。要维护中东非洲地区稳定的石油供应来源就要积极推进与这些国家在贸易、投资、工程承包等领域的经济关系。因为中国与这些国家在贸易、投资、工程承包领域的关系都是以能源为核心的。在双边贸易方面，主要是以中国进口石油为主，中国处于贸易逆差。在双边投资方面，投资的项目主要集中于与能源相关的行业。只有保证双边经济关系形成共赢才能促使双方长期稳定地发展。

对中东地区来说，中国与中东地区产油国在经济上有着较强的互补性，如海湾国家的市场调节相对宽松，市场需求旺盛，鼓励外国直接投资，这些都有利于中国企业进入该地区的市场。比如双边投资合作的模式可以有新的发展，由简单的直接开发资源向能源资源的深加工和综合利用发展；发展石油业下游领域如石化行业的合作，以此促进中国企业"走出去"战略的实施。特别是海湾地区，应发展与卡塔尔、阿联酋、阿曼的天然气开发合作。我国应该尽早介入或扩大与这些国家在天然气上游领域的合作，考虑到日本大地震引发的一系列灾难后的能源战略及对 LNG 这一清洁能源需求的增加，尽早做好与日本竞争进口 LNG 的准备。

利用美国减少从中东地区进口石油，巩固发展与该地区的石油合作，稳定石油供应市场。美国 2001 年从中东进口石油占其总进口的 28%，2010 年减少为 18%。中国的进入也使这一地区获得稳定的石油出口市场。

对非洲地区来说，产油国经济发展需要资金，可以以援助和贷款的方式发展与这一地区产油国的关系，如利用安哥拉战后重建的机会，发展与安哥拉的能源关系。安哥拉战后百废待兴，各行各业都面临重建。而随着一些原来在安哥拉的援助国的撤离，安哥拉战后重建的需求增加，由于中国经济的迅猛发展，中国也有能力介入安哥拉的战后重建。事实上，中国企业参与了安哥拉机场、港口等基础设施建设，帮助安哥拉发展农业，以及在道路、铁路、学校和医院等基础设施方面提供了投资。

值得注意的是，一些国家攻击中国在非洲的援助和贷款等行为，提出中国威胁论，中国应该有所回应。如中国与安哥拉的能源关系，需要显示中国与安哥拉的能源合作没有对西方国家在非洲的利益形成重大的竞争和挑战。安哥拉的油气资源基本上被美国及西方国家石油公司所掌握，中国石油公司没有直接涉足安哥拉的石油生产。中国和美国都购买安哥拉的石油，但是，在当今石油供应并不短缺的国际石油市场上，中国的石油进口对美国的石油安全并不构成威胁。对于安哥拉这样一个有丰厚石油收入的国家，外部通过提供些许贷款和援助，难以产生显著的政治影响。所以中国与 IMF 之间在对安哥拉的贷款方面不存在竞争。

第四，加强直接和间接投资。对中东地区来说，中国对海合会国家虽有直接投资，但规模较小。应该重视与沙特的战略合作伙伴关系，继续扩大与沙特的投资合作。沙特正在采取措施，促进外国投资进入油气下游产业。这些都是中国与其合作的抓手。从海合会进口石油是中国石油供应的一个重要方面，投资当地石化行业，也是保证中国能源安全的一种方式。

要利用好海合会对中国石化行业及服务业的投资。在海合会对中国的投资中，最大的部分在于对石化行业的投资。随着中国能源需求的增加，对石化行业发展的需求也随之增加。因此，在石化行业，中国需要积极与海合会国家合作促使海合会投资建设炼厂及石化工业，这既有利于促进石油的进口，也有利于双方巩固能源战略合作伙伴关系，实现互利双赢的发展目标。

对非洲地区来说，在未来应提升投资规模和档次，重点推动在当地具有比较优势、在中国市场有明显需求、以石油天然气能源和原料的产业进行直接投资，以实现就地利用资源、扩大投资规模、提升投资档次、满足国内市场需要等多重效益，把中国高耗能产业向主要能源产地转移，降低中国发展的能源压力和环境代价。

第五，引进石油美元投资。海合会国家在中国的投资，近年来已经加快步伐，投资金额增长较快，特别是在我国石油天然气工业下游领域，以及其他加工工业和银行业，开展了多个大型投资项目。在石油天然气工业下游领域吸引海合会直接投资，是符合对方石油工业国际一体化战略的，也符合我国建设和改造石油天然气下游产业，包括建立战略储备设施和双方互利共赢的战略利益结合点，这应当成为中国引进石油美元投资的重点领域，同时注意以三方合作模式弥补石油美元缺乏技术含量和扩大市场效应的劣势。应加强对伊斯兰融资方式的研究，利用伊斯兰融资方式，探索支持中国西部穆斯林聚居地区的基础设施建设、工业制造业发展以及农牧业和清真食品加工出口产业发展的有效途径，为西部大开发战略服务。例如最近中石油与沙特阿拉伯合作在沙特阿拉伯延布建炼厂，中石化与沙特阿拉伯合作在云南建炼厂等。

第六，提高走出去企业防范风险的意识。这次中东地区部分国家的动乱造成中国在该地区的走出去企业遭受损失，特别是利比亚将面对重新洗牌的危险。

对非洲地区来说，中国企业进入一些产油国也同样面临着在所在国动乱中遭受损失的问题，如尼日利亚、安哥拉和苏丹。

所以中资企业必须提高走出去的风险意识，加强政府、企业与研究单位的联系，加强走出去重点地区和国别的政治风险研究和预判，加强走出去企业的政治风险担保机制建设，做好应对政治风险的预案。政府除重视外交大局以外，还应根据我国在不同地区的切实利益，制定地区性的外交战略。因此，企业应该重视对所在国的政治风险的了解。我国的研究机构甚至应该先于企业走出去，研究企业所在国政治经济发展趋势，为企业走出去做好风险评估的研究。

第七，企业要做好应急预案。包括使用卫星电话、员工应急手册等，健全预警防范，提供风险意识。加强企业本土化是规避风险的较好方式。同时，应做好与当地的联谊，依靠部落村落的支持等。

第八，利用中东政局的变化，发展与美国的关系。中东产油国，尤其是海湾国家多是我国友好国家，有共同的战略利益，中国在稳定这些国家的局势问题上，与美国也有共同利益，因此我国外交也应当进一步强调该地区尽快实现稳定，这是推动与美国和西方关系发展的利益共同点。

参考文献

杨光、马秀卿、陈沫：《安全的依赖——防范中东石油进口风险的国际经验》，中国社科院重点研究课题报告，2004 年 3 月。

杨光主编《中东非洲发展报告》，社会科学文献出版社，2011。

The Globalization of Energy China and European Union，Edited by M. Parvizi Amineh & Yang Guang Brill，2010.

Fisca Reforms in the Middle East-VAT in the Gulf Cooperation Council，Edited by Ehtisham Ahmad and Abdulrazak Al Faris，2009.

The Political Economy of Saudi Arabia Ti，Niblock Routledge，2007.

第四章 俄罗斯和中亚国家的
能源资源现状

一 俄罗斯能源资源现状

俄罗斯是世界能源生产和出口大国，其能源资源储量占世界能源储量的8%，其中，煤炭储量占世界总储量的18%，天然气储量占世界总储量的27%，石油储量占世界总储量的10%。燃料－动力综合体是俄罗斯经济可持续发展的基础性行业，占俄罗斯GDP的20%以上。俄罗斯财政收入的30%、联邦预算收入的50%以及工业产值的25%以上都来自能源业。

俄罗斯能源战略是建立在丰富的能源资源、巨大的生产和出口潜力的基础上的。苏联解体后，俄罗斯调整了苏联时期的能源战略。1992年10月10日，俄政府通过了由联邦政府部门间委员会制定的《新经济条件下俄罗斯能源政策的基本构想》，这是俄独立以后第一个比较系统的关于能源政策的文件。但这个能源文件在很大程度上仿照苏联时期有关燃料动力系统管理模式的原则和规则，计划经济的成分依然清晰可见。在1993～1994年经济改革期间，俄罗斯开始尝试制定新的私有化能源政策。1995年，俄罗斯通过了《2010年前俄罗斯能源战略纲要》，以及《1996～2000年动力与燃料》的联邦目标性计划。1997年，俄联邦政府批准了《关于自然垄断领域的结构性改革、私有化和加强监控的措施纲要》。这些文件共同确定了俄罗斯能源政策的主要方向及其实施的目标、优先方向和机制。然而，由于市场经济改革不彻底，文件中提出的目标大多未能实现。

20世纪90年代末，能源部门有所分权，并部分实现了私有化。但这一时期的俄罗斯能源政策中仍保留了指令性计划体制的某些成分,如限额、供应分配及限制条件。尽管这些方法在保持能源供应稳定,尤其是在居民的生活保障方面起到了积极作用,但能源领域中还存在诸多不适应市场经济的问题,必须制定新的能源政策来加以解决。

1999年普京上台伊始,便确定了依靠能源重振俄罗斯强权的战略。2003年5月,俄政府颁布了《2020年前俄罗斯能源战略》(以下简称《战略》)。《战略》的重要目标旨在发展能源产业,在能源领域展开国际合作,稳定俄罗斯在国际能源市场上的地位,以实现国家利益最大化。《战略》规定,到2020年,俄罗斯石油产量将从2005年的4.7亿吨增加到5.9亿吨,出口量则从2005年的2.5亿吨提高到3亿吨,天然气产量和出口也将分别从2005年的6000多亿立方米和2000多亿立方米提高到2020年的9000亿立方米和3000亿立方米。近两年间,因国际市场能源价格居高不下,《战略》中所规定的产量和出口量"双增长"的目标有所微调。首先,努力减少原油和天然气出口,扩大油气制成品的出口比例。2005年,俄罗斯石油、天然气出口下降了5%,而汽油、柴油等能源产品的出口则增加了16%。其次,提高石油出口税,将外国石油公司的部分利润转向国库。

随着国际国内能源形势的变化,特别是2008年下半年国际金融危机爆发后,俄罗斯在2009年8月提出了《到2030年的能源战略》。该战略确定了分三步走的目标。第一阶段(2013~2015年)的目标是,加大石油勘探开发的投入,以增加石油储量,并适当提高产量,以缓解金融危机后石油产量下降和油价下跌所造成的出口收入锐减。第二阶段(2015~2022年)的目标是,在发展能源行业的基础上降低能耗,提高能源效率。到2030年,单位GDP能耗要比2005年降低50%以上。第三阶段(2022~2030年)的目标是,重点发展非常规能源,首先是核能和可再生能源——太阳能、风能和水能。将这些非常规能源在电力生产中所占的比例从32%增加到38%以上。

在俄罗斯新能源战略中,东北亚的地位得到进一步提升。在苏联叶利钦时期,俄罗斯国际能源合作主要面向欧洲。普京上台后推行能源出口多元化政策，在继续向欧洲输送油气的同时着手开辟亚太市场。《到 2020 年的能源战略》提出，俄罗斯向东北亚的能源出口要占到俄罗斯出口总量的 30%。21 世纪初，俄罗斯在东西伯利亚和远东加大了对能源勘探、开发以及能源管道和电力输送线路建设的投入，能源产量和运输能力显著提高，向东方出口有所增加。俄罗斯《到 2030 年的能源战略》继续坚持向东方开放的政策，提出向东方出口石油要由 2008 年占总出口量的 8% 提高到 22% ~ 25%，天然气由 2008 年的零出口骤然提高到 19% ~ 20%。

（一）俄罗斯能源储量

1. 石油储量

根据美国能源信息署（EIA）和 CIA《世界概况》报告，2011 年全球石油储量最大的 10 个国家中，沙特阿拉伯是世界上石油储量最多的国家，占全球已探明石油储量的 17.85%，俄罗斯位居第 8（见表 4 - 1）。

表 4 - 1 2011 年全球石油储量排名前十的国家

国　家	已证实石油储量（亿桶）	占全球储量（%）	每日石油产量（万桶）
沙特阿拉伯	2626	17.85	1052
委内瑞拉	2112	14.35	238
加拿大	1752	11.91	348
伊　朗	1370	9.31	425
伊拉克	1150	7.82	264
科威特	1040	7.07	245
阿联酋	978	6.65	281
俄罗斯	600	4.08	1027
利比亚	443	3.15	179
尼日利亚	372	2.53	246

英国 BP 公司的《世界能源统计 2012》报告显示，截至 2011 年年底，俄罗斯石油剩余探明可采储量为 121 亿吨，占世界的 5.3%[①]，最终常规

[①] BP, Statistical Review of World Energy, June 2012. http：//www. bp. com/assets/bp ＿ internet/globalbp/globalbp ＿ uk ＿ english/reports ＿ and ＿ publications/statistical ＿ energy ＿ review ＿ 2011/STAGING/local ＿ assets/pdf/statistical ＿ review ＿ of ＿ world ＿ energy ＿ full ＿ report ＿ 2012. pdf.

可采资源量为361.9亿吨（包括凝析油），按目前的开采水平，俄罗斯石油证实储量可供开采17年。1991～2010年，俄罗斯新增石油储量为83.79亿吨，同期产量为79.19亿吨，20年来一直保持着100%的石油储量替代率。自2005年以来，俄罗斯每年发现的新增石油储量均超过当年产量（见表4－2）。2011年，俄罗斯发现了37个新油田，其中有2个大型油田，储量各自大约为5000万吨；1个中等油田，储量为2000万吨。2011年俄罗斯的石油探明储量新增加量为6亿吨。

表4－2　1991～2011年俄罗斯石油产量及新增储量

单位：亿吨

年份	石 油		年份	石 油	
	产量	新增储量		产量	新增储量
1991	4.62	9.31	2002	3.80	2.60
1992	3.99	5.65	2003	4.21	3.80
1993	3.54	4.42	2004	4.59	2.39
1994	3.18	2.24	2005	4.70	5.70
1995	3.07	1.82	2006	4.80	5.70
1996	3.01	2.17	2007	4.95	5.50
1997	3.06	2.52	2008	4.88	5.50
1998	3.03	2.32	2009	4.94	6.20
1999	3.05	2.50	2010	5.05	7.50
2000	3.23	2.95	2011	5.13	6.00
2001	3.48	3.00	合计	84.32	89.79

资料来源：《中外能源》2010年第15卷（《2010年俄罗斯油气储量提升》），http：//newenergy. in - en. com/html/newenergy - 1502150259875522. html。

俄罗斯原始石油地质储量中的53.0%分布在西西伯利亚，14.2%分布在乌拉尔－伏尔加，3.0%分布在远东，1.6%分布在高加索，10.5%分布在东西伯利亚，约12.4%分布在大陆架。目前，俄罗斯石油储量居世界第7位。

2. 天然气储量

美国《油气杂志》的最新数据显示，2011年，世界大部分天然气探明可采储量集中在俄罗斯、伊朗和卡塔尔（见表4－3）。

表 4 – 3　2011 年世界天然气可采储量排名前七位的国家

单位：万亿立方米

国　　家	可采储量	国　　家	可采储量
俄 罗 斯	47.54	美　国	6.93
伊　朗	29.60	阿 联 酋	6.45
卡 塔 尔	25.36	尼 日 利 亚	5.29
沙　特	7.78		

　　BP《世界能源统计 2012》报告显示，2011 年年末俄罗斯已探明天然气储量为 44.6 万亿立方米，占全球总储量的 21.4%[①]。据美国《油气杂志》报道，2011 年俄罗斯天然气可采储量 47.54 万亿立方米，占全球储量的 25.1%，居世界第 1 位。

　　1991～2009 年，俄罗斯新增天然气储量为 116140 亿立方米，同期新增天然气储量与总产量基本持平。俄罗斯自然资源部 2010 年 12 月 22 日发布的预估数据显示，2010 年天然气储量增长了 8100 亿立方米。2011 年俄罗斯新增天然气探明储量为 9000 亿立方米。在未来 5～10 年内，俄罗斯天然气产量预计可占全球总产量的 52% 或 53%，按现有的开采水平，俄罗斯天然气证实储量可供开采 89 年。

　　俄罗斯天然气探明储量的 90% 分布在陆地，10% 分布在海域。俄罗斯的天然气主要分布在西西伯利亚（占 73%）和东西伯利亚（占 7%），其余分布在巴伦支海、喀拉海和鄂霍次克海等海域。

　　东西伯利亚和远东蕴藏着丰富的能源资源。水力资源占全俄的 81%，煤炭储量占全俄的 46%，石油储量占全俄的 15%，天然气储量占全俄的 12%。东西伯利亚和远东能源生产的电力占全俄的 19%，煤炭占全俄的 36%，石油占全俄的 12%。俄罗斯东部地区石化能源资源特别丰富，但开发程度很低，仅在克拉斯诺亚尔斯克边疆区的北部、萨哈共和国的西部和中部以及萨哈林开采数量有限的天然气。萨哈林开始较大规模地开采石

---

　　① BP, Statistical Review of World Energy, June 2012. http：//www. bp. com/assets/bp_ internet/ globalbp/globalbp_ uk_ english/reports_ and_ publications/statistical_ energy_ review_ 2011/ STAGING/local_ assets/pdf/statistical_ review_ of_ world_ energy_ full_ report_ 2012. pdf.

油，煤炭、石油、电力不久前才成为其出口的行业。

3. 煤炭储量

俄罗斯煤炭资源丰富，其探明可采储量占世界总储量的 12%，仅次于美国和中国，居第三位。俄罗斯国家统计局的数据显示，现有煤炭企业的工业储量约 190 亿吨，其中焦煤约 40 亿吨。按照目前的开采能力，已探明煤炭资源储量最少可供开采 500 年。

俄罗斯煤炭品种比较齐全，有褐煤、烟煤（包括长焰煤、气煤、肥煤、焦煤、瘦煤）、无烟煤等。焦煤储量丰富，完全能够满足钢铁工业的需要，并可大量出口。

俄罗斯煤炭资源分布不平衡，3/4 以上分布在俄罗斯的亚洲部分。其余在欧洲部分的储量分布如下：46.5% 的储量分布在俄罗斯中部，即库兹巴斯煤田；23% 的储量在克拉斯诺亚尔斯克边区，几乎都是褐煤，适于露天开采。此外还有一部分动力煤分布在科米共和国（82 亿吨）、罗斯托夫州（65 亿吨）和伊尔库茨克州（55 亿吨）。

（二）俄罗斯能源产量

1. 石油产量

2011 年俄罗斯石油总产量为 374.86 亿桶（约合 5.13 亿吨），占世界石油总产量的 12%，位居世界第一。俄罗斯能源部公布的数据显示，俄罗斯 2011 年平均日产 1027 万桶石油（沙特阿拉伯在 2010 年 11 月份平均日产石油 1005 万桶）。2005～2011 年，俄罗斯的石油产量（包括替代石油产品）增长了 7.5%，远高于全球平均数字 3%，但是仍未能达到 10.2% 的预期值。俄罗斯的石油产量已接近极限，剩余产量所剩无几，预计未来 20 年内都将维持在 2011 年的水平。

2. 天然气产量

俄罗斯燃料能源综合体中央调度局公布的数据显示，2011 年俄罗斯天然气开采量达 6705.44 亿立方米，打破了 2008 年创下的年开采量 6650 亿立方米的历史纪录（见表 4-4）。2011 年 9 月，俄罗斯经济发展部预计 2012 年本国的天然气产量可达 6820 亿～6970 亿立方米（见图 4-1）。

表 4 - 4　1991~2010 年俄罗斯天然气产量及新增储量

单位：亿立方米

年份	天然气		年份	天然气	
	产量	新增储量		产量	新增储量
1991	6430	17410	2002	5950	5140
1992	6410	18140	2003	6200	5600
1993	6180	7260	2004	6340	5820
1994	6070	2660	2005	6400	6600
1995	5950	1880	2006	6560	6500
1996	6010	1800	2007	6610	6700
1997	5720	3940	2008	6650	6500
1998	5910	2800	2009	5560	5800
1999	5910	2090	2010	6490	8100
2000	5840	4500	2011	6705	9000
2001	5810	5000	合计	129625	133240

资料来源：《中外能源》2010 年第 15 卷（《2010 年俄罗斯油气储量提升》），http：//newenergy. in - en. com/html/newenergy - 1502150259875522. html。

3. 煤炭产量

近 5 年来，俄罗斯煤炭年产量均超过了 3 亿吨。2011 年，俄罗斯共生产煤炭 3. 35 亿吨，占世界总产量的 5%。

俄罗斯能源部的资料显示，2011 年俄罗斯开采煤炭 3. 34752 亿吨，与 2010 年相比增长了 4. 3%。2011 年 12 月，俄罗斯煤炭开采量为 3188 万吨，较 2010 年 12 月的指数增长了 2. 4%。

2011 年俄罗斯出口煤炭 1. 04655 亿吨，与 2010 年相比增长了 8. 5%。2011 年 12 月的煤炭出口量为 850. 88 万吨，较 2010 年 12 月增长了 22. 8%。

据俄罗斯能源部的数据，2010 年俄罗斯的煤炭开采量为 3. 20922 亿吨，与 2009 年相比增长了 6. 5%。2010 年俄罗斯出口煤炭 9742. 1 万吨，与 2009 年相比增长了 0. 4%。

目前，俄罗斯的焦煤主要出口乌克兰、日本、韩国及东欧国家，其中出口乌克兰的焦煤约占出口总量的 50%。

能源出口一直是俄罗斯经济发展的主要支柱产业。石油和天然气不仅能长期满足国内需求，还能大量出口，而且方向多元化。目前，俄罗斯是世界石油出口第二大国和天然气出口第一大国。俄罗斯在国际石油和天然气出口市场上所占的份额分别达15.2%和25.8%。

4. 石油出口

欧洲是俄罗斯的传统石油出口目的地，在俄罗斯的出口原油中，60%以上的原油出口到欧洲市场，约10%的原油出口到其他独联体国家，7%的原油出口到地中海国家，5%的原油出口到波罗的海国家，4%的原油出口到亚太地区国家，1%的原油出口到美国。目前，俄产原油在欧洲原油市场上的占有量约为90%，这是由于俄罗斯已形成的国家级运输基础设施主要集中在欧洲地区，对满足这一地区的石油需求提供了充分的输送保障。

俄罗斯联邦国家统计局数字显示，2011年俄罗斯石油及凝析油出口2.446亿吨，同比减少2.5%。其中，石油出口比重为34.7%（2010年为33.9%），能源产品出口50.2%，与2010年持平[①]。2011年，俄罗斯石油出口（2.446亿吨）依然主要面向所谓的远邻国家（2.144亿吨），占当年石油出口的88%，而向其他独联体国家的出口（0.3亿吨）占出口总量的12%（见表4-5）。

（三）俄罗斯能源出口

1. 石油出口

俄罗斯出口到国际市场的商品主要是石油和石油制品，石油出口占世界石油市场的12%~14%。2004和2007年石油出口量两次达到高峰（分别为2.6吨和2.58亿吨）后，2010年为第三个出口高峰，出口量为2.5亿吨（见图4-1）。自2000年以来，俄罗斯石油制品出口也一路走高。2000年石油制品出口仅为6200万吨，2010年时达到创纪录的1.33亿吨（见图4-2）。在国内消费稳定的情况下，石油和石油制品出口量增长依赖生产的增长。

---

① 《2011年俄罗斯石油出口减少2.4%》，http：//newscenter. chemall. com. cn/NewsArticleg. asp？ArticleID＝260492。

表 4-5 2000~2011 年俄罗斯石油出口

单位：亿吨

年份	总量	其中		总量比上年增长（%）	其中	
		向远邻国家	向独联体国家		向远邻国家	向独联体国家
2000	1.444	1.275	0.169	107.0	109.8	89.9
2001	1.645	1.408	0.237	113.9	110.4	140.3
2002	1.895	1.565	0.330	115.2	111.1	139.1
2003*	2.280	1.907	0.372	120.3	121.9	112.9
2004**	2.603	2.203	0.401	114.2	115.5	107.6
2005	2.525	2.144	0.380	97.0	97.3	94.9
2006	2.484	2.112	0.373	98.4	98.5	98.0
2007	2.586	2.213	0.373	104.1	104.8	100.0
2008	2.431	2.049	0.382	94.0	92.6	102.6
2009	2.475	2.110	0.365	101.8	103.0	95.4
2010***	2.507	2.241	0.266	101.3	106.2	72.8
2011***	2.446	2.144	0.300	97.5	95.7	113.0

注：*2003 年石油出口数据是 2004 年 1 月海关数据。

** 俄罗斯银行估算。

*** 包括出口到关税同盟国家。

资料来源：俄联邦海关和俄联邦统计局，http：//www.cbr.ru/statistics/print.aspx？file＝credit_statistics/crude_oil.htm。

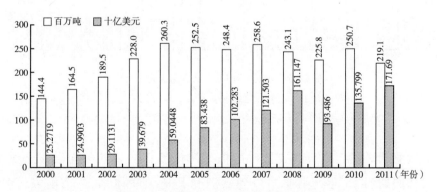

图 4-1 2000-2011 年俄罗斯石油出口

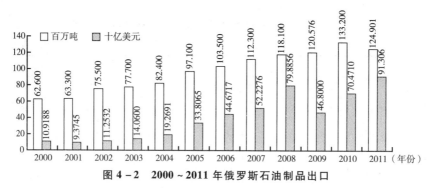

图 4 - 2　2000～2011 年俄罗斯石油制品出口

资料来源：俄联邦中央银行和俄联邦统计局，http：//naganoff. livejournal. com/45924. html? cut_ expand = 1&page = 22。

2. 天然气出口

2011 年俄罗斯天然气出口量达 16.7 亿立方米，比 2010 年增长 7%[①]（见图 4 - 3）。作为俄罗斯最大的天然气生产企业，俄罗斯天然气工业公司在 2011 年对欧洲市场出口达 1500 亿立方米。俄罗斯经济发展部公布的预测：2012 年俄罗斯天然气出口量在 2002 亿立方米至 2118 亿立方米。

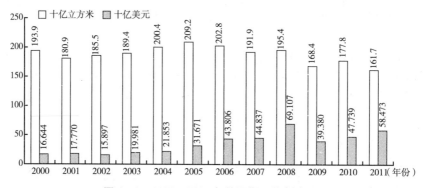

图 4 - 3　2000～2011 年俄罗斯天然气出口

资料来源：俄联邦中央银行和俄联邦统计局，http：//naganoff. livejournal. com/45924. html? cut_ expand = 1&page = 22。

俄罗斯天然气出口主要按政府框架协议签订的长期合同供应天然气，一般合同期为 25 年，主要出口到欧洲和其他独联体等 28 个国家。多年

---

① 《俄罗斯天然气产量创新高》，《经济日报》2012 年 1 月 13 日。

来，欧洲国家是其最大的天然气销售市场，主要进口国是西欧的德国、意大利、法国、奥地利和芬兰；中东欧的匈牙利、斯洛伐克、捷克、波兰、罗马尼亚和保加利亚；独联体的乌克兰、白俄罗斯、摩尔多瓦和哈萨克斯坦，以及波罗的海三国和土耳其。2011 年，俄罗斯向远邻国家的天然气出口量（1172 亿立方米）占其天然气出口总量（1897 亿立方米）的 62%（见表 4 - 6）。

表 4 - 6　2000～2011 年俄联邦年天然气出口方向

单位：亿立方米

年份	总量	其　　中		总量比上年%	其　　中	
		向远邻国家	向独联体国家		向远邻国家	向独联体国家
2000	1939	1340	599	94.4	102.2	80.6
2001	1809	1319	489	93.3	98.5	81.7
2002	1855	1342	513	102.6	101.8	104.8
2003 *	1894	1320	473	102.1	105.8	92.3
2004 **	2004	1453	551	105.8	102.3	116.4
2005	2092	1617	475	104.4	111.3	86.3
2006	2028	1618	410	96.9	100.0	86.3
2007	1919	1544	375	94.6	95.4	91.4
2008	1954	1584	370	101.8	102.6	98.6
2009	1684	1205	479	86.2	76.1	129.5
2010 **	1778	1074	704	105.6	89.1	147.1
2011 **	1897	1172	725	106.7	109.2	102.9

注：＊包括从乌克兰地下储气库出口的天然气。

　　＊＊包括出口到关税同盟国家。

　　资料来源：俄联邦海关和俄联邦统计局，http：//www.cbr.ru/statistics/print.aspx? file = credit_statistics/gas.htm。

（四）俄罗斯能源消费

1. 石油消费

BP 公司 2012 年 6 月发布的《世界能源统计 2012》报告显示，2011 年，世界石油消费总量为 40.59 亿吨，比上年增长 0.7%。美国仍然是世界上最大的石油消费国（8.33 亿吨）；中国是世界第二大石油消费国，但仅相当于美国消费量的一半，为 4.61 亿吨，占世界消费总量的比重为 11.6%；俄罗斯居第五位，消费 1.36 亿吨，占 5.5%。

2. 天然气消费

据 BP《世界能源统计 2012》统计，2011 年世界天然气消费量总计 32762 亿立方米，同比增长 3.1%。美国依然是世界上最大的天然气消费国，消费 6901 亿立方米，占世界消费总量的 21.5%；俄罗斯为第二大天然气消费国，消费 4246 亿立方米，占世界消费总量的 13.2%；伊朗为第三大天然气消费国；中国上升至第四大天然气消费国；共消费 1307 亿立方米，占世界消费总量的 4%。

二　中亚国家的能源资源状况

中亚五国指哈萨克斯坦、吉尔吉斯斯坦、塔吉克斯坦、土库曼斯坦和乌兹别克斯坦（以下简称哈、吉、塔、土、乌）。中亚及里海地区属于能源富集区，石油、天然气、水能、铀、煤等一次性能源储藏丰富。在中亚国家中，哈萨克斯坦、土库曼斯坦和乌兹别克斯坦油气资源丰富，吉尔吉斯斯坦和塔吉克斯坦属于资源贫乏国家。

（一）中亚国家能源储量

1. 石油储量

（1）哈萨克斯坦。哈萨克斯坦是中亚地区中油气资源较为丰富的国家。英国 BP《世界能源统计 2011》显示，哈萨克斯坦剩余已探明石油储量近 400 亿桶（约 54 亿吨），占世界石油总探明储量的 3.3%。而美国能源署的数据显示，哈萨克斯坦石油资源总量达 138.4 亿～165.8 亿吨，占世界的 3.4%～4.1%，其中已探明石油储量 12.3 亿～39.7 亿吨，远景储量约 126 亿吨。2012 年 5 月哈萨克斯坦官方表示，该国可采油气储量约为 53 亿吨，世界排名第九。

（2）乌兹别克斯坦。乌兹别克斯坦是中亚地区的油气资源大国之一。乌兹别克斯坦能源部资料显示，该国石油地质储量约 53 亿吨（其中凝析油 6.25 亿吨），已探明储量 5.84 亿吨（含凝析油 1.90 亿吨）。英国 BP 公司认为，截至 2010 年年底，乌国石油储量为 1 亿吨。按碳氢化合物储量划分，乌兹别克斯坦的油气资源主要分布在 5 大区域：布哈拉－希瓦地区占 66.9%，费尔干纳地区占 17.5%，苏尔汉河地区占 7%，吉萨尔地区占 5.7%，乌斯秋尔特地区占 3.2%。

（3）土库曼斯坦。该国在 2000 年宣布其里海大陆架石油远景储量约有 110 亿吨。但美国能源咨询公司 HIS 估计，土库曼斯坦石油储量约有 2.7 亿吨，另外还有约 8.1 亿吨未探明储量，多集中在该国西部的南里海含油气盆地，天然气凝析油主要产自东部。

（4）吉尔吉斯斯坦和塔吉克斯坦。这两国属于贫油国家，吉尔吉斯斯坦已探明石油储量约 600 万吨，每年石油开采量约 7 万吨。塔吉克斯坦已探明石油储量约 200 万吨，每年石油开采量约 2 万吨，吉、塔两国石油探明储量在世界石油总探明储量中的份额都不足 0.01%，两国石油开采量所占份额也不足 0.01%。

2. 天然气储量

中亚国家天然气主要储存在土库曼斯坦、乌兹别克斯坦、哈萨克斯坦和阿塞拜疆 4 国。截至 2011 年年底，4 国已探明的天然气储量高达 29 万亿立方米，占当年全球已探明储量的 14%。

（1）乌兹别克斯坦。乌兹别克斯坦国家油气集团称：截至 2005 年 1 月该国已探明天然气储量为 1.87 万亿立方米，约占世界天然气总探明储量的 1%，远景储量为 5.9 万亿立方米。而英国 BP《世界能源统计 2012》认为，截至 2011 年年底，乌兹别克斯坦天然气储量为 1.6 万亿立方米。已探明油气区块主要分布在乌斯秋尔特、布哈拉－希瓦、西南吉萨尔、苏尔汉河和费尔干纳地区。

（2）土库曼斯坦。土库曼斯坦的天然气资源非常丰富，有"中亚科威特"美誉。BP《世界能源统计 2012》的资料显示，土库曼斯坦已探明天然气储量为 24.3 万亿立方米，占世界当年已探明总储量的 11.7%，居世界第四位。天然气主要蕴藏在其东部和中部的阿木达里亚油气区、里海南部油田、穆尔加勃盆地、卡拉库姆高地。如果加上里海领海，则其领土 85% 都具有开采石油天然气的前景。据美国地质学家估计，阿木达里亚油田的储量仅居阿拉伯和西西伯利亚油田之后，居世界第三位，而穆尔加勃盆地和阿木达里亚区域是世界最大的油气田之一。

（3）哈萨克斯坦。据哈萨克斯坦能源及矿产资源部评估，目前哈萨克斯坦境内（包括哈属里海地区）的天然气远景储量为 6 万亿 ~ 8 万亿立方米，目前已探明储量（A + B + C1 级）为 3.3 万亿立方米，约占世界天然气总探明储量的 1.7%。其中，陆地储量 2.3 万亿立方米，里海大陆架储量 1 万亿立方米。另据中国商务部资料，哈萨克斯坦探明天然气储量为 2 万亿立方米，占世界总储量的 1.5%，可供使用 60 年。

（二）中亚国家能源产量

1. 石油产量

随着国际原油价格的上涨，哈萨克斯坦石油产量逐年提高，2001 年产量为 4010 万吨，2011 年为 6773.54 万吨，另有 1230.37 万吨凝析油。哈萨克斯坦油气部预测，到 2015 年该国的年采油量将达到 9000 万吨，2020 年将达到 1.3 亿吨。哈萨克斯坦石油产量约占世界石油总产量的 1.6%。哈萨克斯坦的石油加工能力有限。2011 年，哈萨克斯坦出口石油 7105.7 万吨（同比减少 0.5%），加工石油 1372 万吨。2000 ~ 2009 年，哈萨克斯坦国内石油需求量年均增长 4%，远低于石油开采增长水平。国内石油需求的低增长与石油开采的高增长将促使哈萨克斯坦石油不断扩大出口（见图 4 - 4）。

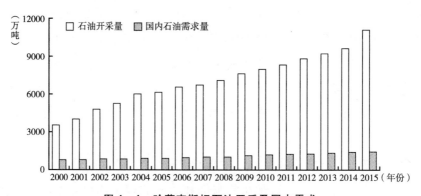

图 4 - 4　哈萨克斯坦石油开采及国内需求

资料来源：哈萨克斯坦统计署、惠誉评级。

乌兹别克斯坦的石油资源开发时间较长，石油产量在 20 世纪 90 年代上半期呈现增长态势，但是由于勘探进度缓慢，加之开采设备老化等，90

年代后期石油产量缓慢下降，2003 年后下降的速度加快（见图 4 - 5）。2003 年之前，乌兹别克斯坦生产的石油及其制品基本自用，还可有少量剩余出口到周边独联体国家，但之后的石油产量已经无法满足国内需求。近年来产量基本维持在 500 万～600 万吨，约占世界石油产量的 0.1%，而需求量约为 800 万吨，石油产量与加工量之间的失衡现象日益加剧。2009 年乌兹别克斯坦开采石油 450 万吨，消费量 480 万吨。2010 年乌兹别克斯坦开采石油 370 万吨，消费量 500 万吨。

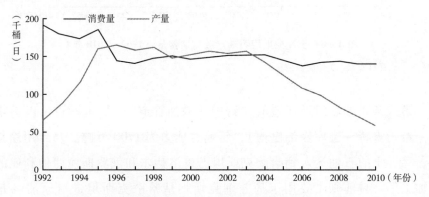

图 4 - 5　乌兹别克斯坦石油产量与消费量（1992～2010 年）

资料来源：美国能源信息署。

　　1992 年以来，土库曼斯坦石油产量呈现持续增长的态势（见图 4 - 6）。1992 年该国日产原油 11 万桶，全年约合 500 多万吨。2004 年产原油和凝析油达到 960 万吨，之后有所下滑。2005 年该国产原油和凝析油 952 万吨。现在每年约开采 1000 万吨，其中一半出口（主要是大石油公司的份额油）。根据《2030 年前土库曼斯坦油气领域发展规划》，2030 年土库曼斯坦将开采石油 1.1 亿吨。从目前情况看，这一目标还很遥远。

2. 中亚现有 4 条跨国石油管道

　　第一条是"田吉兹 - 新罗西斯克"输油管线（又称 KTK 管线或里海管线），连接哈萨克斯坦西部重要产油区田吉兹和俄罗斯黑海港口新罗西斯克，由"里海管道财团"出资修建，2002 年投入运营。该输油管线管径 530 毫米，全长 1580 公里，现有年输油能力约 2800 万吨，设计能力为 6700 万吨。2010 年该管线共输出石油 3492.3 万吨。

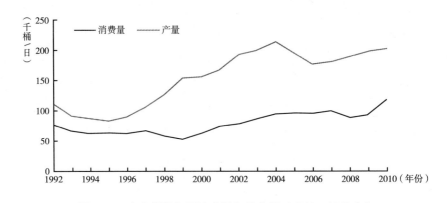

图 4 – 6 土库曼斯坦石油产量与消费量（1992～2010 年）

资料来源：美国能源信息署。

第二条是苏联时期建造的"跨中亚输油管道"（鄂木斯克 – 巴甫洛达尔 – 希姆肯特 – 土库曼纳巴德），年输送能力为 1700 万吨。当年用途是将哈、乌、土的石油运送到哈萨克斯坦巴甫洛达尔和俄罗斯西西伯利亚的石油加工厂。目前则主要用于乌兹别克斯坦从哈萨克斯坦进口原油（每年 100 万～200 万吨）。

第三条是中哈石油管线（阿特劳 – 肯基亚克 – 阿塔苏 – 阿拉山口 – 独山子）。管道总长 3070 公里。设计年输油量为 2000 万吨。2006 年 7 月投产输油 176 万吨，2009 年输油 773 万吨。

第四条是哈萨克斯坦阿特劳至俄罗斯萨马拉，连接到俄罗斯管网。现有年输油能力为 1500 万吨。1978 年投入商业运营。2009 年输油 1750.4 万吨。

3. 天然气产量

2011 年，中亚 4 国（阿塞拜疆、哈萨克斯坦、土库曼斯坦和乌兹别克斯坦）共生产天然气 1500 亿立方米，占世界总产量的 4.6%[1]。

哈萨克斯坦 2011 年共生产 193 亿立方米，约占世界天然气产量的 0.6%。国内消费量为 92 亿立方米，其余供出口。主要出口对象国是俄罗

---

[1] BP, Statistical review of World Energy, June 2012, p. 22. http：//www. bp. com/assets/bp _ internet/globalbp/globalbp_ uk_ english/reports_ and_ publications/statistical_ energy_ review_ 2011/STAGING/local_ assets/pdf/statistical_ review_ of_ world_ energy_ full_ report_ 2012. pdf.

斯，还有少部分是吉尔吉斯斯坦。哈萨克斯坦石油与天然气部预测，到 2014 年该国天然气开采量将达 540 亿立方米。图 4 – 7 是哈萨克斯坦 1992 ～ 2009 年天然气产量与消费量。惠誉评级公司预测，2014 年哈萨克斯坦国内天然气需求量将为 370 亿立方米。

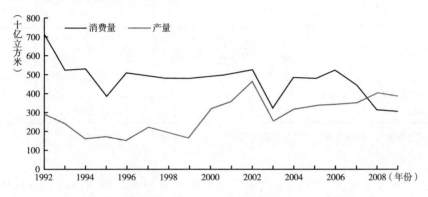

图 4 – 7　哈萨克斯坦天然气产量与消费量（1992 ～ 2009 年）

资料来源：美国能源信息署。

图 4 – 8 显示，乌兹别克斯坦天然气产量稳步增长。2001 ～ 2006 年，天然气产量始终为 520 亿～ 540 亿立方米，自 2007 年起，天然气产量骤增至 591 亿立方米，2008 年更达到创纪录的 622 亿立方米，2011 年回落至 570 亿立方米，约占世界天然气总产量的 1.7%。该国天然气的绝大部分自用，其余约 1/5 出口。主要出口对象国是中国、俄罗斯、塔吉克斯坦、

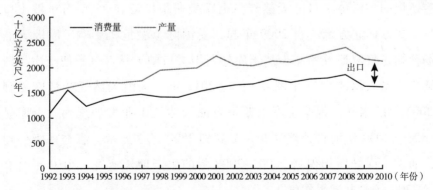

图 4 – 8　乌兹别克斯坦天然气产量与消费量（1992 ～ 2010 年）

资料来源：美国能源信息署。

吉尔吉斯斯坦等（见表4-7）。2011年11月中国与乌兹别克斯坦达成协议，乌兹别克斯坦每年将向中国出口100亿立方米天然气。

表4-7　近年来乌兹别克斯坦天然气出口情况

单位：亿立方米

年　份	2006	2007	2008	2009	2010	2011
出口总量	126	145	153	170	160	225
对俄罗斯	95.8	100	127.5	158.5	151.3	160
对吉尔吉斯斯坦、塔吉克斯坦	14.7	15	13	11.5	8.7	15
对中国	—	—	—	—	—	50

资料来源：中国商务部驻乌兹别克斯坦经商处。

土库曼斯坦天然气产量直接受俄罗斯因素影响，因为该国对独联体国家的出口几乎全部经俄罗斯的管道。1997年土库曼斯坦-伊朗管线开通前，土库曼斯坦天然气完全依靠俄罗斯出口。由于20世纪90年代双方在过境费问题上争执不休，土库曼斯坦天然气生产持续下滑。1998年双方就天然气过境达成协议，之后土库曼斯坦天然气生产呈现增长态势。2000~2008年，土库曼斯坦天然气产量年增长5.7%。土库曼斯坦每年国内消费天然气不足200亿立方米，其余全部出口，主要出口对象国是乌克兰、俄罗斯和伊朗。2003年土俄签订天然气购买协议后，俄罗斯几乎买断土库曼斯坦向独联体出口的天然气。土库曼斯坦保证在25年内对俄出口天然气1.8万亿立方米。自2009年起，受国际金融危机影响，欧洲天然气市场萎缩，俄罗斯开始减少从土库曼斯坦进口的天然气，致使土库曼斯坦天然气产量大幅减少（见图4-9）。2011年，该国天然气产量恢复到接近2006年的水平。根据土库曼斯坦石油天然气工业发展规划，土库曼斯坦计划于2030年前将天然气开采提高到2500亿立方米。惠誉评级公司认为，如果土库曼斯坦保持2000~2008年的生产增长速度，2030年就有望生产2200亿立方米天然气。

吉尔吉斯斯坦和塔吉克斯坦均属于贫气国家，吉尔吉斯斯坦和塔吉克斯坦的天然气探明储量均约60亿立方米，均不足世界天然气探明储量的

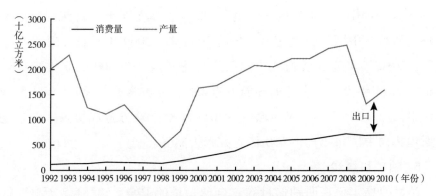

图 4 – 9　土库曼斯坦天然气产量和消费量（1992～2010 年）

资料来源：美国能源信息署。

0.01%。吉尔吉斯斯坦天然气年开采量约 2700 万立方米，塔吉克斯坦天然气年开采量约 3100 万立方米，均不足世界天然气总开采量的 0.01%。

4. 中亚的跨国天然气管道

目前，中亚共有 6 条跨国天然气管道。

（1）"布哈拉 – 塔什干 – 比什凯克 – 阿拉木图" 输气管道。此管道可将乌兹别克斯坦的天然气经吉尔吉斯斯坦送到哈萨克斯坦南部的阿拉木图州、江布尔州和南哈萨克斯坦州。

（2）"布哈拉 – 乌拉尔" 管道。干线全长约 2000 公里，管径 1020 毫米，设计年输送能力为 150 亿立方米。由于设备及管道耗损严重，目前每年只能输送 75 亿立方米天然气。

（3）"中央 – 中亚管道"。干线网管径为 1400 毫米，设计年运输能力为 800 亿立方米，但因设备老化，目前实际运输能力为 300 亿～400 亿立方米。

（4）"土伊管线①"，从土库曼斯坦的克尔佩泽到伊朗的库尔德库伊。设计最大年输气量为 280 亿立方米，实际出口量约 80 亿立方米。这是土库曼斯坦第一条不经过俄罗斯领土的天然气出口管道，于 1998 年 9 月开始运营。

（5）"土伊管线②"，即 "多弗列塔巴德 – 谢拉赫斯 – 罕杰兰" 输气管线，2010 年年初建成，设计年输气能力为 125 亿立方米。目前，土库曼斯坦通过两条管线每年向伊朗出口天然气约 140 亿立方米。

（6）"中国 – 中亚天然气管道"，即"土库曼斯坦 – 乌兹别克斯坦 –
哈萨克斯坦 – 中国"输气管道，长约 7000 米，2009 年年底实现 A 线单线
通气，2010 年实现 B 线通气，两条线总输气能力为 300 亿立方米/年。C
线拟于 2014 年投产，设计输气能力为 250 亿立方米/年。2011 年土库曼斯
坦向中国出口 60 亿立方米天然气。2011 年中土双方达成协议，未来土库
曼斯坦将向中国每年提供 650 亿立方米天然气。

5. 铀矿和煤炭

哈萨克斯坦已探明铀储量约占全球总量的 19%，为 81.7 万吨。2010
年产量为 1.8 万吨，全部用于出口，是世界主要天然铀供应国之一。哈萨
克斯坦原子能工业公司数据显示，2011 年哈萨克斯坦共计开采了 1.945
万吨铀，占全球开采总量 5.54 万吨的 35%，其中，哈萨克斯坦原子能工
业公司开采 11079 吨，占世界开采总量的 20%；销售天然铀 10399 吨，占
全球需求总量的 17%。哈萨克斯坦原子能工业公司与许多国家签订的长
期（10 ~ 15 年）供货合同总额达 170 亿美元，现货合同仅占 10%，因此
该公司计划 2012 ~ 2015 年把天然铀开采量提高到 2.5 万吨。

乌兹别克斯坦国家地质和矿产资源委员会数据显示，乌兹别克斯坦境内
共有 27 个铀矿产地，均分布在克孜勒库姆沙漠地区，已探明和评估的铀储量
为 18.58 万吨，其中 13.88 万吨为砂页岩矿，4.7 万吨为黑页岩矿；经预测的铀
远景储量为 24.27 万吨，其中砂页岩矿 18.88 万吨，黑页岩矿 5.39 万吨，需要
投资开发。20 世纪 90 年代以前，在乌兹别克斯坦拥有铀矿开采、加工及出口
专营权的"纳沃伊矿山冶金联合体"每年生产 3000 ~ 3500 吨贫铀。1996 年因
全球铀价低迷，乌铀产量缩减至 1700 吨；2004 年乌铀产量回升到 2020 吨，增
产 27%；2005 年乌兹别克斯坦因"联合体"硫酸生产出现技术问题而导致铀
减产；2006 年铀产量下降 1.8%。在 20 世纪 90 年代初，联合体生产粗选铀
3000 ~ 3500 吨。目前，"纳沃伊矿山冶金联合体"共有三个采铀企业和一个 1
号水法冶炼厂。该联合体计划在 2010 年前将年采铀量提升至 3000 吨，因此，
先后向韩、日、俄等国发出了铀领域合作邀请。

中亚地区的煤炭资源主要集中在哈萨克斯坦，少量在乌兹别克斯坦、
吉尔吉斯斯坦和塔吉克斯坦，土库曼斯坦几乎不产煤。哈萨克斯坦煤炭储

量仅次于俄罗斯和乌克兰。煤炭地质储量为 164.4Gt，A + B + C1 级储量为 35.1Mt，C2 级储量为 4.2Gt，炼焦煤的 A + B 级储量有 2200Mt，占苏联的 17%。哈萨克斯坦煤炭储量和产量居世界前 20 位，储量占世界的 2.6%，产量占世界的 2.2%，出口量占世界的 3%。哈萨克斯坦产出的煤主要用于国内火力发电、工业和民用，部分可供出口，主要出口到俄罗斯、乌兹别克斯坦和土库曼斯坦。

三　俄罗斯和中亚国家与中国的能源合作

目前，中国石油消费仅次于美国，居全球第二。从 1993 年起，中国就成为能源净进口国，石油消费随着经济的发展逐年增加。在过去的近 10 年间，中国的能源需求每年增长 7% ~ 10%。2011 年，中国石油消费量为 4.7 亿吨，同比增长 4.5%，其中净进口 2.64 亿吨，石油对外依存度为 56.3%。《2011 年国内外油气行业发展报告》预计，随着中国经济的发展，到 2020 年中国石油对外依存度将达到 67%，2030 年将进一步升至 70%。

目前中国的能源消费结构中，天然气仅占约 4%（世界能源消费结构中，天然气平均占到 24%），到 2015 年有望达到 8%。天然气需求量将从目前的 1300 亿立方米增至 2300 亿立方米，其中 1500 亿立方米由本国生产，其余依靠进口，天然气对外依存度将达到 30%。如果到 2020 年时中国天然气消费在能源消费中的比例上升至 12%，届时天然气的消费量应在 4500 亿立方米左右，届时将有 50% 的天然气需要进口。

中国油气进口主要有四大通道：海上、西部、西南和北部。海上主要的通道来自中东、澳大利亚、拉美国家，都是通过海上运输，而且大部分要经过有安全隐患的马六甲海峡等地区；西部是中哈原油管道和中、土、乌、哈天然气管道；西南方向，中国石油正在抓紧落实中缅油气管道；北部来自俄罗斯。

（一）中俄能源合作

能源合作是中俄全面战略协作伙伴关系的重要组成部分。2008 年 7

月，中俄能源谈判机制正式启动，有力地推动了两国能源合作，正逐步由协议状态向全面实施状态迈进。

1. 中俄能源合作的必要性与可能性

近年来，世界能源市场的发展受诸多因素的影响，导致能源产品价格暴涨、能源消费中心由发达国家向包括中国在内的发展中国家转移的趋势不断增强。受战争的影响，石油供给的不确定性增大，致使世界各石油输入国大幅增加石油储备，助推了油价的升高，并导致石油供应紧张。

为应对这些新变化，世界主要能源输入国积极寻求与产油大国开展广泛的以石油天然气为主的能源合作。中国也采取一系列措施，努力谋求与中东产油大国的合作，而且积极探索同毗邻的能源大国俄罗斯实现能源合作的新途径。国际能源价格高企对中俄两国能源合作提出了新的要求。在国际能源市场风云变化的背景下，受经济发展、能源消耗量增多以及能源利用技术较低等因素的影响，中国作为世界第二大能源消耗国，面临的能源短缺问题更加严峻。因此，加快与俄罗斯建立有效的能源合作机制是解决中国能源短缺问题的必要途径之一。

中俄进行能源合作对中国的好处是明显的：在当今世界格局趋向多极化和必须建立国际政治经济新秩序的形势下，能源（包括石油、天然气和核能）是巩固和发展与俄罗斯长期战略协作伙伴关系的物质基础；从地缘政治和经济角度考虑，加强与俄罗斯能源合作可保证我国经济可持续发展；从安全角度看，保障能源供应，不仅对我国的经济发展至关重要，而且对保障人民群众生活秩序和社会稳定具有重要意义。

俄罗斯为了追求利益最大化，把能源优势当做外交砝码，作为撬动东亚、西欧乃至整个世界政治经济的工具。在对中国能源供给态度上，俄罗斯有双重考虑。一方面，俄罗斯希望通过对中国的能源供给，在一定程度上影响中国的经济发展，从而逐渐扭转俄罗斯对中国的经济发展劣势；另一方面，中俄两国作为彼此最大的邻国，俄罗斯向中国出口石油和天然气在经济上最划算，加之中国能源市场巨大，因此也是最稳定的能源市场。对俄罗斯而言，向中国出口自己的优势商品，既有利于获得较高利润，又有利于优化产业结构，更重要的是有利于其推行能源外交战略，俄罗斯无疑会以积极的态度来迎接中国的合作。而如果失去这个市场，在经济上，甚至政治上对俄罗斯都会产生不良影响。

2. 中俄能源贸易现状

中俄石油贸易始于20世纪90年代，虽然规模小，但呈现一种加速增长的趋势，中国自俄进口原油从1992年的0.8万吨增长到2000年的147.7万吨。进入21世纪，中俄石油贸易成倍增长，尤其是在2002年和2004年中俄石油贸易呈跳跃式增长，原油进口已取代成品油进口地位，成为中俄两国石油贸易的主要商品类别，年平均进口量达584.6万吨，年平均增长幅度超过70%。不仅如此，2004年中国从俄罗斯进口的原油突破1000万吨，从而原油升至从俄罗斯进口商品的第一位，比重达24.1%。2006年俄罗斯向中国出口原油约1596.5万吨，比2005年增长25%。与前几年相比，2007年和2008年中国从俄罗斯进口原油的增长幅度有所回落，但2009年和2010年又加速增长。据中国海关统计，2010年我国累计进口原油2.4亿吨，比上年同期增长17.5%，全年进口量创历史新高；进口额为1351亿美元，增长51.3%。2010年，我国自俄罗斯进口原油1524.5万吨，下降0.4%，占6.4%（见表4-8），位列第五。2011年我国累计进口原油2.5亿吨，比上年增加6%；进口额为1967亿美元，增长45.3%。2011年中国从俄罗斯进口石油1972.45万吨，同比增加29.4%，占我国石油进口总量的7.8%。

表4-8　2010年我国原油主要进口来源地统计

进口国家	进口量（万吨）	同比增长（%）	比重（%）
沙特阿拉伯	4464.1	7.0	18.7
安哥拉	3938.1	22.4	16.5
伊朗	2131.9	-7.9	8.9
阿曼	1586.8	35.2	6.6
俄罗斯	1524.5	-0.4	6.4
苏丹	1259.9	3.4	5.3
伊拉克	1123.8	56.9	4.7
哈萨克斯坦	1005.4	67.4	4.2

中国自 1993 年成为石油净进口国以来，原油对外依存度不断提高，2000 年我国原油对外依存度仅为 26.7%，到 2010 年上升至 53.8%，2011 年进一步上升至 55.6%，天然气对外依存度突破 20%，且原油对外依存度目前正在以年均 2.8 个百分点的速度提升[①]，并且在未来很长的时期内还将持续提高。随着进口量的增加以及国内市场的逐渐开放，成品油定价机制与国际市场挂钩必然会给国际市场带来巨大的价格风险，对中国经济平稳运行造成威胁，也不利于中国的能源安全与稳定。石油是世界上最重要的一次能源和化学工业品原料，原油对外依存度不断提高，意味着我国社会生产和能源安全的形势将更为严峻。

综上所述，可以看出，中俄石油贸易的绝对量不是很大，但增长速度很快，尤其是在 2001～2006 年的 6 年里，中国从俄罗斯进口的石油数量不断增长（见图 4-10），这一趋势说明中俄石油贸易的潜力很大，前景广阔。

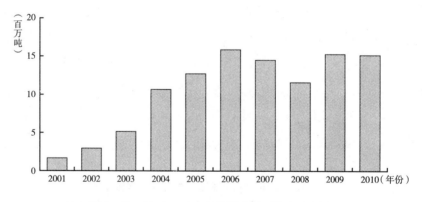

图 4-10 2001～2010 年中国自俄罗斯进口原油

资料来源：中国海关总署，http：//www.haiguan.info。

3. 中俄能源合作的重点领域

能源合作是中俄全面战略协作伙伴关系的重要组成部分。2008 年 7 月，中俄能源谈判机制正式启动，有力地推动了两国能源合作逐步由协议

---

① 《今年我国原油对外依存度或继续扩大》，新浪财经，2011 年 12 月 29 日。

状态向全面实施状态迈进。2011年中国从俄进口石油1972.45万吨，比上年增加29.4%，占我国石油进口总量的7.8%。目前中俄能源合作和相互投资的项目有以下几项。

（1）中俄石油管道项目。中俄"东西伯利亚－太平洋"石油管道的中国支线是中俄两国目前最大的双边能源合作项目，也是中俄目前唯一的石油管道。管道起自俄罗斯阿穆尔州斯科沃罗季诺石油分输站，从我国黑龙江省漠河县入境，经黑龙江和内蒙古自治区的13个市县区，终点在大庆。管道全长999.04公里，其中，俄罗斯境内72公里，中国境内927.04公里。根据中石油和俄罗斯管道运输公司在2009年2月签署的石油管道设计、建设和运营协议，2009年4月27日，中俄石油管道在俄罗斯境内段开工，同年5月18日中国境内段管线开工建设。2010年9月27日，管道正式竣工。2011年1月1日，管道正式投入运营，来自俄罗斯泰舍特油田的石油输入大庆林源炼油厂。根据此前中俄两国达成的"石油换贷款"协议，中国将向俄罗斯提供总计250亿美元的长期贷款，俄罗斯则以石油为抵押，以供油偿还贷款。俄罗斯要从2011年至2030年的20年间按照每年1500万吨的规模，通过管道，向中国供应总计3亿吨石油。依照目前国际原油价格测算，每年1500万吨原油的输入将为中俄两国增加约80亿美元的贸易额。

（2）中俄天津炼油厂项目。2009年，中俄双方签署《中俄上下游领域扩大合作备忘录》，决定双方建立合资企业——"东方能源公司"，共同建设天津合资炼油厂项目。该项目是中俄"贷款换石油"谈判的重要组成部分。炼油厂在天津南港工业区，占地面积6平方公里，由中国石油天然气集团公司（以下简称"中石油"）与"俄石油"国际有限公司合资成立的中俄东方石化（天津）有限公司负责建设，总投资约366亿人民币，其中，中石油占51%的股份，俄石油占49%的股份。该项目于2011年第四季度在天津开工建设，计划工期为三年。项目建成后，将成为世界上最大的炼化一体化项目，可年产成品油1050万吨（70%的原油来自俄罗斯，30%从国际市场购入），年销售收入622亿元。俄石油计划从所属的东西伯利亚多处油田向这家炼油厂供油，可生产汽油、柴油、航煤、液化气等产品。天津炼油厂项目具有里程碑式的意义，开启了中俄在石油下游领域的合作。

（3）中俄天然气合作。2004 年 10 月，中国石油天然气集团公司与俄罗斯天然气工业股份公司签署战略合作协议。2006 年 3 月，两国企业达成一致：向中国修建两条天然气管线，西线经过阿尔泰地区，将西西伯利亚的天然气输往中国新疆；东线初步决定将萨哈林的天然气输往中国东北。两条线的输气量为每年 600 亿～800 亿立方米。2009 年 6 月 17 日，中俄两国元首签署《关于天然气领域合作的谅解备忘录》。2009 年 10 月 12 日，在香港注册的俄罗斯能源投资集团旗下子公司中俄能源投资股份有限公司宣布，出资收购俄罗斯松塔儿石油天然气公司 51% 的股权，从而取得俄罗斯东西伯利亚地区两块储量达 600 亿立方米的天然气田——南别廖佐夫斯基气田和切连杰斯气田的勘探开采权。2009 年 10 月 13 日，中国石油天然气集团公司与俄罗斯天然气工业股份公司签署关于俄罗斯向中国出口天然气的框架协议。中俄两国还达成以下共识：签署中俄天然气合作路线图，决定东西两线同步启动，并于 2014～2015 年供气。2011 年 5 月底，中俄签署了《天然气领域合作的谅解备忘录的议定书》，就西线天然气谈判的原则和进度达成一致。西线每年供气 300 亿立方米，东线每年供气 380 亿立方米，合作期限均为 30 年。

中俄双方就天然气合作已谈判多年，但 100 美元的价格差价一直是两国谈判的僵局所在。俄罗斯人有两张非常有利的牌：第一，国际市场上原油和天然气的价格走势似乎有利于俄罗斯。因此，俄罗斯方面认为，越往后拖，中国就越要接受更高的价格。第二，除了中国以外，远东地区还有另一个与中国不相上下的大买家日本，而且俄罗斯还可以利用中日之间错综复杂的矛盾坐收渔利。2011 年 3 月日本大地震造成的日本全国性能源供应紧张更是大大增强了俄罗斯人"店大欺客"的底气。

近年来，中国明显加大了与中亚国家的外交往来。中亚是油气储量充沛的地区，其中土库曼斯坦天然气储量更高居全球第四。而且，它们也都在寻求天然气出口渠道多样化，以减少对俄罗斯需求的依赖。目前中国从中亚获取的天然气价格是 165～195 美元/千立方米，远低于俄罗斯的天然气出口价格。俄罗斯国内有人担心，随着中国从中亚获取廉价天然气的数量的日益增加，可能会导致中国最终不再需要俄罗斯的天然气。

2012 年 6 月 1 日，中俄两国副总理级别的新一轮能源对话在北京开启。在中俄天然气合作问题上，中国提出了新的合作思路，即上下游一体化，也就是说，中俄天然气合作不再限于下游的天然气加工，而应包括从上游到下游的一条龙合作。本着互利共赢的原则，双方风险共担、利益共享。这个新的思路或有助于改变价格上的僵局。

2011 年 12 月 16 日，世贸组织第八届部长级会议在日内瓦正式批准俄罗斯加入 WTO。随着俄罗斯加入世界贸易组织，中俄能源合作有可能出现转机，入世后石油天然气价格取决于市场，更多的转机来自市场对政策的"干预"。另外，WTO 也会推动俄罗斯投资环境改善，俄罗斯现行油气管理体制变革也会由此加快。

4. 政治经济形势对中俄能源合作的影响

2012 年普京再次当选总统对俄罗斯来说是一个新时期的开始。中俄两国的战略协作也将翻开新的一页。2012 年 6 月普京访华期间，中俄两国元首共同签署《中华人民共和国和俄罗斯联邦关于进一步深化平等信任的中俄全面战略协作伙伴关系的联合声明》，同时双方还签署了包括能源在内的 11 项合作文件。

在两国元首会晤时胡锦涛表示，中方愿同俄方一道，坚持从战略全局和长远角度处理两国关系。中俄关系发展得更好、更亲密，对两国人民来说是福音，对世界来说也是福音。在谈到未来 10 年两国的合作问题时，胡锦涛首先提及扩大投资合作，重点推进能源及上下游合作、资源深加工、联合机电制造等大项目合作。

普京在 2012 年 6 月访问中国之前发表的题为《俄罗斯与中国：合作新天地》的文章指出，俄中能源贸易合作是重中之重。两国在能源领域的对话具有战略意义，甚至改变了全球能源市场格局。普京说："对中国来说，这意味着提高了能源供应来源的可靠性和多样性；对俄罗斯来说，这意味着向快速增长的亚太地区开创了新的出口销路。"在中俄首脑会晤期间，普京再次表示，俄中两国有着广泛共同利益和高度战略互信。俄中合作潜力巨大、前景广阔。俄方对实现双边贸易额 2015 年达到 1000 亿美元、2020 年达到 2000 亿美元的目标有信心。俄方希望同中方加强协商，积极规划，大力推进有关重点合作项目，深化油气、能源、核能、电力、新能源、林业、环保等领域的合作，开展联合科技研发，改善经贸合作结构，提升合作水平。

目前，中俄关系的一个显著特点是双方领导人非常重视双边经贸合作，重点推进能源合作。这或将使两国过去"政热经冷"的局面有望得以改变。两国不久前签署的多项合作协议富有新意，大大加强了原本较为薄弱的经济合作领域，使得中俄双边关系的发展更加均衡，具有更强的可持续发展的推动力。两国领导人已明确指出未来的合作重点，寻求贸易平衡，增加相互投资，以投资带动贸易是双方今后合作的发展方向。

中国应利用好俄罗斯能源战略东移的机遇，与俄罗斯加强油气勘探开发和相关高科技领域的合作，共同开发俄罗斯的油气资源。

（二）中国与中亚能源合作

由于中亚国家的资源禀赋不一，社会经济发展程度各异，主要油气生产国根据本国实际，制定了符合本国实际的能源发展战略或计划。

1. 中亚国家的能源发展战略和计划

（1）哈萨克斯坦的经济和能源发展战略。1997 年哈萨克斯坦总统纳扎尔巴耶夫发表《2030 年前战略》，制定了国家经济的发展目标和总体方向，即 2030 年前进入世界前 50 名最具竞争力国家的行列。主要途径是在保持经济稳定的基础上加快经济结构调整，在依靠传统资源经济的基础上发展非资源领域，提升国家经济竞争力，提高民众生活质量。由于经历了两次金融危机，该战略的执行一度被迫推迟，但该战略规定的经济发展方向始终没有改变。

《2030 年前战略》规定了发展能源领域的五大任务：吸引国际大能源公司的资金、技术和专利，改造哈萨克斯坦的能源产业；建立多元的能源供应渠道；吸引国际大能源公司参与哈萨克斯坦的能源加工；吸引外资建设和改造哈萨克斯坦的基础设施；努力增加能源收入。此后，哈萨克斯坦陆续出台了《里海油气发展战略》《核工业发展纲要》《煤炭工业发展纲要》《电力发展纲要》《天然气领域发展规划》等具体的行业发展战略。

这些文件规定了哈萨克斯坦能源具体行业领域发展的目标，除规定了五大任务外，还强调了"加强本国比重""规范对外资油气企业的控制与管理""发展能源加工业""开发新能源""节能"等目标。"加强本国比重"旨在提高哈萨克斯坦员工以及购买的哈萨克斯坦商品、工程劳务和服务在合同总价值中所占的比例。2005 年哈萨克斯坦修改了《资源法》，引入"集权"概念，规定哈萨克斯坦政府有权以保障国家安全为由拒绝向地下资源开发利用者签发转让开采或使用权许可。2012 年 3 月哈萨克斯坦政府通过《2020 年前和 2030 年前电力行业发展新纲要》，主要内容包括建立统一的电力系统、再生能源的利用、加强国家监控和发展电力设备制造业。根据《新纲要》，核电将占全国年总发电量的 4.5%。纳扎尔巴耶夫总统指示，将努力在 2015 年前把能耗控制在占 GDP 比重的 10% 以内，在 2020 年前控制在 25% 以内。

（2）乌兹别克斯坦的能源发展战略。近年来，该国陆续出台了《能源法》《能源发展纲要》《电力和煤炭工业长期发展纲要》和《关于深化能源领域改革》等文件。能源政策主要包括：在保证国家控制能源资源的前提下引入竞争机制，保证企业的平等竞争条件；分阶段对大型能源企业实施股份制改造；加快能源配套企业的私有化；加大招商引资力度，深化能源生产、运输和供应领域的市场机制改革；调整能源使用结构，提高煤炭使用比例，减少天然气消耗。

（3）土库曼斯坦的经济和能源发展战略。2003 年土库曼斯坦议会通过了《2020 年以前土库曼斯坦政治、经济和文化发展战略》，提出国家发展的三大任务：保持经济的独立与安全，使土库曼斯坦达到发达国家水平；保持人均生产总值持续增长；保持高度的投资积极性。在能源领域，土库曼斯坦的发展方向是：大力发展电力，除了增加电力供应外，还要增加电力出口，在全国全面实现电气化；开展大规模地质勘查工作，增加油气产量；建设能源管线，促进能源出口多元化；发展化学工业；继续为公民免费提供电力、燃气、水和食盐。2010年土库曼斯坦新建了两座电站，扩建了一座电站，改善了首都供电系统，加强了燃气产地的电力基础设施建设，架设了新的输电线路，扩大了对伊朗、阿富汗和土耳其的电力出口。

（4）吉尔吉斯斯坦和塔吉克斯坦的能源发展战略。吉尔吉斯斯坦和塔吉克斯坦根据本国水资源丰富、基础设施落后、油气资源匮乏的情况把开发水电、发展基础设施、引进外资促进本国能源供应和出口多元化、提高能效、保障能源安全作为能源领域的发展方向。

2. 中国与中亚进行能源合作的必要性

随着中国经济的快速发展，其对能源的需求不断增加，而自产的能源只能满足经济发展的一部分需求，因此中国能源对外依赖度不断提高。中亚－里海地区丰富的油气资源不仅对这一地区国家的社会经济发展具有重要价值，而且有利于保障中国的能源安全。由此，中亚成为我国重要的境外气源有着两大有利因素的支撑：一方面，随着我国天然气需求的快速增长，我国迫切要求通过进口的方式来满足国内需求，而中亚地区油气储量丰富，中亚是我国较好的能源来源地；另一方面，我国出于能源安全考虑而实施的进口多元化战略也与中亚国家正在谋求的出口多元化不谋而合。具体来说，同中亚国家进行能源合作对中国的好处主要表现在如下几个方面。

第一，弥补我国石油缺口。我国经济的持续高速增长，使我国面临的石油缺口不断扩大，估计到2020年进口石油量将达3亿吨。只要中国与中亚的能源合作能进一步发展，中亚－里海地区丰富的油气资源就会对中国21世纪工业发展发挥重要作用。

第二，符合我国的供给多元化要求。中国现有的主要油气供应来源于中东地区，但它是一个潜在的不稳定供应源，中国可从中亚－里海各国获得稳定长期的供应，且更安全更具潜力。

第三，减少海上路径依赖。目前，中国60%的石油进口必经马六甲海峡，且大多数由外国油轮运输，中国的军事力量尚不能对这条航线予以安全保障，而中亚油气目前不需远洋海运就可确保石油供应。

第四，有利于我国"西部大开发"及"西气（油）东输"策略的实现。中亚是一个新兴的世界能源中心，中国可利用地理相邻的优势，充分考虑新疆未来的油气化工业发展需要以及中国未来能源战略储备。进口中亚的能源将促进新疆及西北地区经济可持续发展和社会稳定和谐，欧亚大陆桥构想就是一个对这种优势的运用。中国既可以将从中亚铺设过来的进口石油的管道作为西部石油输往东部的一条路径，节约西部开发的成本，又可以铺设管道为契机，改善沿路地区的基础设施建设，开拓交通，带动经济的发展。

第五，有利于完善中国地缘政治战略。从地缘政治看，中亚拥有极为重要的战略地理位置与重要的能源战略地位。中国应深化与中亚的油气合作，加强双方的地缘政治联系，巩固"上海合作组织"战略成果，从而在中亚谋求稳固的政治、经济地位，突破西方大国对中国的战略包围圈。

因此，中国与中亚国家的能源合作势在必行。中国与中亚国家的能源合作以中哈石油管道和中国－中亚天然气管道建设项目为两大亮点。2009年年底，双方建成了中国－中亚天然气管道，每年可获得约700亿立方米的天然气。

目前，中国与中亚国家的天然气合作较为顺利。中国与中亚国家的合作方式多种多样，包括修井、油气田增产改造、设备销售、勘探开发、修建管道、炼油、油气贸易、贷款换石油等。

我国应采取稳步推进战略，在目前年进口中亚石油超过600万吨基础上积极扩大战果。目前国内中石油、中石化和中海油三大石油公司都已经成功进军中亚，中国在中亚石油开发中的地位进一步牢固，但考虑到未来中亚石油产量的巨大潜力，中国石油企业除了积极提高对中亚石油的勘探和生产投资外，还应加大对中亚国家的油气勘探、生产的技术支持和技术服务，以达到在提高中亚国家石油产量的同时提高中国对中亚石油获得量的目标。

3. 中国与中亚国家的能源合作现状

（1）中哈能源合作。1997年6月，中国石油天然气勘探开发公司（CNODC）获得哈萨克斯坦共和国阿克纠宾油气股份公司60.3%的股份，这是中国当时在中亚－俄罗斯地区的第一个大型投资项目。2003年6月中方通过竞标又获得25%的股份。1997年10月3日，哈萨克斯坦阿克纠宾油田生产的第一列车份额油运抵新疆独山子。1998年11月中旬，中油国际（哈萨克斯坦）公司开始向阿克纠宾市供应天然气。2003年中国石油先后购买了雪佛龙－德士古北布扎奇有限公司的股份，购得北布扎奇油田。2005年8月，中国石油以41.8亿美元完成了迄今为止中国公司最大的一起海外并购项目，成功收购并顺利接管哈萨克斯坦石油公司（Petro Kazakhstan）。2009年11月25日，哈萨克斯坦国家油气公司与中国石油联合收购曼格什套项目。

中国－哈萨克斯坦原油管道，是中国第一条长距离跨国原油管道。西起哈萨克斯坦阿特劳，途经肯基亚克、阿塔苏至中哈边境阿拉山口，在中国境内与阿拉山口－独山子管道相连。管道全长3007公里，设计年输油能力2000万吨。2006年7月20日，一期工程投运。2009年10月9日，二期一段工程投运。

1997年，中哈两国就修建中哈石油管道项目开始接触。1999年两国完成了建设中哈石油管道的可行性研究报告。但由于当时国际油价较低、哈萨克斯坦国内油源不足以及管道建设费用昂贵等原因，两国没有及时动工兴建。2000年哈萨克斯坦里海水域发现卡沙干油田（Kashagan），对中哈管道兴建起到了重要的推动作用。2003年，中哈两国签署了分阶段建设阿特劳－阿拉山口输油管道的协议。目前，该管道西段（阿特劳－肯基亚克）已于2003年建成，东段（阿塔苏－独山子）于2005年年底建成投产，只剩下中段（肯基亚克－阿塔苏）还没有建成。2008年11月中石油与哈萨克斯坦国家油气集团签署天然气管道合作协议。根据协议，哈方在确保每年提供50亿立方米天然气资源进入中哈天然气二期管道的基础上，还将采取一切必要措施，保证中石油阿克纠宾油田生产的天然气进入中哈天然气二期管道。

2008年中国从哈萨克斯坦进口原油567万吨，占总进口量的3.2%。2000~2008年哈萨克斯坦向中国出口原油年均增长29.34%。2011年，中国从哈萨克斯坦进口原油1103.64万吨，同比增长13.4%，合86.02亿美元，同比增长 60.1%，约占哈当年出口原油总量的 15%，占哈对华出口商品总额的 52.8%。哈总统纳扎尔巴耶夫指出，中国在哈国油气开采领域约占 1/4 的份额。哈国所产油气的 20% 出口到中国。

由于哈国油气加工能力较弱，全国约 40% 的汽油、16% 的柴油和 40% 的航空燃油需要依赖进口（主要是从俄罗斯进口），俄哈双方在出口成品油是否免税的问题上经常难以达成一致，因此 2012 年哈萨克斯坦决定与中国合作每年在新疆付费加工 150 万吨原油。

2008 年 2 月，中国与哈萨克斯坦组建的天然气管道有限责任公司（Asia Gas Pipeline LLP）在哈正式注册成立。该公司将主要负责中亚天然气管道在哈境内 1293 公里段的建设和运营。该段管道西起哈乌边境，东至中国霍尔果斯，与"西气东输"二线相连。

（2）中土能源合作。2002 年 1 月，中国石油公司与土库曼斯坦石油康采恩签署《古穆达克油田提高采收率技术服务合同》，正式进入土库曼斯坦。目前中石油在土库曼斯坦开展油气投资和油气田工程技术服务等业务。

阿姆河天然气项目是中石油迄今为止在海外开展的最大的天然气合作开发项目，也是中国企业在海外开展的最大的天然气项目，是西气东输二线的主供气源。2007 年 7 月，中石油与土库曼斯坦签署阿姆河右岸天然气产品分成合同和中土天然气购销协议。阿姆河右岸第一天然气处理厂位于巴格德雷合同区 A 区块，2008 年 6 月开工建设，2009 年 11 月 22 日建成投产，2009 年 12 月 1 日开始向中亚天然气管道输送合格天然气，是目前中亚地区生产能力最大、技术最先进的天然气处理厂。2011 年 12 月 13 日，第二天然气处理厂开工。第二天然气处理厂是二期工程的主体工程之一，位于巴格德雷合同区 B 区块主力气区的中心位置。建成后的第二天然气处理厂的合格天然气被输送至净化气外输站，经压缩机增压和贸易计量后，通过中亚天然气管道外输。

中国–中亚天然气管道，是世界上第一条在不采用联合体模式下，由多个法律主体分别建设和运营的跨多国长输管道，也是唯一的两条管线同时施工的天然气管道工程。起于土库曼斯坦–乌兹别克斯坦边境的格达伊姆，途经乌兹别克斯坦和哈萨克斯坦，最终到达中国新疆的霍尔果斯，并延伸至我国华南地区，是世界上一次性建成的最长天然气输送管道。设计年输气能力300亿立方米。

2007年7月，中国和土库曼斯坦签署天然气合作总协议，约定在从2009年起的30年内，土库曼斯坦向中国每年供应天然气300亿立方米。其中，130亿立方米出自中国石油天然气集团公司参与开发的阿姆河右岸天然气项目，另外170亿立方米由土库曼斯坦能源公司补足。此后，中国与管道过境的乌兹别克斯坦和哈萨克斯坦也分别签署了天然气管道建设和运营原则协议。跨越四国的中国-中亚天然气管道项目自2007年秋天起正式实施。2008年8月，中土双方再次签署了土库曼斯坦向中国增供100亿立方米天然气的有关协议。该管道分A/B双线敷设，单线长1833公里。2009年12月14日，A线成功实现通气。2010年10月26日，B线投产，实现双线通气。2011年土库曼斯坦通过中国-中亚天然气管道向中国输送了60亿立方米天然气。2011年土库曼斯坦向中国出口了170亿立方米的天然气，超过了俄罗斯和伊朗当年向中国出口的天然气数量，土库曼斯坦成为中国天然气最大的进口国。2011年土库曼斯坦总统访华时，中土双方签署土库曼斯坦向中国增供天然气协议，未来土库曼斯坦有望向中国年出口天然气650亿立方米。2012年土库曼斯坦计划向中国出口天然气300亿立方米。目前，中土双方就修建新的天然气管道进行论证。

（3）中乌能源合作。2006年6月，中国石油公司进入乌兹别克斯坦市场，开展勘探开发项目合作，发现了西咸海、西莎、西吉和东阿拉特四个气田，成功钻探中国石油海外最深的探井——吉达4井。中国石油天然气集团公司（CNPC）拟于2012年年底开始实施乌兹别克斯坦"东阿拉特"凝析气田开采项目。2011年乌国出口天然气120亿立方米，其中向中国出口50亿立方米。2012年乌国计划出口150亿立方米天然气，其中向中国出口天然气20亿~40亿立方米。2008年4月，中国与乌兹别克斯坦国家油气公司成立了合资有限责任公司（Asia Trans Gas），负责中乌天然气管道项目的设计、建设和运营。

四 中国与俄罗斯和中亚能源合作中的风险与应对

(一) 中俄能源合作中的风险

中俄能源合作长时间进展缓慢,与诸多制约因素的存在直接相关。有些制约因素在短时间内难以消除,对今后中俄能源合作的影响不容低估。

1. 两国依然存在互信和竞争问题

中俄两国在 1996 年便已建立起战略协作伙伴关系。2012 年 6 月,中俄两国双边关系进一步提升为"平等信任的全面战略协作伙伴关系"。但出于国家利益的考虑,俄罗斯对中国有所防范。随着中国经济的快速崛起,作为两个最大的新兴经济体,中俄两国在国际政治和国际经济等领域依然存在信任和竞争关系。俄罗斯国内一直存在反对与中国进行能源合作的势力。这与俄罗斯存在"中国威胁论"不无关系。这种情况的产生是西方国家反复宣扬"中国威胁论"与俄罗斯相关因素的结合的结果。中国经济不断发展,会对国际关系产生什么影响,是否会对俄罗斯形成威胁,消除这些疑虑十分重要。中俄双方必须采取积极措施,以增进两国人民之间的互相了解,进而促进中俄能源合作的顺利开展。

2. 两国之间存在利益差异

油气资源国与油气消费国之间存在利益差异,致使中俄在能源合作中的地位"不对称"。俄罗斯以能源为依托增强国际地位,以能源为手段谋取国家政治、经济与安全利益。加之俄罗斯民族特性之使然,在能源合作中,俄罗斯不断向我国提出各种利益"捆绑"或"置换"要求,追求非市场优惠,给中俄能源合作增加了不少难题。

3. 俄罗斯能源战略重心在欧洲

俄石油天然气对欧洲的出口占其出口总量的 65% ~ 70%。俄不可能为了开辟东方市场而大幅缩减对欧洲的油气出口,因此致使俄对华能源合作的动力不足。

4. 俄罗斯投资环境欠佳

（1）相关政策缺少稳定性。近年来俄频繁调整能源政策，提高石油出口关税，颁布新的法律和法规挤压外资在俄的生存空间，严重挫伤了外企投资俄能源领域的积极性。

（2）政府加大对能源产业的国家控制。俄罗斯几大油气巨头对油气资源高度垄断。俄罗斯现行法律严格限制外国投资者进入油气、核能等42个具有重要战略意义的领域。

（3）俄石油出口税负沉重。

（4）俄罗斯各利益集团为维护本集团利益，竞相对政府的能源外交政策施加影响，使俄政府的对外能源合作决策变数增多。在近年来中俄石油管道的争议中，俄远东地方利益集团、亲西方势力均曾向俄政府施压，成为管道谈判的重要制约因素。

5. 俄罗斯油气勘探前景存在不确定性

近年来，俄罗斯老油田的枯竭速度快于新油田的开发速度，石油产量逐年下降成为中长期趋势。俄罗斯四大油田的开采程度均已超过75%，原油开采高峰期已经过去。未来俄油气产量增长的主要地区是东西伯利亚和远东，但从目前来看该地区的发展前景很不确定。这种情况有可能影响俄罗斯发展对华油气合作的潜力。

6. 油气输送能力不足

俄罗斯东部地区的石油运输管道、泵站和贮藏库以及运油码头几乎全部需要新建。油气基础设施建设投资大、效益低，加之受制于政府政策与规划，难以吸引国内外资金的大规模投入，要实现输送畅通的目标难度很大。"贷款换石油"协议执行期长达20年，中方在不参与管道运营和管理的情况下能否从俄方得到稳定的石油供应，亦很难完全令人放心。

（二）中国与中亚国家开展能源合作面临的风险

随着中国经济的发展，中亚能源对于中国的重要性不断提升。虽然中国同中亚国家总体上保持着良好的关系，但中国与中亚国家开展能源合作不能忽视如下五类风险。

1. 政治风险

独立后，权力相对集中的"总统制"成为中亚各国政治改革的基本目标。伊斯兰文化中的部族政治造成不同部族、不同地区之间在政治和经济资源分配上的极大不均衡。此外，当今一些试图按照自身需要"改造"中亚各国政体的大国势力试图以"规范的民主程序"督促中亚各国完成目前的国家政权更迭，因此，从政治结构的角度看，中亚国家没有形成结构性的稳定框架，在国内政治变化的情况下，容易引发激烈的权力斗争，导致国家和社会震荡。目前，哈萨克斯坦和乌兹别克斯坦两国的总统年岁已高，政权交接的问题临近，各派政治势力之间的斗争激烈。塔吉克斯坦2013年将举行总统选举，在塔国内经济社会问题积重难返的背景下带有浓厚宗教色彩的反对派可能挑战拉赫蒙的执政能力。吉尔吉斯斯坦南北矛盾继续。吉尔吉斯斯坦实行议会制后，以北方部族精英为首建立了新的执政联盟，南方政治精英沦为反对派，南北对峙的局面再次出现，对政局稳定构成威胁。此外，底层民众的不满情绪日益显现，民族之间长期积怨，土著居民与外来移民之间的关系紧张，加之来自阿富汗的极端宗教势力和非法武装回流中亚，这些都有可能导致局部地区小规模冲突发生，如果政府处理不好，也有可能导致大规模动荡，甚至引发政权非正常更迭。中国能源企业大多同中亚国家的高层领导人及其家属或朋友保持着密切的关系，因此，领导人的更迭有可能对既有的能源"协议"或合作产生较大冲击。

2. 政策风险

目前，中亚国家的经济实力较独立初期有了很大提升，民族主义和贸易保护主义有所抬头，反华思想和活动也较以往活跃。中亚国家政府往往选择短期机会主义的路线，通过修改法律、提高税率、重新审查项目合作等措施使一些战略性资源收归国有，通过减少签证发放配额、提高企业环保标准、增加企业社会义务（如强迫企业承担所在国居民就业指标、使用所在国设备和资源）等损害投资者权益的措施增加政府收入。

3. 经济风险

独立以来，中亚国家尚未找到适合本国经济发展的道路，存在对本国民族工业保护不够、国家规划的优先发展领域与国家实际情况不符、投资环境亟待改善、经济易受外国操纵和影响、金融领域发育缓慢、外债负担严重等问题。有的国家政府基本依靠外国资助，无力偿还所欠债务。由于经济结构单一，经济受外部市场影响较大。有的国家长期外汇短缺，利率和汇率不稳。在中亚特定的政治环境中，严重的失业和贫困问题导致民众的不满情绪很容易被转化成宗教和政治力量。

4. 安全风险

中亚国家存在内忧外患。恐怖主义、分裂主义和极端主义以及走私、贩毒在中亚地区泛滥，使中亚国家深受其害。中亚近邻阿富汗、克什米尔、巴基斯坦、高加索，远接阿拉伯半岛和中东地区，使之成为受国际恐怖主义渗透和威胁特别严重的地区。事实上，中亚地区的三股势力与境外势力相互呼应、同为一体。与此相关，中亚国家一些无业贫民和吸毒人群从事犯罪活动的风险也不容忽视，这给中国在中亚地区的能源设施安全以及人员安全带来一定隐患。

5. 俄罗斯影响的风险

在中亚地区，俄罗斯化影响不容忽视。在地缘政治的归属上，中亚倾向于归属俄罗斯，中亚国家对于接受俄罗斯的安全保障没有政治心理障碍，对俄罗斯在军事上进入中亚没有恐惧，对中国则不是这样；在政治文化乃至历史文明上，中亚国家（特别是哈萨克斯坦）更加认同俄罗斯，而不是中国；在经济上，中亚国家同俄罗斯有基础性联系，中亚国家的主要基础设施是在沙俄和苏联时期形成的，莫斯科是中亚国家通向世界的主要枢纽；在社会的亲近感上，中亚国家对俄罗斯更熟悉，更容易交流，对中国则比较陌生；在历史观念上，中亚国家的历史观受到俄罗斯教科书的深刻影响，俄罗斯在中亚地区被认为是文明的传播者，安全的保护者，而中国是对中亚怀有领土要求的国家。因此，中亚国家会把中国作为重要伙伴，但不会"倒向"中国；对中国在中亚的发展抱有期望，但也会对中国在中亚的发展有所限制；可能利用中国平衡其他大国，但也会利用其他大国平衡中国。中亚国家之间关系复杂，导致彼此之间的经济贸易联系因受到政治关系的影响而不能正常开展。在这种情况下，外国投资者在中亚国家开展的能源合作项目可能因为电力、水、食品、生态、运输等生产资料和生活资料方面出现问题以及涉及领土争端、水资源纠纷等矛盾被迫延迟或中断。

此外，近年来在中亚产气国出现了一些令中方始料不及的情况。

第一，欧盟近年来在其新制定的中亚能源战略指导下开始对该地区发动前所未有的攻势。2008 年，欧盟代表在土库曼斯坦首都阿什哈巴德与中亚国家领导人举行了一系列会谈，就中亚国家向欧洲供气达成初步协议。土库曼斯坦总统称，在 2009 年，土方将为欧盟供气 100 亿立方米。同时，土方还为欧盟参加新气田开发竞标保留了很大的可能性。欧洲人认为，这是他们在中亚地区的重大胜利，而且他们还打算在与乌兹别克斯坦和哈萨克斯坦的会谈中获得类似胜利，以切实减少对俄的能源依赖。欧盟还宣布，他们打算经三个通道即在土阿之间铺设沿里海海底管道（Nabucco）、在阿塞拜疆铺设陆上输气管道以及通过油轮经里海向欧洲供应液化气，把中亚天然气输向欧洲。有关专家认为，如果欧盟与土库曼斯坦达成了长期协议，土库曼斯坦可能会成为未来向欧洲供气的资源基地。

第二，美国国务院已任命驻欧亚地区的能源特别代表，其主要任务是保证美国在欧亚地区的能源安全。其中首先是保证从中亚国家绕过俄罗斯向欧洲运送油气的通道。美白宫声明指出，在美驻欧亚地区能源专门代表的外交任务框架内，将就能源部门发展及其多元化问题直接与俄、中亚及欧洲的政治家、实业家们互动。2008 年 4 月 20 日，美国负责经济、能源和农业问题的副国务卿鲁宾·杰富里在抵达阿什哈巴德进行访问时暗示，包括 BP、雪佛龙、科诺克菲利普和托塔尔等在内的西方大型能源公司都将准备顺利进入中亚地区的能源项目。同时，美方还表示在今后提高购买天然气价格问题上将支持土库曼斯坦。

第三，2008 年 4 月 24 日，印度与土库曼斯坦正式签订了购气合同，进一步落实了印度、巴基斯坦和阿富汗与土库曼斯坦在 2002 年 12 月签署的购气框架协议。至此，在土库曼斯坦现有的从中亚通向俄中部及通向伊朗的两条输气管道的基础上，又要增加四条（沿里海、通向中国、跨里海以及经阿富汗通向印度、巴基斯坦）输气管道。在这种情况下，土库曼斯坦究竟有多少气能提供给这么多用户，值得我们拭目以待。

第四，中亚产气国有意提高天然气价格，将每千立方米天然气定位在280～310美元水平上。如果这一价格成为现实，必将对中国与中亚国家能源合作，特别是天然气进口价格产生重大冲击。

当然，对中国来说，需要理解中亚国家实行多元和平衡外交的合理性，不必对此过于猜疑和敏感。同时，也需对中亚国家的多元和平衡外交对中国的限制性作用有清楚的认识。中国在开展与中亚的能源外交过程中既要有的放矢，也要开展多方位、多元化的合作。从满足自身能源需求和以最少的投资获取最大的利益这方面来考虑，中国应该有所侧重，首先选择哈萨克斯坦和土库曼斯坦这两个国家作为重要的合作伙伴，开展大规模的能源合作。另外，应该注意到本地区各国之间已有的矛盾，要注意在该地区开展多方位的平衡外交，以避免不必要的麻烦。同时，在具体合作项目中，中方公司在联合勘探、共同开发、能源加工和运输、环境保护、技术转让、资金等方面，既可与该地区国家合作，也可以与西方石油公司和俄罗斯石油企业进行富有成效的、多方位的、多元化的合作，以增进各国的经济利益。

参考文献

BP 世界能源统计年鉴（2012 年 6 月，中文版），http：//www. bp. com/liveassets/bp_internet/china/bpchina_ chinese/STAGING/local _ assets/downloads _ pdfs/Chinese _ BP _ StatsReview2012. pdf。

朱显平、陆南泉：《俄罗斯东部及能源开发与中国的互动合作》，长春人民出版社，2009。

宋魁：《俄罗斯东部资源开发与合作》，黑龙江教育出版社，2003。

刁秀华：《俄罗斯与东北亚地区的能源安全合作》，北京师范大学出版社，2011。

戚文海：《中俄能源合作：战略与对策》，社会科学文献出版社，2005。

袁新华：《俄罗斯的能源战略与外交》，上海人民出版社，2007。

陈小沁：《俄罗斯能源战略与能源外交》，中国文史出版社，2007。

《世界知识年鉴 2009/2010》，世界知识出版社，2010。

《简明南亚中亚百科全书》，中国社会科学出版社，2004。

《俄罗斯东欧中亚国家发展报告》2005～2012 年各卷，社会科学文献出版社，2005～2012。

《上海合作组织发展报告》2009～2012年各卷，社会科学文献出版社，2009～2012。

《中亚国家发展报告2012》，社会科学文献出版社，2012。

《列国志》之中亚五国各卷，社会科学文献出版社，2004。

李恒海、邱瑞照著：《中亚五国矿产勘查开发指南》，中国地质大学出版社，2010。

张宁：《中亚能源与大国博弈》，长春出版社，2009。

中国政府网站，http：//www.gov.cn。

中国商务部官方网站，http：//www.mofcom.gov.cn/。

中国外交部官方网站，http：//www.fmprc.gov.cn/。

中华人民共和国驻哈萨克斯坦大使馆经济商务参赞处官方网站，http：//kz.mofcom.gov.cn。

中华人民共和国驻吉尔吉斯斯坦大使馆经济商务参赞处官方网站，http：//kg.mofcom.gov.cn。

中华人民共和国驻塔吉克斯坦大使馆经济商务参赞处官方网站，http：//tj.mofcom.gov.cn。

中华人民共和国驻土库曼斯坦大使馆经济商务参赞处官方网站，http：//tm.mofcom.gov.cn。

中华人民共和国驻乌兹别克斯坦大使馆经济商务参赞处官方网站，http：//uz.mofcom.gov.cn。

中国商务部国际贸易经济合作研究院、商务部投资促进事务局、中国驻中亚五国各使馆经济商务参赞处：《对外投资合作国别（地区）指南——哈萨克斯坦、吉尔吉斯斯坦、塔吉克斯坦、土库曼斯坦、乌兹别克斯坦各卷（2011年版）》。

国家能源局官方网站，http：//www.nea.gov.cn。

英国BP公司网站，http：//www.bp.com。

美国能源署官方网站，http：//www.eia.gov/。

惠誉评级公司网站，http：//www.fitchratings.com/web/en/dynamic/fitch‐home.jsp。

哈萨克斯坦统计署网站，http：//www.stat.kz/Pages/default.aspx。

哈萨克斯坦石油天然气部网站，http：//mgm.gov.kz/index.php? lang=ru。

乌兹别克斯坦国家能源股份公司网站，http：//www.uzbekenergo.uz/rus/normativno_pravovie_dokumenti/。

土库曼斯坦能源与工业部官方网站，http：//minenergo.gov.tm/? p=12.http：//www.turkmen‐energy.ru/。

〔俄〕阿巴尔金：《俄罗斯发展前景预测：2015年最佳方案》，社会科学文献出版社，2001。

《Энергетика России：проблемы и перспективы》，Труды Научной сессии РАН，Москва Наука 2006г.

C. З. Жизнин，《Энергетическая дипломатия России》，Электронный журнал энергосервисной компании《Экономические системы》№4，апрель 2007г.

第五章 东北亚地区局势变动对中国能源安全的影响

东北亚涵盖中国东北、日本、韩国、朝鲜、蒙古、俄罗斯远东和东西伯利亚。东北亚是世界上经济高速增长的地区，经济合作与能源合作逐步推进。然而，世界上很少有什么地方比东北亚的政治安全形势更为复杂和困难。虽然在冷战后东北亚局势有所缓和，但依然扑朔迷离、变幻莫测。东北亚局势的演变，对亚洲乃至整个世界政治经济格局的演变，特别是对东北亚区域合作、能源合作的展开均产生着重要的影响。

东北亚地区除了俄罗斯外，其他各国都在不同程度上存在油气短缺问题。令人遗憾的是，至今这一地区的能源都没有实现互通有无，而且充满着各种矛盾与恶性竞争。特别是 2010 年以来，美国战略东移，高调重返亚洲，使这一地区的局势，特别是中日韩三个重要国家的关系发生许多微妙的变化。再加上 3·11 日本大地震、大海啸引发的日本核事故，对日本的核电事业乃至全球的核电事业造成巨大冲击，对我国的国家能源安全也提出了严峻挑战。

一 东北亚地区能源格局简述

东北亚地区①各国的经济发展阶段各异，能源状况也存在很大差异。

---

① 我国的东北地区和内蒙古东部地区也属于东北亚地区，但由于该地区的能源状况在国内部分已作了介绍，故本章只讨论东北亚其他国家和地区的能源状况以及这些地区同我国的能源合作。

中日韩三国同为能源消费大国，分别位居世界第 1、第 3 和第 8①，而朝鲜和蒙古也存在能源不足问题。该地区只有俄罗斯的油气资源极为丰富，但其主要的供应对象是欧洲地区。在世界经济共同发展的大潮中，中国与东北亚地区不可避免地要产生能源利用方面的冲突，这其中不仅有经济利益的原因，也有更深层次的政治利益的驱动，还造成了中国国家能源安全的隐患，需要引起高度关注。

（一）日本

日本是全球能源资源最匮乏的国家之一，但也是全球最大的能源消费国和最大的能源进口国之一。2007 年，日本一次能源消费总量为 5.6 亿吨油当量，占世界能源消费总量的 4.5%。一次能源消费结构为：煤炭 21.4%，石油 44.1%，天然气 16.5%，核能 11.7%，水电 3.4%，其他 2.9%。人均能源消费量为 4.4 吨油当量，是美国的 0.5 倍、中国的 3 倍、世界人均水平的 2.5 倍。能源消费强度为 193 吨油当量/百万美元。需要注意的是，由于日本采取的压缩式工业化发展模式使得能源消费效率大大提高，特别是致力于节能技术的开发，从而大大降低了工业化过程的能源成本。2007 年，日本以占全球 1.9% 的人口，消费了全球 4.5% 的能源，创造了全球 6% 的 GDP。

日本一次能源对外依存度一直在 80% 以上。其中，石油几乎 100% 需要进口，而且有 80% 以上的石油进口来自中东地区。近年来日本从俄罗斯进口的比重有所提高，而与主要贸易伙伴国的美国以及欧洲的能源贸易比重有所下降。

2008 年日本进口石油 1.9 亿吨，约占世界石油进口总量的 8.7%；2007 年日本进口煤炭 1.8 亿吨，占世界煤炭进口总量的 20.9%；2009 年进口液化石油天然气 1183.9 万吨，进口天然气 6455.2 万吨②。

表 5-1 展示了日本不同种类一次能源的供给状况，可以看出，化石

① 张欣：《2010 年韩国能源消耗量居世界第八》，2011-08-25，http://www.chinadaily.com.cn/hqcj/zxqxb/2011-07-07/content_ 3127122. html.

② 公益法人矢野恒太記念会編集·発行『日本国勢図会（第 69 版）』，2011/2012。

能源仍占 84.6% 的压倒性比重。表 5 - 2 展示了日本不同部门最终能源消费情况，可以看出，产业部门的能源消费呈减少趋势，占比从 1990 年的

表 5 - 1　日本一次能源供给与构成

（换算单位：1015 J）

项目	1990 年	2000 年	2007 年	2008 年	2008 年占比（%）
化石能源	16938	19355	20172	19637	84.6
石油	11518	12008	11206	10776	46.4
煤炭	3361	4286	5074	4978	21.4
天然气	2059	3061	3892	3883	16.7
非化石能源	3245	4268	3683	3583	15.4
核电	1887	2873	2317	2248	9.7
事业用水力发电	833	778	650	666	2.9
可再生、未利用能源	524	616	715	669	2.9
自然能源	53	37	46	48	0.2
地热能源	16	30	27	24	0.1
未利用能源	454	550	643	596	2.6
一次能源总供给	20183	23622	23855	23219	100.0
一次能源进口	16637	19154	19970	19437	83.7
一次能源国内产出	3546	4468	3885	3782	16.3

注：表中的"年度"是指日本的财政年度。

资料来源：公益法人矢野恒太記念会編集・発行『日本国勢図会（第69版）』，2011/2012，第109页。

表 5 - 2　日本不同部门最终能源消费

（换算单位：1015 J）

项目	1990 年	1995 年	2000 年	2007 年	2008 年	2008 年占比（%）
产业部门	6993	7164	7221	7055	6273	42.6
非制造业	806	785	654	499	451	3.1
制造业	6187	6379	6567	6556	5822	39.5
民生部门	3679	4348	4826	5116	4978	33.8
家庭部门	1655	1973	2114	2135	2058	14.0
业务部门	2024	2375	2712	2981	2920	19.8
运输部门	3217	3806	3928	3619	3475	23.6
旅客部门	1671	2109	2347	2215	2134	14.5
货运部门	1547	1698	1580	1403	1341	9.1
合　计	13889	15318	15975	15790	14726	100.0

注：表中的"年度"是指日本的财政年度。

资料来源：公益法人矢野恒太記念会編集・発行『日本国勢図会（第69版）』，2011/2012，第109页。

50.3%下降到 2008 年的 42.6%，而民生部门的能源消费呈上升趋势，占比从 1990 年的 26.5% 上升至 2008 年的 33.8%。日本能源总消费和总供给之间的差距较大，这主要是由能源转换损失，特别是发电损失造成的。

日本和中国都是能源消费大国，双方在能源领域既有合作也有竞争。长期以来，中日两国在节能环保领域开展了富有成效的合作。早在 1952 年中日恢复民间贸易之初，中国就开始向日本出口大量煤炭，直到恢复邦交正常化前夕，煤炭一直是中国对日出口的主要产品。20 世纪 70 年代末和 80 年代，中国又向日本出口大量的石油。中国煤炭和石油等能源对日大量出口，不仅解决了日本的燃眉之急，而且还收到了缓解中日贸易收支不平衡的效果。在中国改革开放以后，日本政府通过无偿援助、日元贷款等方式，支持了一批中国节能环保项目。北京十三陵抽水发电站、湖北鄂州火力发电厂、湖南五强溪水电站等电力项目以及服务于能源领域的秦皇岛输煤码头、大同－秦皇岛输煤铁路等重大项目都使用了日元贷款。这些项目对缓解我国当时能源短缺局面发挥了重要作用。进入 21 世纪以来，中日两国在节能环保、循环经济领域的合作迅速展开，通过政府层面的"中日绿色援助计划（GAP）"项目的实施，推动日本先进的节能环保技术和设备在中国的普及应用。特别是以"中日节能环保综合论坛"为平台，有力地推动了中日商业层面的合作。

2011 年我国对日出口矿物燃料 30.9 亿美元，自日进口 24.1 亿美元[1]，分别占中国对日出口的 2% 和自日进口的 1%，可见中日双边的能源贸易数量并不太大，这也从一个侧面表明，双方的能源合作更多地集中在节能技术与提高能源利用效率方面。

（二）韩国

与日本相同，韩国既是一个高强度消费能源的国家，又是一个能源极度匮乏的国家。作为 20 世纪后期崛起的新兴工业化国家的重要代表，韩国工业化过程具有与日本十分类似的特点。快速、集中的工业化发展模式

---

[1] 《海关统计》2011 年第 12 期。

以及严重依赖出口的经济增长方式的基础是对能源高强度的消费。韩国所处的发展阶段和发展模式决定了其无论人均能源消费还是能源消费强度都明显高于同一发展水平的其他国家。2007 年，韩国 GDP 总量占全球总量的 1.8%，能源消费量却占全球总量的 2.1%，人均消费量和消费强度均明显高于英、法、德、日、中、印等国和世界平均水平。由于国内能源资源极度匮乏，韩国能源进口的依存度高达 96.7%，如果不考虑铀矿进口，进口依赖度为 80.6%。2007 年韩国进口石油 1.04 亿吨，进口煤炭 9009 万吨，进口液化天然气 2533 万吨。中东是韩国石油的主要来源地，占韩国石油进口总量的 80%；印尼是韩国液化天然气的最大来源地，占韩国进口总量的 30% 左右；韩国煤炭的主要来源地是澳大利亚和印度尼西亚，来自两国的煤炭也占到韩国煤炭进口总量的 30% 左右。

2007 年，韩国能源的最终消费结构方面，产业部门高达 56%，民生部门占 23%，而交通部门占 21%，可见其产业部门能源消费远高于日本。2011 年，韩国欲从日本进口成品油来平抑国内的油价，为此，韩国考虑放宽对石油进口的限制，修改石油制品的环保标准，并参照日本的标准修改韩国国内的标准，为进口扫清障碍[①]。韩国能源产量、消费与进口量的长期变化见表 5 - 3。

表 5 - 3　韩国能源产量、消费与纯进口量

单位：千吨，%

项目	1985 年	1990 年	1985 ~ 1990 年平均增幅	2000 年	1990 ~ 2000 年平均增幅	2007 年	2000 ~ 2007 年平均增幅
能源总产量	14597.0	21908.0	10.0	33367.0	5.20	38873.0	5.6
能源总消费	56296.0	93192.0	13.1	192887.0	10.7	236454.0	3.5
差　额	41699.0	71284.0	14.2	159920.0	12.4	197581.0	3.1
进口比例	74.1	76.5	0.48	82.7	0.62	83.5	0.11

资料来源：MOCIE, Pablo Bustelo Energy Security with a High External Dependence, The Strategies of Japan and South Korea, *MPRA Paper No.* 8323, Posted on April 18, 2008, p. 16; KEEL Yearly Energy Security, *Total Energy*, 1985 - 2007。

---

① 权香兰：《韩国欲从日本进口石油制品以稳定油价》，2011 - 08 - 25，http：//www. chinadaily. com. cn/dfpd/jilin/2011 - 08 - 16/content_ 3507205. html。

韩国能源安全存在较为严重的脆弱性，第一，中日韩三个能源需求和进口大国集聚东北亚，形成局部性高强度区域竞争压力，韩国在该地区内的总体能源竞争力较中日两国处于相对劣势地位；第二，能源竞争具有不可避免的零和博弈属性，东北亚国家间能源合作可以在不同程度上缓解这一属性，但不能完全消除，特别是在东北亚地区复杂的历史、文化、经济发展水平和地缘政治背景之下，这一属性在一定条件下还会很明显，这使韩国能源竞争的弱势地位雪上加霜；第三，韩国能源消费对能源进口的严重依赖在21世纪开局时期呈现加强趋势，彻底扭转这一趋势成为韩国能源安全的最大挑战；第四，韩国石油、天然气和煤炭三项主要能源进口对特定地区依赖过高，使韩国能源供应稳定易受相关地区政治经济局势影响的脆弱性突出；第五，化石能源构成韩国能源消费的基础结构，这类能源的有限性和不可再生性构成韩国能源脆弱性的长期潜在性；第六，朝鲜半岛的冷战遗产和复杂的地缘政治背景也是造成韩国能源安全脆弱性的重要因素[1]。

（三）朝鲜

据朝鲜统一部的统计，朝鲜煤炭的探明储量为147.4亿吨，其中无烟煤储量为117.4亿吨，褐煤储量为30亿吨，现有技术条件下的可开采储量约为79亿吨。朝鲜煤炭大体分为无烟煤和烟煤，无烟煤产地主要在平安南北道，烟煤主要分布在咸境南北道。根据区域划分，朝鲜有四大煤田，分别是平安南道北部、平安南道南部、咸境北道北部和咸境南道南部。目前朝鲜本岛没有发现石油资源，在东海与中国平分的大陆架上正在进行石油勘探。

电力是朝鲜的主要能源。朝鲜的发电设备容量1965年为238万千瓦，1995年为723万千瓦，30年增长了2倍。朝鲜的发电量1965年为132亿度，1995年为230亿度，30年增长了近1倍。朝鲜的发电设备容量到1996年达到了738万千瓦，1996年的实际发电量为213亿度，朝鲜的发

---

① 刘舸：《东北亚能源安全局势与韩国的战略选择》，《当代韩国》2009年夏季号。

电设备没有得到充分的发挥。朝鲜的电力主要依赖水力发电和火力发电。水电与火电的比重 1965 年为 88.3∶11.7，1995 年为 60∶40，可见火电比重明显上升。进入 21 世纪以后，朝鲜出现能源严重短缺现象，特别是近年来更加明显。2008 年朝鲜的能源状况见表 5－4。

表 5－4 朝鲜能源供给、消费等状况

项目		近期状况
(1)一次能源总供给量		20.3 百万吨石油当量(相当于日本的 4.3%)
(2)人均一次能源供给量		0.85 吨/人(相当于日本的 22.8%)
(3)单位 GDP 一次能源供给		1.74 吨石油当量/千美元
(4)一次能源自给率		100%
(5)能源产生的 CO_2 气体排放量		69.5 百万吨(相当于日本的 5.8%)
(6)人均能源发生的 CO_2 气体排放量		2.9 吨(相当于日本的 32.3%)
(7)能源结构	煤炭	84.6%
	石油	4.3%
	天然气	不详
	核电	不详
	水力	6.0%
	可再生能源等	5.1%
(8)能源进口依赖度		－2.7%
(9)石油进口依赖度		100%
(10)进口原油中东依赖度		不详
(11)原油进口第一来源国(2005 年)		中国

资料来源：(1) ~ (4) 和 (7) ~ (9) 来自 IEA (Energy Balances of Non-OECD Countries) 2010, Edition；(5)、(6) 来自 IEA (CO$_2$ Emissions from Fuel Combustion 1971 – 2007) 2009, Edition；(11) 来自中国石油学会石油经济专业委员会《国际石油经济》。

自朝鲜实行部分开放政策以来，中国对朝鲜进行了大规模的投资，中国的五矿集团获得了朝鲜最大的无烟煤矿龙登煤矿的开采权，中海油参与了朝鲜西海（中国东海）海上石油开发。中朝两国还在鸭绿江上先后合作建设了云峰电厂、渭源电厂、太平湾电厂三座水电站，2010 年 4 月又在吉林集安市境内开始建设望江楼、文岳电站两个水电站，总装机容量 8 万千瓦，年发电量 3.08 亿千瓦时。

（四）蒙古

地处亚洲大陆心脏和亚欧板块腹地的蒙古国是一个内陆国家，也是世界上唯一的游牧畜牧业国家，经济发展落后，但矿产资源丰富，是能源的净出口国。煤是蒙古国最丰富的资源之一，全国各地均有分布。蒙古国东部地区的煤质优良、煤层厚、储量多。阿尔泰地区以石炭纪形成的煤为主，其所生产的煤2/3用于电厂发电；南方以二叠纪的煤为主；北方以侏罗纪的煤为主。目前，蒙古国共发现煤矿床250处，初步探明储量约500亿~1520亿吨，现在开采总量不到500万吨。蒙古国石油资源主要分布在其南部和东部的东方省、东戈壁省、中央省等地区。蒙古现有22个油田，初步估算储量达60亿~80亿桶，与中国接壤的东、南、西部地区就有13个比较大的石油盆地，储量约30亿桶以上，仅东方省塔木察宝鲁地区储量就有15亿吨，东戈壁省东巴彦储量为7亿多吨。蒙古拥有的焦煤资源是世界上最好的，世界最大的焦煤矿是位于蒙古的储藏量为64亿吨的塔旺陶勒盖煤矿。

蒙古的煤炭产量是世界主要动力煤出口国印度尼西亚煤炭储量的3倍还多，蒙古政府2009年制定的煤炭出口目标是1200万吨。目前，其生产的煤炭主要出口到中国。2009年中国各口岸进口蒙古国煤和铁矿石两种矿产资源合计数量达751.4万吨，同比增幅46.3%；2010年单是煤炭一项就超过1700万吨，涨幅惊人。2011年中国连续13年成为蒙古第一大贸易伙伴国，同时首次超过俄罗斯成为蒙古第一大进口来源国。在蒙古向中国出口的主要商品中，煤炭为22.24亿美元，原油为2.52亿美元。

中蒙能源开发进展较快，中国的神华集团已为投资开采塔旺陶勒盖煤矿进行了大量工作，包括在中国国内修建的自内蒙古甘其毛道口岸至包头市万水泉车站的铁路。中蒙两国在石油勘探、开采方面的合作始于2002年。胜利油田井下试油测试大队成立蒙古国项目部，承担蒙古国宗巴音地区的试油作业施工任务，成功恢复20世纪50年代苏联遗留下来的6口老井，并对其中3口井实施了压裂增产。中国石油大庆塔木察格有限责任公司是中国在蒙投资的较大企业之一，该公司与英国SOCO公司签署了购买蒙古国第19、第21和第22区块的勘探开发权。

（五） 俄罗斯东西伯利亚与远东地区

俄罗斯的自然资源总量居世界第一位，既是能源消费大国也是能源出口大国，而能源出口的主要对象是欧洲各国。关于俄罗斯全国的能源状况前面已有详细的介绍和分析，不再赘述，本章重点介绍位于东北亚地区的东西伯利亚和远东地区，即俄罗斯东部地区的能源状况。目前，俄罗斯东部的原油需求每年2400万~2500万吨，天然气10亿立方米，成品油消费超过3000万吨，而且2020年前，还将有大幅度增长。2001年，东西伯利亚的石油产量为46万吨，天然气产量为20亿立方米，远东主要是萨哈林岛大陆架产油110万吨，产天然气400亿立方米。目前俄罗斯东部本身还是能源缺乏地区，但未来能源开发潜力巨大。东西伯利亚、萨哈（雅库特）共和国和萨哈林岛大陆架的油气资源已经为创造新的油气开采中心建立了基础，东西伯利亚和远东已确定3个大油气省：勒拿－通古斯、哈坦加－维柳伊和鄂霍茨克海，其中10多个大型油气田将在未来开发中发挥重要作用。东西伯利亚和远东的油气开发不仅在于满足当地的需求，而且面向东北亚和美国。此外，勒拿－通古斯油气省天然气的开发，将使俄罗斯成为世界级氦的生产者和出口国，这是促使俄罗斯东部经济起飞的引擎。

俄罗斯官方预测，2020年东西伯利亚和远东的油气产量、天然气产量预期将分别达到9000万吨和1400亿立方米；到2030年将分别达到1.4亿吨和1500亿立方米。由此可窥见未来20年俄罗斯油气田开发东移的战略趋势。

目前，中国、美国、日本、印度等石油消费大国从俄罗斯进口的石油比例都不高，但对从俄罗斯进口能源都抱有极大的兴趣。俄罗斯也正在从战略层面设计石油出口的多元化，以获得最稳定的政治利益和经济利益。

俄罗斯向亚太地区出口石油的管道设计方案曾四易其稿。最早的是安加尔斯克－大庆的输油管道；然后是安加尔斯克－纳霍德卡输油管道；后来又补充为安加尔斯克－纳霍德卡带中国支线；最近的版本是泰合特－佩列沃兹纳亚小港口输油管道。俄罗斯之所以在石油出口管道的选择上如此举棋不定，有其深刻的原因。

第一条安加尔斯克－大庆的输油管道的倡导者是中石油和尤科斯石油

公司，管道的设计出口能力为每年 2000 万吨，中俄各担负其境内的建设费用。这条管线距离短，是最经济也是最合理的线路。方案一出台，俄罗斯有些专家指出，安-大线的买主只有中国，不符合俄罗斯石油出口多元化的方针，在战略上对俄罗斯不利。特别是再加上日本的搅局，这一方案流产。此后，又出台了安加尔斯克-纳霍德卡输油管道，这条管道的支持者是俄罗斯石油管道运输公司和日本。日本对中东石油的过度依赖，迫使其考虑俄罗斯、西伯利亚和远东的油气。日本十分重视能源的地区分配，抢夺俄罗斯石油，以达到限制中国，取得在亚太市场的控制权的目的。虽然安-纳线管道的出口能力大，每年达 5000 万吨，但是其买主也只有一个，那就是日本。这两条管道也因没有达到出口多元化的目的，被俄罗斯搁置。

最新的泰合特-佩列沃兹纳亚小港口输油管道，俄罗斯准备在 2012 年发挥作用。输油能力设计为每年 8000 万吨，管线长 4188 公里，预计投资达 102 亿~160 亿美元，这一管道附带中国支线。俄罗斯正在通过各种外交和政治活动来提高自己在国际事务中的影响，其选择从来都不失大国的自主风格。俄罗斯通过发行债券募集资金先修国内的管道部分，至于出口通向何方，则是在国内部分修好后确定的。这样做，一方面，可以为管道的油源问题的解决赢得时间；另一方面，可以一直吸引亚太缺油国家的目光，从而最大限度地争取战略利益①。该管道在 2009 年开始动工建设，2010 年 11 月全线建成试运行，2011 年 1 月 1 日正式开始商业运行，年输送原油 1500 万吨。据说未来 20 年将向中国输油 3 亿吨。在管道项目建成之前，中俄石油贸易主要由铁路运输，从 2002 年的 100 万吨增加到 2009 年的 1530 万吨②。

二　东北亚各国的能源政策、外交政策及其对我国能源安全的影响

东北亚地区一直以来就是大国力量交汇、冲突之地，可谓是当今世界

---

① 王建安、王高尚等：《能源与国家经济发展》，地质出版社，2008，第 270 页。
② 天大研究院资源与环境课题组"中国能源安全"研究课题组：《中国与周边国家的能源冲突及安全隐患》。

各种矛盾的集聚地。这里既有冷战遗留问题（朝鲜半岛分裂、中日之间、日韩之间、日俄之间的领土问题等），又有现实大国利益冲突；既有传统的陆权国家与海权势力的竞争，又有东西方社会制度的对立。这些危机根源看似彼此孤立，实则盘根错节地纠缠在一起。从能源方面来看，东北亚地区经济快速发展导致该地区正在成为全球能源消耗最多的地区。未来世界能源需求增长最快的国家——中日韩集聚东北亚。东北亚主要国家的能源政策和外交政策也随着形势的变化而不断变化，而这些变化都将或多或少地对我国能源安全产生影响。由于俄罗斯的领土中仅有远东和东西伯利亚地区属于东北亚，而且俄罗斯的国家能源政策和外交政策前面已经详细介绍，因此本章只介绍和分析日本、韩国、朝鲜和蒙古的能源政策、外交政策及其对我国能源安全可能产生的影响。

（一）日本

日本能源政策的演进和构成是随着能源问题和时代要求的变化而逐渐发展而成的。战后，日本为了解决和应对不同时代出现的各种能源问题，相应地制定和实施了一系列能源政策，而且在解决不同时期能源问题时，其能源政策的目标和手段也不尽相同。

战后日本政府根据国内国际经济发展形势，能源革命的进展，围绕保障能源安全这一主题及时调整能源政策，不断优化政策环境。20世纪50～60年代从"煤主油从"政策转向"油主煤从"政策，即从战后日本能源供应危机时期的"以煤炭为主的能源增产政策"转向能源需求剧增时期的"以石油为主的综合能源政策"。20世纪70年代是"数量优先"政策转向"安全优先"政策，即以确保经济增长所需能源的"以石油为主的综合能源政策"转向以应对石油危机为中心的"能源管理政策"。20世纪80年代中期至20世纪末是"能源安全"政策转向"3E协调发展"政策①的时期，即世界能源局势进入相对稳定后，日本把两次石油危机时

---

① 3E是"能源安全（Energy Security）、经济发展（Economic Growth）和环境保护（Environmental Protection）"的缩写。

期的以"确保安全"为目标的能源管理政策，调整为以"3E 协调发展"为核心的多目标能源政策。21 世纪前十年日本在"3E 协调发展"的基础上，提出"新国家能源安全战略"和"低碳能源政策"，以应对能源价格动荡和全球气候变暖所带来的影响。而日本"3·11"大地震以后，正在面临新的转型，其基本方向是 3E + S（安全）。

2002 年日本制定了以"确保能源的稳定供应""与环境相协调"和"利用市场机制"为基本方针的《能源政策基本法》，依据该法在 2003 年制定了《能源基本规划》，2007 年又制定了《最新能源基本规划》，2010 年制定了新的《能源基本规划》，2011 年日本大地震发生后，日本政府于当年 11 月出台了《能源安全稳定行动计划》。日本公布的上述能源规划几乎都毫不例外地将提高能源自主开发率和能源安全放在十分重要的地位。

战后日本的外交政策是以日美关系为基轴，发展全方位的外交关系。但实际上，日美军事同盟的作用非常之大，美国对日本的控制能力和控制程度甚至超出人们的想象。在不同的时期，日本的外交政策基本上依据美国的战略变化进行调整，缺乏自主性。长期以来，日美间在维持同盟关系的同时，围绕控制与反控制的斗争一直或隐或现，持续不断。但是，随着日本政治的不断右倾化，加之美国战略东移，现在的野田内阁自觉依附于美国，甘愿充当美国在黄海、东海和南海向我国发难的鹰犬和急先锋，企图通过搅混南海问题，而在东海获取更多的好处，可以说"南海舞剑，意在东海"。

但是，我们还应当看到，日本在安全方面紧跟美国打压中国的同时，在经济方面仍然想从中国获得更大利益。中国是日本的最大贸易伙伴和最大的出口地，所以日本不能不考虑这一因素。日本一方面宣布加入美国主导的 TPP，以讨好美国，而另一方面又积极签订《中日韩投资协定》，实现人民币直接交易业务和中日之间互购国债、扩大中日双边贸易的本币结算比例，推进中日韩自贸区谈判等，毋庸置疑，这些都是为了从中国获得更大的经济利益。日本对华外交的这种两面性应当引起我们的密切关注。

日本的能源政策和外交政策无疑会对我国的能源安全产生一定影响。

中国和日本分别为全球第二和第三大石油进口国。据预测，中日两国在未来相当长的一段时间内，都将进口大量的石油，两国都将采取能源分散化战略。而这就容易使两国利益直接发生摩擦与冲突，中国和日本的能源竞争已经在全球范围内展开，无论在政府层面还是在企业层面均发生了直接的竞争。在中国与周边国家以及其他国家的能源合作中总能出现日本竞争或搅局的影子。众所周知，中日之间围绕俄罗斯太平洋输油管道曾发生过激烈的竞争，而中日之间围绕东海油气资源之争更为复杂，不仅仅是资源能源之争，而且还涉及领土、主权等原则性问题。按照《联合国海洋法公约》第七十六条第五款的规定，东海大陆架是中国大陆在水下的自然延伸，大陆架所埋藏的油气资源是中国主权管辖下可由中国自由勘探、开采和利用的资源。日本以专属经济区的方式自我划定中间线，企图染指中国的油气资源，并将美国的政治阴谋当做依据企图霸占中国领土钓鱼岛。这很有可能会引发灾难性后果，甚至是两国间的军事冲突。美国高调重返亚洲以后，特别是最近日本极右势力的代表石原慎太郎鼓噪购买钓鱼岛以来，形势变得更加复杂。

（二）韩国

韩国能源战略的能源状况与日本十分相似，在不同时期也实施了与日本比较相近的能源政策。例如，20世纪60年代确立以石油为中心的能源政策；70年代加强能源节约和管理政策；80年代推行能源供应多元化政策；90年代到现在实施加强能源安全和可持续发展的政策。韩国能源政策的主要内容是提高能源效率、发展再生能源和海外能源开发。基于韩国自身能源安全的脆弱性，韩国从战略和技术两个层面确定了针对性很强的能源安全战略，优先考虑国家利益，强化政府和民间合作，推动能源稳定供应的合作机制，积极推动国际和地区能源合作，兼顾地缘政治背景，统筹半岛乃至东北亚全局，对外借重大国，对内实施摆脱能源安全脆弱性的一揽子计划。

韩国的外交政策也与日本相类似。战后，由于冷战需要，韩国以对美、日外交为主。1998年2月，金大中就任总统后，在对朝政策上，推行"阳光政策"，提出互不使用武力、不搞吸收统一、加强南北交流与合作的"对北三原则"，主张结束朝鲜半岛冷战结构的一揽子方案，从根本上解决朝鲜半岛问题。但是，李明博就任韩国总统后，对前总统金大中、卢武铉的外交战略进行了较大调整，在"有原则的实用主义"口号下，韩国对美国日趋顺从，承诺要重新强化被前两任总统弱化的美韩安保协定，支持美国在韩国驻军；对日责怨减少，好感增加，李明博被日本人视为"亲日派"；对华冷淡疏远，对朝趋于强硬。韩国将朝鲜弃核作为韩朝扩大经济合作的前提条件，伤害了朝鲜的感情，并一改以往韩朝六方会谈中"和事佬"的做法，与美国调换角色，开始冲到第一线，充当马前卒。特别是美国高调重返亚洲之后，韩国的外交政策与日本越来越趋近，最近正在策划签订韩日军事协定，傍紧美国，强化"美日韩"铁三角，三国多次在黄海等海域大搞联合军演，向朝鲜和中国施压。与日本一样，韩国在安全方面紧跟美国，但在经济方面也离不开中国。中国是韩国的最大贸易伙伴和最大出口地，因此其不得不加强与中国的经济合作，但在能源领域其与我国的竞争亦不可忽视。

中韩同为能源消费大国，双方在能源领域既有合作也有竞争。2011年我国对韩出口矿物燃料 23.9 亿美元，自韩进口 12.7 亿美元[1]，分别占中国对韩出口的 2.8% 和自韩进口的 0.7%，可见中日双边的能源贸易数量并不太大，然而竞争却十分激烈。特别是近年来呈现日益激化的趋势，首先，韩国不惜抢夺苏岩礁来扩充本国的能源来源。韩国对位于东海大陆架上中国专属经济区内的苏岩礁从 2000 年起就采取变"礁"为"岛"的动作，企图将苏岩礁及周边水域纳入其专属经济区[2]。韩国的根本目的就是要控制苏岩礁水域周围埋藏的油气资源。韩国的这一举动极易使中韩两国因争夺苏岩礁的控制权而引发军事冲突。苏岩礁附近还有主要货运航路和军事航道。其次，韩国在多种能源和多个国家、地区与中国展开竞争。韩国石油进口的 77% 来自海湾国家，其中，沙特阿拉伯是韩国最大的石

---

① 《海关统计》2011 年第 12 期。

② http：//baike. baidu. com/view/355979. htm.

油来源国，韩国从该国进口的石油占其石油进口总量的 29%。中国的石油进口同样也来自中东和非洲，沙特阿拉伯也是中国最大的石油来源国，2010 年中国从沙特进口原油 3666 万吨，占石油进口总量的 15.32%。韩国对中国与蒙古开展的煤炭贸易十分关注，与日本一道采取各种手段，企图夺取中国获得的份额。韩国对中国与朝鲜开展的能源合作更是关注，也在通过各种渠道，试图影响中朝之间的合作。

（三）朝鲜

朝鲜地缘位置敏感，环境又相对封闭。出于安全考虑，朝鲜对许多本应正常公开的信息，诸如粮食产量、钢铁产量、能源需求等重大经济民生信息都是守口如瓶。由于朝鲜对外界不透明，外界对其能源战略和外交政策很难把握。仅从现有的资料来看，朝鲜没有统一的能源管理行政机构，而是相关机构各自负责其中的一部分业务，例如，国家计划委员会负责能源供需计划的编制；电力工业部负责电力、煤炭的供应；煤炭工业部负责煤炭的生产与供给；化学工业部负责石油精炼、化学工业部门的生产；贸易部负责能源贸易；原油工业部负责原油相关事务等。

朝鲜根据经济自主的原则，确保经济发展所需的能源资源，与其说是依靠进口倒不如说是根据本国的资源禀赋，通过最大限度地利用国内资源来解决能源问题。朝鲜一次能源供给的 85% 为煤炭，11% 为水力和薪柴。因为这些既有能源扩大生产十分有限，因此朝鲜寄希望于利用可再生能源、开采西海（渤海湾）的石油以及核电等。

从外交政策来看，朝鲜奉行自主、和平、友谊的外交政策，主张根据完全平等、自主、相互尊重、互不干涉内政和互利的原则发展国家之间的关系。目前，朝鲜对内推行先军政策，对韩采取"以牙还牙"的强硬路线。朝鲜半岛无核化，一直是国际社会所期待的。朝鲜正是抓住了这一点，在外交上灵活善变，六方会谈谈谈停停、停停谈谈，目标只有一个，就是不达目的、死不罢休。朝鲜的核计划也好，朝鲜半岛无核化也罢，构成了当前朝鲜外交政策的主要部分。面对国际社会无核化的期待，朝鲜放弃核计划的前提是美国撤销对朝鲜的制裁，不再将朝鲜视为邪恶轴心。前领导人金正日去世后，估计后继者金正恩不会在短期内改变外交政策。但是由于金正恩曾留学瑞士、西班牙，对西方世界比较了解，未来也可能采取一些开放的对外政策。朝鲜半岛的局势不是一个简单的双边关系问题，牵一发而动全局。一旦朝鲜出现了危机的形势，对中国、韩国、日本、俄罗斯乃至整个亚太地区都会产生重大影响。

中朝之间的能源合作也存在许多隐患。如前所述，朝鲜半岛"无核化"一直是困扰东北亚安全的问题，朝鲜为了保证其自身的安全，进行了震惊世界的地下核试验，这不仅招致美国、日本和韩国的强烈反对，也给中朝之间的合作带来了极大的不利影响，威胁着中朝间业已开展的各项合作。2012年4月朝鲜进行的卫星发射，尽管以失败而告终，但仍然引起世界轰动，使朝鲜同美国、韩国以及日本等国的关系更加复杂。另外，朝鲜在中俄两国之间寻求平衡，一些做法也损害了中国的利益。朝鲜已故领导人金正日2011年赴俄访问，与俄罗斯总统梅德韦杰夫闭门会晤，宣布成立俄朝韩三方委员会，铺设跨境天然气管道①。这对中俄之间的天然气谈判构成巨大压力，也是中国能源面临的一个不安全因素。

（四）蒙古

如前所述，蒙古是一个化石能源资源相对比较丰富的国家。但是由于国内开采技术和经济能力有限，许多资源处于待开发状态。国内能源，特别是石油制成品还处于短缺状态。因此在能源政策方面，一方面，蒙古欢迎外国公司投资共同开发蒙古能源资源；另一方面，又利用自身能源储量丰富的优势，在中、俄、日、韩等大国之间找平衡。蒙古政府提出在对燃料、能源领域的投资上，要注重安全、稳定的生产经营方式，但是在市场经济条件下还要注重经济利益。蒙古国政府特别注重清洁的自然环境和保持生态平衡，提出矿产、能源领域的目标是建立科学的、无害的新结构；提倡绿色经济、绿色发展，认为这是历史发展的必然选择。

---

① http：//www. huanqiu. com/newspaper/default. html？ type = hqsb&date = 2011 - 08 - 25，《环球时报》2011 年 8 月 25 日。

蒙古奉行开放、不结盟、多支点的和平外交政策，强调同俄罗斯和中国建立友好关系是蒙古对外政策的首要任务，主张同中俄均衡交往，发展广泛的睦邻合作。同时重视发展同美、日、德等西方发达国家、亚太国家、发展中国家以及国际组织的友好关系与合作。2004年12月，蒙古国国家大呼拉尔（会议）通过的决议指出，蒙积极推行符合稳定发展目标的且独立、开放、多支点的对外政策，全面巩固与中、俄的睦邻关系与合作，发展巩固蒙美全面伙伴关系与合作，深化巩固与欧盟成员国间业已发展的双边关系，扩大发展合作领域，发展与东盟地区论坛成员国间的双边关系，积极参加东北亚和中亚政治、经济活动进程和对话，积极参与联合国和其他国际机构的活动，把握机会，保障本国安全。

蒙古的能源政策和外交政策的变化对中蒙能源合作也将产生一定影响。尽管中国与蒙古的能源合作具备地缘优势，双边能源合作取得了健康发展，但由于中蒙两国在历史上曾有着特殊的关系，两国在能源合作的过程中不时有着不和谐的音符出现，影响着合作的顺利进行。中蒙两国的能源合作遭受其他国家的干扰较多。在煤炭合作方面，日韩两国由于前期获得的开采份额较少，极力钻营，干扰中国与蒙古的正常煤炭贸易。而俄罗斯为了控制蒙古的石油市场，以不再提供价格优惠的汽油为要挟。同时，蒙古国内的反华势力也竭力阻挠中国与蒙古的能源合作。再者，中国国内各类型企业为了能在蒙古的矿产资源开发上分得一块蛋糕，在蒙古的市场上进行了无序的竞争，甚至是进行掠夺性开采，破坏了蒙古草原的生态环境，引起蒙古国内的一些不满。

三 日本保障能源安全的经验

国土面积小、国内能源匮乏的日本顺利实现了经济的高速增长，发展成为世界第二经济大国，并且保持世界第二经济体地位长达42年之久。特别是3·11大地震后，2012年5月占全国发电量的29%的日本核电站全部停止运行，而日本的国民生活与生产并未受到约束性影响，整个宏观经济仍维持正常运行。很显然日本的经验证实了"一国能源禀赋与其经济发展水平并不能直接等同”，“能源约束可以通过政策设计和制度安排进行舒缓和规避”等观点的正确性。长期以来，能源需求量大与能源资源极度匮乏的矛盾造就了日本国民的忧患意识，为了保障其能源供应安全，日本在海外能源获取、能源节约、新能源开发、能源储备等方面都走在世界前列，其经验对我国具有重要的借鉴意义。

（一）稳定海外能源供给

海外能源获取是保障日本能源安全的根本。“二战”以来，日本一直将最大限度地获取海外资源作为国家重要的“生命线”。经过半个多世纪的经营，日本已经具备了超强的海外能源获取能力，其主要经验有如下几点。

第一，建立了高度完善的海外资源开发机制。为了充分发挥政府和企业的作用，最大限度地获取海外资源，日本建立了高度完善的海外资源开发机制。日本主管能源安全的行政部门是经济产业省资源能源厅，其外围机构——独立行政法人石油、天然气和金属矿物资源机构（JOGMEC）是日本矿产资源开发利用的具体管理机构，其核心作用是保障日本能源及矿产资源的稳定供应，具有信息收集、海外地质调查、技术开发、资金支持、资源储备和污染防治等职能，对提高日本海外资源开发能力具有重要意义。

第二，以确保中东石油稳定供应为安全保障的核心。中东地区石油储量占全球总储量的2/3，日本石油进口量的80%以上来自中东地区，中东地区石油能否稳定供应直接关系到其能源的安全。因此，日本一直将中东地区作为其资源外交的重中之重。目前，伊拉克、利比亚、叙利亚、苏丹等国局势仍然不稳定，恐怖主义盛行，伊朗和美国矛盾突出，中东地区政府的不稳定以及地区内部矛盾不断发生，这些不利因素都对石油的稳定供应构成严重威胁。日本积极与美国、西欧在中东地区开展政治、经济、军事合作，扩大在该地区的影响，分享中东地区的石油资源，保障石油的稳定供应。同时，日本政府以首脑外交开道，大力开展能源外交。通过提供政府开发援助（ODA）等手段对资源、环境、教育、医疗以及基础设施建设等领域进行投资，不断扩大其在中东的政治影响力，增强中东石油供应的安全。

经过多年的经营，日本已经同沙特阿拉伯和阿联酋建立了较为稳固的合作关系，从这两个国家进口的石油已经达到了日本进口总量的50%以上。目前，日本在不断巩固与沙特阿拉伯、阿联酋、科威特等国的关系的同时，开始寻求与其他中东国家建立能源合作关系，以期增加更多的石油进口量。

第三，不断增强能源自主开发能力。日本海外能源进口来源地多数不稳定，能源供应多受制于人。近年来，日本开始寻求自主勘探、开发油气项目，以提高能源供应安全。截至2010年，日本已经在俄罗斯、中亚、东南亚、南美、北非等地有40多个勘探、开发项目，部分已经投产。2010年公布的日本《能源基本规划》提出：到2030年，要将石化燃料的自主开发比重从现在的26%再提高一倍[①]。

（二）能源供给的多元化战略

日本实施的能源供给多元化战略可分为能源供应品种的多元化和能源供应来源地的多元化。1973年的第一次石油危机使日本认识到，过于依赖对石油的消费严重威胁着日本的能源安全。此后首先实行了石油替代政策，一直致力于扩大海外煤炭、天然气的进口，同时加强核能、新能源的开发利用，降低石油进口比例。经过多年的努力，日本已经从以石油为主的能源时代向能源多样化时代转变：1973～2007年，一次能源中石油所占比例从76%下降至44%（见图5-1）。根据日本新国家能源战略，2030年之前，日本的石油消费占总能源消费的比例降低到40%以下。

能源供应来源地的多元化。由于日本80%以上的石油进口均来自政治、经济极不稳定的中东地区，严重威胁其能源供应安全。因此，不断拓展能源进口来源地成为其增强能源供应安全的重要举措。截至目前日本所做的主要努力有：积极寻求开辟俄罗斯远东地区油气通道，降低对中东地区的石油依存度；加强同非洲国家的交流，开辟非洲能源供应地；

---

① 经济産業省編『エネルギー基本計画』，2010，第9页，http://www.meti.go.jp/committee/summary/0004657/energy.pdf#search＝エネルギー基本計画。

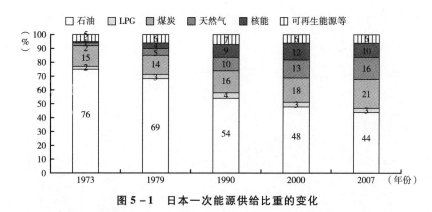

图 5 - 1　日本一次能源供给比重的变化

资料来源：資源エネルギー庁「総合エネルギー統計」、「電源開発の概要」。

增加中东地区能源供应国的数量；加强与东南亚各国的合作。1973～2007 年，日本一次能源需求对中东地区的进口依赖度从 60% 下降到 40%，对亚太地区和非洲地区的依赖程度不断上升。目前，日本约 90% 的煤炭、60% 的天然气都来自亚太地区，铀矿主要来自加拿大和澳大利亚。显然，日本能源需求对中东的依赖程度已经大大下降，能源安全明显提高。

（三）节约能源、提高能源利用效率

保障能源安全既要从稳定供给方面入手，也要从需求方面下功夫。在能源供给方面日本几乎是绞尽脑汁，千方百计地利用一切可以利用的条件，有时甚至不择手段；而在需求方面则通过调整产业结构，淘汰和减少高能耗、高污染产业，大力发展能耗低、附加价值高的环境友好型产业，同时将节能和提高能源利用效率发挥到了极致。日本资源能源厅数据显示，从 1973 年到 2003 年的 30 年间，日本单位 GDP 能耗降低了37%，目前是世界上单位 GDP 能源消费量最低的国家（见图 5 - 2）。泡沫经济崩溃后，经济增长率很低，加之节能技术的推广和能源利用效率的提高，自 1995 年以来，日本能源消费总量基本维持零增长水平[1]。总

---

① （财）矢野恒太記念会　編集・発行『20 世紀がわかるデータブック　日本の100 年（改訂第 5 版）』、2006 年、経済産業省『エネルギー白書』各年版。

结日本能源节约经验，可归纳为以下几点：第一，完善法律法规，科学规划，健全管理机制；第二，目标明确，精打细算；第三，不断加大节能技术研发和推广的投资力度。

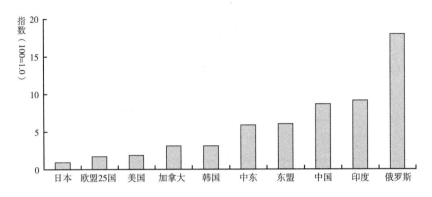

图 5 – 2　世界主要国家单位 GDP 能源消耗量比较

资料来源：IEA/Energy Balances of OECD/Non OECD Countries 2006 Edition。

为了提高能源的利用率，日本在《新国家能源战略》中制订了四大能源计划。一是节能领先计划。目标是到 2030 年，能耗效率通过技术创新和社会系统的改善，至少提高 30%。达到此目标的具体措施是，大力推进节能技术战略路线图，制定不同部门的节能标准并实施评价管理。二是未来运输能源的计划。该计划旨在通过制定客车燃料消耗的新的燃料效率标准、改建生物转化燃料供应的基础设施、加大对国内生物甲醇生产方面的支持、推广使用电动汽车和燃料电池汽车、大规模开发新一代电池和燃料电池卡车等措施，使运输部门到 2030 年，对石油的依赖降至 80%。三是新能源创新计划。该计划到 2030 年，将太阳能发电需要的成本降至与火电相同的水平，通过生物能源和风力"地产地销"，促进区域能源自给率的提高，将市场销售的新卡车转为混合动力卡车，促进采用电动卡车和燃料电池卡车。四是核电立国计划。新战略规定到 2030 年后，日本的核能发电量要占到总电量的 30%～40%。后面将要谈到，由于福岛核电站事故的发生，日本的这一战略已经无法如期实现了。

（四）完善能源危机管理，强化能源储备

日本以石油危机为契机，逐步确立了官民一体的石油储备体系，并通过制定石油储备法和节能法，进行法制上的完善，明确提出政府和民间都具有储备石油、液化天然气的义务。石油储备是缓解短期供需矛盾、应对价格上涨或石油短缺的最为有效的手段，也是国家能源安全的最后一道防线，是保障国家能源安全的重要组成部分。1978 年日本开始在全国筹建 10 个国家石油储备基地，2008 年增加到 12 个。截至 2008 年 5 月，日本石油储备总量达到 8744 万千升，可满足使用 177 天，国家储备和民间储备分别占石油储备的 55.4% 和 44.6% ；石油气储备量达到 279.4 万吨，可满足使用 83 天，国家储备和民间储备分别占石油气储备的 21.7% 和 78.2%（见图 5 - 3）。

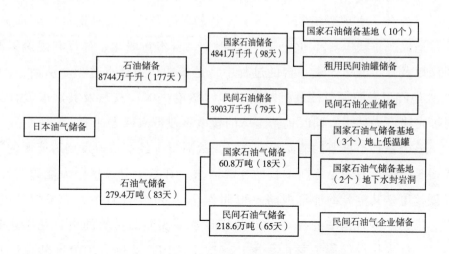

图 5 - 3　日本油气储备情况

日本的油气储备采取官民协作的方式，调动民间企业的储备积极性，取得了事半功倍的效果。国家的油气储备由石油、天然气和金属矿物资源机构（JOGMEC）负责实施与管理。民间石油储备由大型石油公司实施与管理，政府对这些石油公司提出储备要求，同时给予资金补贴、低息贷款、担保贷款、技术支持等。自建立石油储备以来，日本曾多次释放石油储备，对缓解短期石油供需矛盾，平抑油价起到了重要作用。

值得一提的是，3·11大地震和大海啸几乎没有对位于重灾区的青森、秋天和北海道的油气储备设施造成损失。这说明这些设施经受住了巨大的自然灾害的考验，而且在抗灾抢险和灾后重建过程中也发挥了巨大作用。

四　日本核电站事故对日本及中国能源安全的影响

（一）对日本能源领域的巨大冲击

东日本大地震和大海啸的发生，导致福岛第一核电站四个机组遭到彻底毁坏。这次事故与切尔诺贝利核电站事故的严重程度一样，都是人类历史上的最高级别——7级。此次事故的直接后果至少有以下四个方面。一是引发公众"心理恐慌"；二是导致生态环境恶化；三是造成巨额损失；四是造成严重缺电。20世纪70年代以来，日本在弱化、稀释和规避能源风险以及打造能源安全平台的过程中，把核能作为重点选项。然而，3·11大地震引发的福岛核危机却给日本"核电立国"战略及其制度设计等方面带来巨大冲击，同时也给全球的核电事业带来巨大冲击。

核电是日本重要的能源根基之一。战后日本经济快速发展对能源的需求增长很快，为满足不断增长的能源需求，日本十分重视电力能源开发，发展核电是其重要的能源战略。20世纪70~80年代日本大力发展核电，有力推动了电力化率的提高，2008年日本一次能源供给的电力化率达到44%。日本是世界第三核电大国，仅次于法国、美国。2010年年末，日本共有54座商用原子能发电站（见图5-4），装机容量为4947万千瓦，发电量为2790亿度，占发电总量的29%，占一次能源供应总量的11.7%左右。《新国家能源战略》提出了"到2030年将核电在总发电量中的比重提高到30%~40%"的目标[①]，2010年的《能源基本规划》又提出了2020年占40%以上，2030年接近50%的新目标。但是，由于福岛核泄漏

[①]　経済産業省資源エネルギー庁編『最新エネルギー基本計画』，財団法人経済産業調査会，2007，第142~143頁。

事故的发生，导致上述目标完全落空。福岛核事故发生后，在建的 3 个反应堆（总装机容量 367 万千瓦）立即宣布停建；计划建造的 12 座反应堆（总装机容量 1655 万千瓦）也被迫取消。当然，日本梦寐以求的"核电国际化战略"也将受挫。

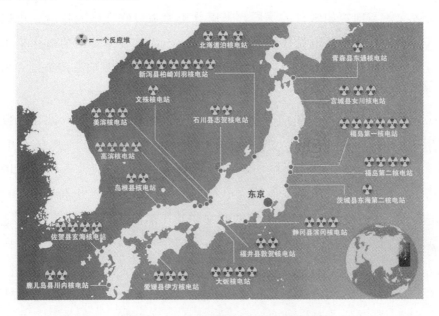

图 5－4　东日本大地震与核电站分布图

核泄漏事故发生后，东京地区和东北地区严重缺电，打乱了这些地区正常的生产和生活秩序。企业不能正常开工生产，商家被迫歇业。特别值得关注的是，由于历史原因，日本国内电力频率并不统一，以东京为中心的东日本为 50 赫兹频率，而以大阪为中心的西日本为 60 赫兹频率，两者不能兼容。也就是说，尽管西日本电力充足，但其电力却不能并入电力短缺的东日本电网。不过，日本通过采取节电、用电部门自行发电和错峰用电等方式，总算在 2011 年 9 月渡过了最严重的电力短缺难关。

但是，核泄漏所引起的恐核影响远远没有消除。人们始料不及的是，不但日本新建核电站的计划和提高核电比重的计划彻底落空，而且就连现有核电站的正常运转也不能维持。截至 2012 年 5 月 6 日，日本 54 座核电站机组或毁或损或进入定期检修，全部停止运行，日本时隔 42 年进入"无核电时代"。在正常的情况下，检修合格的核电站在征得当地政府的同意后即可重新启动。但现在由于反核势力、当地居民和当地政府的阻力，进入检修状态甚至经过检修、耐用试验合格的核电站中没有一座重新启动。而核电站能否重启、何时能重启，这不是简单的经济问题，更多的是政治问题，十分复杂。与前首相菅直人不同，野田首相主张检修合格的核电站可以重启。由于关西地区核电站较多，大量核电站不能正常运转，缺电几乎不可避免。日本政府在 2011 年 12 月 1 日正式要求除冲绳之外的全国范围开始节电，而关西电力公司早就要求所辖地区电力用户冬季节电 10%。

电力短缺不仅会对生产和生活造成影响，而且缺电一旦长期化，势必会引起电价上涨。东京电力公司最近已提出对企业用电大户提高电价 17% 的要求[1]。日本政府测算，如果核电站不能如期重启，每年需要增加 3 万亿日元的燃料费用。假如用火电替代核电，可能导致电价上涨 20%。长期缺电，而且电价上涨将导致生产成本上升，企业陷入经营困境，这必将成为日本经济增长的制约因素。再加上日元升值的压力，企业将不得不走出国门，以规避汇率风险和国内经营成本上升带来的风险。据经济产业省在 2011 年 5 月的调查，约有 69% 的企业表示可能加速产业的海外转移[2]。国内产业的空洞化程度加剧，将使地方经济进一步衰退，失业率上升，从经济结构上降低日本的竞争力。

（二）日本国家能源战略面临重大调整

福岛核电站事故不仅使日本既定的核电发展目标难以实现，就连现有的核电站重新启动也困难重重。目前日本正处于"去核"还是"留核"的争论之中，核安全再评估问题、可能发生的东京地区直下型大地震及海啸风险问题、公众对核电的可接受问题等都成为争论的焦点。由于日本是世界上唯一遭受过原子弹袭击的国家，因此日本人深层次的恐核心理也甚于其他民族。虽然最终结果还难以推断，但估计日本的核电前景可能有以

---

① 東京電力：「大口値上げ、政府が圧縮指示へ　算定基準不適切」，《毎日新聞》2012 年 1 月 29 日。

② 経済産業省『ものづくり白書（2010 年度）』，2011 年 10 月 25 日。

下三种情景，第一种情景：反核势力、核电站所在地居民与地方政府迫于各种压力，完全同意重新启动核电站，国家的扩大核电站的基本目标也能实现；第二种情景：立即废除核电站，今后也不再发展核电事业；第三种情景：分阶段废除核电站。经过细致耐心的说服工作，进入定期检查的核电站，检查合格、耐用实验合格的陆续重启，现有核电站达到使用寿命后废弃。当然根据未来形势的发展以及核电技术水平的提高，也不排除建设新核电站的可能。从目前日本国内政治形势、日本多震的地质结构以及日本的电力供应能力等因素综合考虑，第一种情景几乎不可能，第二种情景的可能性相对较小，第三种情景的可能性最大。2012 年 5 月 25 日，日本核电站事故处理担当大臣细野豪志发表谈话指出，2030 年核电的比重将维持在 15% 左右[①]。这意味着日本并不是立即废除核电，而是逐渐废核。最近，经过多方努力，位于福井县的关西电力公司大饭核电站第 3 号、第 4 号机组（合计 236 万千瓦）将重新启动[②]，估计其他定期检查合格的核电站（如位于北海道的泊核电站、鹿儿岛县的川内核电站、石川县志贺核电站和爱媛县的伊方核电站）也将陆续重新启动，可以说第三种情景已成为定局。但是，尽管如此，日本仍将出现中长期的电力紧张局面。2011 年 11 月，日本国家战略室出台了《能源安全稳定行动计划》，但这只是 3 年计划，从中长期看，日本必然会对国家能源战略进行重大调整。日本"新成长战略实现会议"决定，在 2012 年内制定新的"能源、环境战略"，其具体内容尚无法预测，下面只对日本能源战略调整的基本趋势进行简略分析。

第一，近中期只能增加火力发电，以解燃眉之急。用何种能源来替代核电成为近期日本亟待解决的问题。首先看一下水电，水电占日本发电量的 8.0% （见图 5 - 5）。但水力发电在日本已经相当成熟，发电潜力已被充分挖掘，不可能临时或短时间内快速增长。再看一下新能源，太阳能、

---

① 日本経済新聞ネット版：『2030 年の原発比率「15％がベース」即時停止せず廃炉まで活用」，http://www.nikkei.com/news/headline/article/g。

② 大飯原発 2 基フル稼働で、最短 7 月 24 日，http://www.nikkei.com/article/DGXNASGG16002_W2A610C1NNE000/？dg = 1。

风能、地热、潮汐发电等新能源占日本发电总量的比重只有1.1%，再加上新能源发电存在单位规模小、成本高、不稳定等缺陷，短期内不可能大规模发展，可谓远水不解近渴。因此短时间内最有希望替代核电能源的只能是火力发电。如图5-5所示，日本的火力发电占总发电量的62%，是电力生产的主力军。而且日本火力发电设备在发电时一般留有余地，近年来，因经济长期不景气，企业开工不足，社会用电量下降，电力设备的运转率有时还不到70%。即使不建新厂，仅提高现有火电设备的运转率也可以补充相当部分的电力。

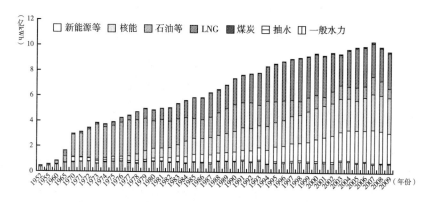

图5-5　发电量以及不同种类发电所占比例的变化

资料来源：资源エネルギー庁「電源開発の概要」、「電力供給計画の概要」。

　　第二，核电站事故将推动日本加快新能源研究开发的步伐。新能源虽然存在成本高、技术难度大、分散、单位规模小等缺点，但其毕竟代表着国家能源战略的未来方向。日本在《新能源法》中，明确提出大力发展新能源以减少对石油的依赖。根据能源法的相关规定，新能源从供给方面看，主要有：①太阳光发电、风力发电、废弃物发电、生物质能发电；②太阳热利用、废弃物热利用、生物质能热利用、雪水热利用、温度差热利用；③废弃物燃料生产、生物质燃料生产。从需求方面看，能够替代石油使用的电动汽车、燃气车、燃料电池等也属于新能源利用范畴。

　　日本早在20世纪70年代就开始研究和开发新能源，在太阳能发电、风能发电、生物质利用等新能源以及节能汽车的利用方面，取得了丰硕的成果。近年来，日本新能源产量占一次能源的供应比例有所上升，2005年已经达到2%，2008年上升到2.9%，2010年已超过3%。值得注意的是，在2005年之前，日本的太阳能、风能发电量一直居世界第一位，但由于种种原因，在2005年以后开始落后于欧美各国。而在太阳能光伏以及风电设备生产方面日本还大大落后于中国。这些教训非常值得探究。国际金融危机以后，为了占领经济发展制高点和寻找经济复苏的起爆点，日本又开始新一轮的新能源开发，而核泄漏事故又将进一步促进日本的新能源开发。

当然，以这次大地震为契机，日本在开发新能源的同时还会进一步开发节能技术，提高能源利用效率，并且继续调整产业结构，甚至改变国民的生活方式，为进一步减少能源消费总量而做各种努力。

第三，调整未来发电能源选择与减排目标的矛盾。今后核电减少已成定局，甚至可能出现分阶段废除核电站的局面。选择可以填充核电空缺的能源就成为日本的当务之急。很显然，将发展新能源作为长期目标是可取的，但是正如前面所述，由于风电、太阳能、生物质发电等可再生能源的分散性、单位发电量有限、技术难度大、成本高、入网困难等诸多原因，短期内难以形成规模。发展水电的空间很小。因此，最现实的选择就是增加火电，而扩大石油、天然气等化石燃料进口，化石能源消费量的增加必然给温室气体减排带来压力，其结果，不仅使日本所承诺的《京都议定书》的目标难以实现，而且新近承诺的到2050年要比1990年减排25%的目标也无法实现。届时日本的国家形象将大大降低，实现环境大国的目标将成为泡影。如何协调与环境和减排的关系也将成为日本能源战略调整必须要慎重考虑的问题。

（三）对中国能源安全的影响

日本对世界主要能源类产品的消费都位居世界前列，地震引发的能源消费问题将对世界能源消费产生一定影响。特别是日本的化石燃料几乎全部依靠进口，例如，日本对煤炭的进口占世界总进口量的20%，为世界最大煤炭进口国；石油进口占世界总进口量的 9%，为世界第三大石油进口国；天然气进口占世界总进口量的 39%，为世界最大的天然气进口国。日本的主要能源占世界能源贸易中的比重都很高，其能源结构的变化，以及进口数量的增加必将对国际能源市场造成波动。很显然，日本石油、天然气进口量的增加，可能导致世界化石能源价格慢性上涨，这会对中国能源安全产生间接影响；而同为能源消费大国，日本增加原油、煤炭和天然气的进口，势必会导致中日两国在世界能源市场上的直接竞争和碰撞。

灾后重建的深入和日本对能源战略的调整，对国际能源市场的中期影响不可避免。但鉴于日本已经不是经济高速增长的国家，其对能源的需求量近些年来处于比较平稳甚至下降的状态，在度过灾后重建高峰期后，能源需求变化对世界能源需求总量和价格的影响力，处于稳定或有所减弱的趋势。加之国际石油安全保障体系亦比较完善、市场调节能力增强、产能过剩等多种因素存在，也会使日本的影响力大大降低。相应的，对中国的能源安全的影响也会减弱。

日本的能源出口量很少，其能源出口仅占世界能源出口的 0.2%，主要是高级炼油产品，面向少数世界高收入地区和特殊用户。此次地震导致日本几家炼油厂暂时关闭，影响到日本 1/4 的炼油能力的使用，但由于日本灾后恢复很快，日本炼油产品生产和出口只是出现暂时性的下降，并未对世界能源出口市场产生太大影响。

五　对策与建议

能源是国民经济的命脉。长期以来，能源一直是中国经济发展中的热点和难点问题。我国自 1992 年沦为石油净进口国以来，石油进口逐年增加，目前石油进口依存度已高达 56%；天然气进口也逐年增加；我国本来是世界第一大煤炭生产国，但在 2011 年却进口煤炭超过 2 亿吨。我国的能源安全问题面临严峻的局面，令人担忧。今后中国将面临更加激烈的国际能源资源竞争，而国内能源需求增长过快，节能减排形势严峻，保障供应的压力越来越大，调整结构、控制总量的任务越来越紧迫。另外，我国正面临来自以美国为首的西方国家的各种打压，这也使我国的能源安全风险加大。

在这种严峻的形势下，加强东北亚的能源合作不仅有利于我国的能源安全，而且也可使我国从美国对我国实施的地理合围中打开缺口，这具有重要的战略意义。为此，特提出以下几点建议。

（一）通过政治合作、外交合作推动东北亚的能源合作

东北亚各国无论是从地理关系、历史关系、文化关系，还是从宗教关系上来看都经过了两千余年长久的历史考验和相互交往的实践，特别是中、朝、日三个民族同属于汉字圈，共同拥有儒家文化传统，这种共同的文化传统将是相互信赖、建立恒久协作关系的深层基础。东北亚地区各国经济互补性强，完全具备实现经济一体化的条件。

目前，东北亚地区呈现出多层次、多角度推进区域合作的态势。东北亚区域合作面临的问题是合作过于松散，所以各国应从多层次、多角度推进区域合作。其中，能源合作是东北亚区域最具潜力的项目合作。俄罗斯拥有丰富的石油、煤炭、天然气等能源，中国、日本、韩国都是能源进口国，因此，能源合作的成功能够产生强大的示范效果。

然而，从过去的合作实践中不难发现，东北亚地区各国的政治合作与战略合作显得越来越重要，可以说建立中俄之间、中日之间、中韩之间、中蒙之间的政治互信已成为东北亚地区能源合作的基础条件。东北亚地区各国关系错综复杂，存在多种"三角关系"，如中美日、中日韩、中美俄、中朝韩、中日俄以及美日韩等重要国家的三角关系，任何一种三角关系的矛盾恶化都会给该区域经济合作带来难以想象的影响。我国应巧妙应对和协调上述各种三角关系，在各种矛盾的夹缝中求生存，获得利益最大化。发挥我国市场巨大的魅力以及政治优势巩固我国在东北亚区域合作中取得的成果。特别是要利用好"上合组织"机制强化与俄罗斯的友好合作关系，这在错综复杂的国际形势下对我国具有战略意义。

（二）抓住时机，推动中日韩能源合作

中日韩三国的能源供应状况都很紧张，能源形势都十分严峻，能源直接关系到各自的切身利益，而且三国的石油进口地又都集中于局势动荡的中东地区。从这一点来看，中日韩三国特别是中日两国在能源领域的竞争难以避免。在中国同东北亚合作的过程中，日、韩出于与我国争夺区域合作主导权等目的，出于自身的经济利益和长期战略考量，常常扮演搅局的不光彩角色。但是，如果能够冷静地从各自的长远利益和可持续发展的长期视野思考，我们就能够在竞争的独木桥之外找到更多的共同利益。中日韩三国在能源领域还存在很多共同利益，在能源团购、海外能源开发、能源储备、流通，特别是在节能领域的合作空间非常广阔，如果在建立"东北亚能源共同体"等方面加强合作，就能克服当前的困难，缓解竞争并取得双赢和多赢效果。2012年5月在中日韩第五次首脑会谈期间签署"中日韩投资协定"，同时，三国首脑会议宣布年内启动建立中日韩自贸区谈判，很显然，这些都为中日韩的能源合作创造了良好的环境。

（三）深入研究，借鉴日本保障能源安全的经验

日本石油进口依赖度几乎是100%，比我国的56%高出很多，但却能够通过各种努力保障能源安全。特别是2012年5月以后占日本发电量29%的日本核电站全部停止运行，而日本的国民生活与生产并未受到约束性影响，整个宏观经济仍维持正常运行。日本虽然资源禀赋不佳，但却能依靠灵活的能源战略调整和政策安排，从供需两个大的方面保证能源安全，其经验值得深入研究和借鉴。

但是也应当注意到，战后日本与中国所处的环境完全不同。第一，在日美安全条约的框架下，美国对日本进行各种层面的"保护"，日本与西方世界为同一阵营，日本在获取能源时几乎没有受到美国以及西方国家的阻挠，因此能源安全比较容易得到保障；而中国现在处于遭受美国和西方国家打压的窘境，特别是从美国战略东移、高调重返亚洲以来更是如此。国际能源市场早就被美国和西方大国所控制，中国处于十分不利的地位。

更多地依靠世界市场，恐怕能源安全风险更大。第二，日本高速增长时期的国际能源价格低廉，能源储量丰富的国家特别是产油国为了获得发展经济的资金，希望卖出更多的资源。而目前的情况却发生了根本性变化，油价不断攀升，能源储量丰富的国家特别是产油国民族主义、贸易保护主义、资源保护主义高涨，唯恐他国"掠夺资源"，加之日本等国的搅局，中国参与国外能源开发的空间越来越小。第三，应对全球气候变化，减排压力增大。日本早已完成工业化任务，在20世纪70年代后期就进入后工业化时代，能源强度减弱；而中国正处于工业化和城市化的高涨期，短期内高能耗的重化学工业占主导的产业结构难以改变，客观上能源消费量将会增加，能源强度还会上升。此外，与中国相比，日本早已捷足先登在世界能源市场上占据了有利地位，而中国无论从能源贸易，还是从海外能源开发、海洋能源资源开发等方面都处于不利地位。在"中国买啥啥涨价，卖啥啥跌价"的状况下，不可能把日本获取海外资源的经验做简单移植。但是日本在能源节约、新能源开发、能源储备等方面的经验是可以借鉴的，而且在这些领域内，中日两国的合作空间十分宽广。

（四）汲取日本核事故教训，加强中日能源合作

日本这次福岛核事故震惊了世界，给日本的核电事业甚至全球的核电事业都带来空前冲击。鉴于日本核泄漏的沉痛教训，建议国内核电管理部门一定要将核电安全生产落到实处，不留任何隐患。应当说，现在核电技术已经比较成熟，核电是安全的。所以我们不能因噎废食，轻易放弃核电发展。日本出现的这次核事故是9.1级大地震和巨大海啸叠加作用的结果，其破坏力远远超过了原来的电站设计标准，当然也存在许多人为因素。谁也不能保证以后在中国沿海特别是核电站附近不会发生大规模的地震、海啸以及具有同样破坏程度的台风、龙卷风等灾害。所以我们所能做的就是把"安全"做到极致。这次日本核事故，失去的不仅仅是几座反应堆，不仅仅是经济上的损失，日本国家形象也严重受损，日本的民族自信心受到严重挫伤，其教训是极其沉痛的。截至目前，核泄漏尚未得到完全控制，核电站周边的土壤、水域、蔬菜、水源等都受到不同程度的污

染，人心恐慌，其社会影响极为严重。我国应汲取日本的沉痛教训，有必要对"大干快上式"的核电发展战略进行适当的调整。宁可速度慢一点，也一定要确保绝对安全。

灾后日本势必要对国家能源战略进行调整，将要实施用其他能源"替代核电"的战略。日本将增加原油、天然气等化石燃料的进口。2011年日本进口矿物燃料高达 2733 亿美元，同比增长 38.2%，其中原油进口增幅高达 33.7%，液化天然气进口增幅更高达 52%[①]。由于能源进口大幅度增加使日本出现了自 1981 年以来的首次贸易逆差。估计 2012 年以后日本能源进口还将持续增加，这将有可能引起国际大宗商品涨价，再加之中东、北非局势严峻，国际能源市场可能出现震荡。同时日本对海外原油、天然气、煤炭等大宗商品的需求扩大可能导致中日两国在国际能源市场上的竞争加剧，我国对此应做好预案。可考虑作为中日战略互惠关系的内涵，构筑中日能源共同体，加强中日双方在第三国的石油、天然气等能源的共同开发、共同购买等，特别是应当继续加强中日双方在节能环保领域的合作。

日本在扩大化石能源进口的同时，必将加速新能源的研发和发展。我们可利用这一机遇，加强双方在新能源领域的技术合作，以提升我国新能源产业的发展水平。这次日本核泄漏事件使日本的核电事业严重受挫，今后在国内发展核电将会受限，而日本核电技术已相当成熟，核电装备制造实力雄厚，核电走出国门可能成为其重要选项，我国应抓住这一机遇，加强两国在核电领域的合作。总之，中日全方位的能源合作恐怕是缓解恶性竞争、解决各种复杂矛盾的最佳途径。

（五）加强与俄罗斯的能源合作

俄罗斯是东北亚地区能源资源最丰富的国家，构筑良好的中俄能源合作关系对我国具有战略意义。2011 年我国自俄进口矿物燃料等能源产品

---

① JETRO 数据，http：//www.jetro.go.jp/world/japan/stats/trade/excel/commodity ＿ cty ＿ im ＿ 2011.xls。

22.9 亿美元，俄罗斯已成为我国重要的能源合作伙伴。中俄石油贸易发展很快，但天然气合作进展缓慢。俄罗斯面向亚太地区的天然气出口，主要是中国、日本和朝鲜，而最先得到的是日本。2009 年，日本就已得到俄罗斯萨哈林岛的液化天然气（每年 500 万吨）①，而中国通过管道获得天然气将不早于 2014 年。在这期间对于俄罗斯的能源出口战略和构想，中国应积极参与。

中俄之间的能源合作虽然进展缓慢，但经过近二十几年的观望和磨合，俄罗斯油气公司至少看到了以下商业前景：①中国市场庞大；②如果中方参加俄罗斯矿产资源的勘探和开采，所提供的投资将推动该地区的发展；③中国也可以成为俄罗斯资源出口其他亚太国家的过境国；④俄罗斯天然气公司近年在欧洲，不仅作为国际天然气市场的批发商，也作为零售商购买当地气源，这一模式不是很成功。在欧洲，俄罗斯天然气的单向供应引起强烈的反俄情绪，也迫使俄罗斯的油气资源寻求东部突破口，中国将成为其更为灵活的出口合作伙伴。

刚刚成立的普京新政权明显表现出对美冷淡及对华合作的热情，"上合组织"在安全领域的合作也日益频繁。我国应充分利用这种良好氛围，在提升同俄罗斯政府层次的能源合作水平的同时，还要加强民间层次的各种形式的能源合作。

（六）以民促官，加强与朝、蒙的能源合作

东北亚地区的朝鲜与蒙古均属于经济发展比较落后的国家，但是能源资源相对比较丰富，特别是蒙古煤炭、石油资源储量更加丰富。加强与朝鲜、蒙古的能源合作具有地缘优势，对确保我国能源安全具有不可替代的重要意义。截至目前，我国与朝、蒙两国的能源合作有了一定的进展，但总体规模不大。由于历史、地缘政治等复杂的原因，朝、蒙两国对与我国的能源合作心存疑虑，唯恐我国对其能源资源进行"掠夺"。因此，与政府出面相比，民间企业之间的合作似乎更有效果。但是，上述两国市场并

---

① 経済産業省『エネルギー白書』，2009，第 201 页。

不规范，开放度不高，法律不健全，当地情况比较复杂，特别是朝鲜的状况更为复杂，投资风险较大。政府应提供一定的鼓励和扶植政策，如强化风险机制、优惠贷款条件等。同时要对参与合作的中方企业进行严格监管，规避恶性竞争，对那些违反投资国当地法律、破坏当地自然环境、损毁中国形象的中方企业进行严肃处罚。要使中方企业、员工成为连接中朝、中蒙之间友谊的桥梁。双方应通过民间的长期合作，打好基础，增进了解，以民促官，推动中朝、中蒙政府间的能源合作。

参考文献

经济产业省：エネルギー白書，2009 年、2010 年、2011 年版。

王建安、王高尚等：《能源与国家经济发展》，地质出版社，2008。

（财）矢野恒太記念会編集・発行. 20 世紀がわかるデータブック　日本の100 年（改訂第 5 版），2006。

经济产业省資源エネルギー庁：最新エネルギー基本計画、财团法人经济产业调查会，2007。

张季风：《野田内阁面临的经济难题与经济政策探析》，《现代日本经济》2012 年第 2 期。

尹晓亮：《福岛核危机对日本“核电立国战略”的影响》，载王洛林、张季风主编《日本经济蓝皮书 2012》，社会科学文献出版社，2012。

刘舸：《东北亚能源安全局势与韩国的战略选择》，《当代韩国》2009 年夏季号。

第六章　亚太地区局势与中国能源安全

随着中国经济跨入中等国家收入水平，超越日本成为世界第二大经济体，能源与经济增长、国民生活稳定以及国际市场运行之间的关联性也日益突出。本章集中论述亚太地区与中国的能源关系，特别是考察亚太地区国家能源政策以及地区安全形势变革对中国能源供应安全的影响。不同的国际机构对亚太地区涵盖的范围定义有所不同。本章采取能源领域颇负盛名的英国 BP 公司以及美国能源署对亚洲、大洋洲的统计定义，即不包括俄罗斯的东北亚、东南亚、南亚以及澳新等南太平洋国家。总体而言，在能源消费生产领域占据重要地位的亚太国家，主要是中国、日本、韩国、印度尼西亚、印度以及澳大利亚六国。

整体来看，亚洲的能源供需处于比较严重的失衡状态，严重依赖地区外能源市场的供应。由于美国对亚洲实施再平衡战略，地区安全形势骤然紧张，加上美国能源布局的变迁，亚洲国家将更加依靠自己确保能源供应的安全。在保障石油运输通道的安全上，中、日、韩、印四个消费大国更多的是合作关系，但在全球能源市场中，却又是竞争关系。为了确保能源供应可以保障经济可持续发展，中国有必要加强技术进步，也有必要深入国际市场，加强国家间合作，特别是在海上构建起安全合作机制将有助于地区内形势的稳定与能源运输通道的安全。

一 亚太地区国家与中国的关系

总的来看，亚洲地区在全球能源供应中地位较低，但其需求十分巨大，失衡明显。中国是亚太地区最近一轮经济增长的引领者，包括印度在内的经济持续增长，加重了亚太地区在全球能源资源格局中的失衡性。由于资源的全球分布并不均衡，各国在能源安全问题上也只能执行一种相对安全的观念，为此就不能只局限于在本国范围内考察能源的供需，而必须综合考察地区以及全球性能源布局，审视地区安全形势对能源供应保障的影响。

（一）亚太地区在全球能源格局中的地位

1. 石油

从已探明的世界石油储量来看，亚洲处于全球最弱势的位置。根据美国能源部数据，按石油已探明储量计算，可以将世界大致分成四个等级区域：处于第一等级的是中东地区，自 2004 年就已跨入 7000 亿桶；第二等级是美洲，自 2003 年开始北美跨入 2000 亿桶，从 2011 年起中南美洲的探明储量首次超过 2000 亿桶；第三等级是非洲和欧亚大陆，从 2005 年起，非洲的探明储量首次超过 1000 亿桶，自 2007 年开始，欧亚大陆的探明储量接近 1000 亿桶；第四等级是亚洲/大洋洲、欧洲，两者的探明储量 30 年来没有太多变化，前者是 400 亿桶，后者是 200 亿桶，其中欧洲的储量近年来下降很快，2011 年只有 120 亿桶。换句话说，亚太地区的石油储量只相当于中东地区的 6% 左右。如表 6 - 1 所示，亚太地区已探明储量占全球的份额从 2001 年的 3.6% 下降为 2011 年的 2.5%。能源的供应在地区之外，这对中国经济的崛起构成了长期的挑战，也是亚洲经济可持续发展的难题之一。

从原油消费生产失衡角度衡量，亚洲的能源安全问题更为突出，是全球最大的石油净进口地区。从表 6 - 1 可以看出，这种失衡近年来更加严重。2001 年，亚太国家需要从区域外每天进口 1354.2 万桶，到 2011 年这一数字增长到每天 2021.5 万桶，产量和消费量占全球的比重的差额也从 2001 年的

表 6 - 1　2001～2011 年亚太地区已探明石油储量、产量和消费量

项目 年份		2001	2003	2005	2007	2009	2011
储　量	亿桶	405	405	407	402	422	413
	占全球比重(%)	3.6	3.4	3.3	3.2	3.1	2.5
产　量	万桶/日	781.1	774.2	795.9	795.1	797.8	808.6
	占全球比重(%)	10.4	10.0	9.8	9.6	9.9	9.7
消费量	万桶/日	2135.3	2275	2450.3	2575.3	2586.6	2830.1
	占全球比重(%)	27.6	28.5	29.1	29.8	30.5	32.4

资料来源：BP, Statistical Review of World Energy。

负 17.2% 增加到 22.7%。另根据美国能源署数据，在全球 15 大生产国中，亚洲只有中国位列其中。而消费大国中，亚洲就有四个，分别是中国（全球第二）、日本（全球第三）、印度（全球第四）与韩国（全球第九）。其中，美国以每天 19180 桶的消耗量遥遥领先于其他国家，排在美国后面的是中国，每天消耗 9392 桶，按照一般 1 吨原油等于 7.35 桶计算，大致上相当于 1278 吨。从总量看，尽管亚洲四大消费国加起来相当于美国的消费量，但这些亚洲国家的能源供应具有比美国更严重的脆弱性。从能源生产供给角度来看，全球前 20 个主要原油生产消费国的能源政策都必然影响到中国、日本、印度与韩国的能源安全。

　　亚洲国家中除了文莱、马来西亚、越南之外，其余国家和地区都存在着比较严重的依赖区域外石油供给的症状（见表 6 - 2）。中国是亚洲已探明石油储量最多的国家，截至 2011 年，中国已探明石油储量为 147 亿桶，占世界探明储量的 0.9%；马来西亚和印度分别以 59 亿桶、57 亿桶排名第二、第三；越南、印度尼西亚、澳大利亚则以 44 亿桶、40 亿桶、39 亿桶排名亚洲第四、第五、第六；排名第七的是拥有 11 亿桶石油储量的文莱。中国、印度的石油储量尽管在全球还占有一定分量，开采量占全球的比重也大大超过其储量占全球的比重，但严重依赖区域外石油，2011 年产量与消费量占全球的差额分别为 6.3% 和 3%。而日本、韩国是典型的区域外石油依赖型国家，2011 年消费量占全球的比重为 5.0% 和 2.6%，新加坡、中国台湾以及澳大利亚等国家和地区的石油进口也都

依赖区域外国家。这些国家和地区的原油供应基本依靠地区外生产地，与中国日益增长的能源需求形成了竞争态势。

表 6-2　2011 年主要亚太国家的石油已探明储量、产量和消费量

国家和地区	储　量			产　量		消费量	
	亿桶	占全球比重（％）	储采比（年）	万桶/日	占全球比重（％）	万桶/日	占全球比重（％）
中　国	147	0.9	9.9	409	5.1	975.8	11.4
马来西亚	59	0.4	28.0	57.3	0.7	60.8	3.7
印　度	57	0.3	18.2	85.8	1.0	347.3	4.0
越　南	44	0.3	10.4	32.8	0.3	35.8	0.4
印度尼西亚	40	0.2	11.8	94.2	1.1	143	1.6
澳大利亚	39	0.2	21.9	48.4	0.5	100.3	1.1
文　莱	11	0.1	18.2	16.6	0.2	—	—
日　本	—	—	—	—	—	441.8	5.0
韩　国	—	—	—	—	—	239.7	2.6
新加坡	—	—	—	—	—	119.2	1.5
中国台湾	—	—	—	—	—	95.1	1.1

资料来源：BP，Statistical Review of World Energy 2012。

2. 天然气

在天然气方面，全球的资源分布、生产及消费同样也不均衡，亚洲的地位也比较低。据 BP 公司统计，在储量方面，2010 年中东占据全球 40.5％的份额；其次是欧洲及欧亚大陆，为 33.7％；亚太地区排在第三，只有 8.6％。在产量方面，欧洲及欧亚大陆排在第一位，占全球份额的 32.6％；其次是北美洲为 26.0％；亚太地区排第三，占 16.4％；紧随其后的是中东地区 14.4％。在消费方面，同样还是欧洲及欧亚大陆排在第一位，占 35.8％；其次是北美，占 26.9％；亚太地区排第三，占 17.9％[1]。从上述数据看，天然气生产、消费的一个规律是与人均 GDP 紧密关联，在人均 GDP 高的区域，天然气的生产、消费就高一些。在亚洲主要能源消费型经济体中，只有日本、韩国等 OECD 国家的结构与欧美类

---

① BP《世界能源统计 2011》，第 20~26 页。

似，中国、印度天然气的消费量占其能源消耗的比重相对低很多。从这个意义上说，日韩的能源结构类型与中印处于不同的发展阶段，日韩具有与欧美类似的能源安全威胁。

亚太地区在天然气生产、消费方面的增长速度远高于已探明储量的增加能力，也形成了类似于石油的供需格局。2011 年，亚太地区已探明天然气储量为 16.8 万亿立方米，占全球的比重为 8%，与 2001 年相比仅提高了0.2 个百分点。在产量方面，2011 年比 2001 年增加了 1971 亿立方米，占全球的比重也从 2001 年的 11.4% 上升到 14.6%。在消费量方面，2011 年比2001 年增加了 2826 亿立方米，达到 5906 亿立方米，占全球的比重也从2001 年的 12.5% 上升到 18.3%（见表 6 - 3）。这表明在天然气领域，亚太地区总体上也是依赖区域外供给市场的，且近年来的缺口逐步增大。

表 6 - 3　2001 ~ 2011 年亚太地区已探明天然气储量、产量和消费量

项　目 \ 年份		2001	2003	2005	2007	2009	2011
储　量	万亿立方米	13.1	13.1	13.5	14.7	15.8	16.8
	占全球比(%)	7.8	7.6	7.8	8.3	8.6	8.0
产　量	十亿立方米	282.0	321.6	363.9	402.2	446.4	479.1
	占全球比(%)	11.4	12.3	13.1	13.6	15.0	14.6
消费量	十亿立方米	308.0	350.8	398.9	459.6	503.9	590.6
	占全球比(%)	12.5	13.5	14.3	15.6	17.1	18.3

资料来源：BP, *Statistical Review of World Energy*。

中国、澳大利亚、印度尼西亚、马来西亚是亚太地区天然气储量大国，2011 年已探明储量分别为 3.8 万亿立方米、3.1 万亿立方米、3.0 万亿立方米、2.4 万亿立方米，排名第 5 位的是印度，储量为 1.2 万亿吨。在储采比方面，比较突出的是澳大利亚，其储采比高达 80 多年；巴布亚新几内亚已探明储量为 0.4 万亿吨，储采比超过 100 年。而日本、韩国、中国台湾、新加坡等都是纯粹的天然气消费地。

从国别地区来看，亚太地区可以明显分成如下三组（见表 6 - 4）。第一组是消费量小于生产量的国家或地区，按 2011 年数据的差额，依次是印度尼西亚（377 亿立方米）、澳大利亚（194 亿立方米）、文莱（128 亿

立方米）、缅甸（124 亿立方米）；第二组是消费量大于生产量的国家或地区，日本（1055 亿立方米）、韩国（466 亿立方米）、中国（282 亿立方米）、印度（150 亿立方米）、中国台湾（155 亿立方米）、新加坡（88 亿立方米）；第三组是生产消费基本持平的国家或地区，如越南、巴基斯坦和孟加拉等。

表 6 - 4　2011 年亚太地区已探明天然气储量、产量和消费量

国家和地区	储　　量			产　　量		消费量	
	万亿 立方米	占全球比重 （％）	储采比 （单位：年）	十亿 立方米	占全球比重 （％）	十亿 立方米	占全球比重 （％）
澳大利亚	3.8	1.8	83.6	45.0	1.4	25.6	0.8
中　国	3.1	1.5	29.8	102.5	3.1	130.7	4.0
印度尼西亚	3.0	1.4	39.2	75.6	2.3	37.9	1.2
马来西亚	2.4	1.2	39.4	61.8	1.9	28.5	0.9
印　度	1.2	0.6	26.9	46.1	1.4	61.1	1.9
巴基斯坦	0.8	0.4	19.9	39.2	1.2	39.2	1.2
越　南	0.6	0.3	72.3	8.5	0.6	8.5	0.3
孟加拉	0.4	0.2	17.8	19.9	0.6	19.9	0.6
巴布亚新几内亚	0.4	0.2	超过 100 年	—	—	—	—
文　莱	0.3	0.1	22.5	12.8	0.4	—	—
泰　国	0.3	0.1	7.6	37.0	1.1	46.5	1.4
缅　甸	0.2	0.1	17.8	12.4	0.4	—	—
日　本	—	—	—	—	—	105.5	3.3
韩　国	—	—	—	—	—	46.6	1.4
中国台湾	—	—	—	—	—	15.5	0.5
新加坡	—	—	—	—	—	8.8	0.3

资料来源：BP, Statistical Review of World Energy, June 2012。

3. 煤炭

在煤炭储量方面，占据前三位的是欧亚地区、亚太地区及北美地区。截至 2010 年年底的已探明储量中，欧洲及欧亚大陆占比为 36.4%，亚太地区是 30.9%，北美地区是 28.5%。在产量方面，亚太地区却遥遥领先，占到全球份额的 67.2%，欧洲及欧亚大陆却只占到 11.5%，北美地区略高一些，占 15.9%。消费量基本与产量的比重等同，亚太地区消费占全

球比重为 67.1%。在此需要注意的是，尽管亚洲国家对煤的消耗量占到很大比重，但中国占全球的比重为 48.2%，也就是说剩下其他国家只占 18.9%，如果再减去印度的 7.6%、日本的 3.5%，那么剩余的亚太国家对煤的消耗量大概只占 7.8%[①]。

2011 年，亚太地区的煤炭消费总量为 2553.2 百万吨标油当量，产量为 2686.3 百万吨标油当量，实现区域内略有盈余。产量显著高于消费量的国家主要是澳大利亚和印度尼西亚，2011 年这两个国家的产量合计达到了 430.6 百万吨标油当量，而消费量仅为 93.8 百万吨标油当量（见表 6 - 5）。除了中国的情况比较特殊外，区域内的消费大国如印度、日本与韩国，缺口都在 70 百万吨标油当量以上。

表 6 - 5　2011 年亚太已探明煤炭储量、产量和消费量

国　别	探明储量			产　量		消费量	
	百万吨标油当量	占全球比重（%）	储采比（单位：年）	百万吨标油当量	占全球比重（%）	百万吨标油当量	占全球比重（%）
中　国	114500	13.3	33	1956.0	49.5	1839.4	49.4
澳大利亚	76400	8.9	184	230.8	5.8	49.8	1.3
印　度	60600	7.0	103	222.4	5.6	295.6	7.9
印度尼西亚	5529	0.6	17	199.8	5.1	44.0	1.2
巴基斯坦	2070	0.2	超过 500 年	1.4	—	4.2	0.1
泰　国	1239	0.1	58	6.0	0.2	13.9	0.4
韩　国	600	0.1	60	0.9	—	79.4	2.1
日　本	350	—	275	0.7	—	117.7	3.2
马来西亚	—	—	—	—	—	15.0	0.4
越　南	—	—	—	—	—	15.0	0.4

资料来源：BP, Statistical Review of World Energy, June 2012。

4. 核能

亚太地区消费核能的主要是日本、韩国、中国、中国台湾以及印度。日本的消费量为 3690 万吨标油当量，占全世界消费量的 6.2%；韩国消费量为 3400 万吨标油当量，占全世界消费量的 5.7%；中国的

[①]　BP《世界能源统计 2011》，第 30 ~ 33 页。

消费量为 1950 万吨标油当量，占全世界的 3.3%；中国台湾的消费量是 950 万吨标油当量；印度只消费了 730 万吨标油当量，仅占全球的 1.2%。与欧美相比，亚太地区的核能开发还比较滞后，仅占欧亚的 40%、北美的 51%。从数据上看，日本、韩国即便充分利用核能也不足以弥补其煤炭的缺口。

5. 水电

在水电方面，2011 年亚太地区消费 248.1 百万吨标油当量，占全世界的 31.3%，紧随其后的是欧亚（22.6%）、中南美（21.3%）、北美（21.2%）。中国不仅是亚太地区水电消费第一大国，也是全球第一大国，2011 年消费量达到 157 百万吨标油当量。排在中国之后的印度为 29.9 百万吨标油当量，日本位列第三，消费 19.2 百万吨标油当量。

6. 可再生能源

在可再生能源方面，2011 年亚太地区消费 46.4 百万吨标油当量，占全球的 23.8%。在全世界排第一的是欧亚地区，2011 年消费 84.3 百万吨标油当量；排第二的是北美地区，2011 年消费 51.4 百万吨标油当量。中国是亚太地区的老大，2011 年消费量为 17.7 百万吨标油当量，在全世界位于美国、德国之后；亚太地区排名第二的是印度，2011 年消费 9.2 百万吨标油当量；日本在亚太地区排名第三，2011 年消费 7.4 百万吨标油当量。

总体来看，亚洲的特点是能源的消费远大于生产能力。在初级能源的生产与消费方面，按照美国能源部能源信息管理署的数据，2003 年亚洲、大洋洲的生产额度达到了 95.79 千兆英热（Quadrillion Btu），而北美是 98.45 千兆英热，两者已经非常接近，此后亚洲、大洋洲就超过北美跃居全球第一。从图 6-1 中可以看出，自 2002 年前后开始，亚洲、大洋洲地区对初级能源的消费已经超过北美地区，跃居全球第一。2003 年，亚洲、大洋洲地区消费了 125.29 千兆英热单位，占当年全球总额的 29.6%；而北美是 117.96 千兆英热单位，占当年全球总额的 27.9%。2009 年，亚洲占全球初级能源消费的 36.9%，远远领先于第二名的北美（23.7%），高出 13.2 个百分点。

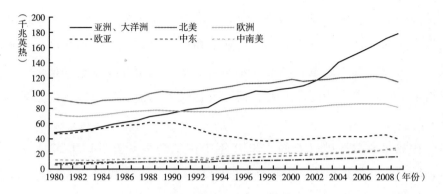

图 6 - 1　全球初级能源消费

资料来源：美国能源部。

（二）地区内国家与中国在能源供应上的合作

1. 中国对亚太的能源需求

（1）煤炭。在煤炭方面，亚太地区比较重要的煤炭生产国是澳大利亚、印度尼西亚、越南、蒙古及俄罗斯远东地区。澳大利亚是世界第一大煤炭出口国，印度尼西亚是世界第二大煤炭出口国、第一大动力煤出口国。2008 年中国从越南进口煤炭 1690 万吨，占当年进口总量的 41.84%，不过随着越南国内煤炭消费量的增加，其对华出口逐步下降。而俄罗斯远东地区的煤炭资源极为丰富，特别是萨哈共和国，占到俄罗斯远东储量的93.19%，是中国未来从俄罗斯进口煤炭的主要来源地[1]。

（2）天然气。在天然气方面，中国在亚太地区有几条重要的运输通道。第一条是中亚天然气输入通道，该线预计与"西气东输"二线衔接，总长度超过 10000 公里，是世界上距离最长的油气输送管道。BP 数据显示，2011 年中国从土库曼斯坦进口了 143 亿立方米天然气[2]。第二条是缅甸天然气输入通道，该线不仅可以从缅甸进口，而且还可以缩短从中东、非洲进口天然气的路程。第三条是俄罗斯天然气输入通道，2004 年 10 月

---

① 李建武等：《中国未来煤炭供应构想》，《资源与产业》2010 年第 3 期，第 27～31 页。

② BP, Statistical Review of World Energy, June 2012, p. 28.

中俄两国元首签署《中俄联合声明》，开始双方能源领域合作，中国石油天然气集团公司与俄罗斯天然气工业股份公司签署战略合作协议。第四条是海上天然气输入通道，主要涉及澳大利亚、东南亚及中东等地区。东南亚地区主要集中在印度尼西亚，而印度尼西亚与澳大利亚输入通道基本一致①。

在液化天然气进口方面，2010 年中国从澳大利亚进口了 52.1 亿立方米，从印度尼西亚和马来西亚分别进口 24.5 亿立方米和 16.8 亿立方米，共占中国总进口量的 57%。而日本从澳大利亚、印度尼西亚、马来西亚的进口分别为 176.6 亿立方米、170 亿立方米、185.5 亿立方米，远远超过中国，加上从文莱的进口，其在亚洲的总量为 609.9 亿立方米，占其总进口额的65%。需要注意的是，除日本外，韩国、新加坡从印度尼西亚进口的天然气也都超过中国，而且韩国从马来西亚的进口也超过中国数倍。除新加坡、中国香港外，上述是以液化天然气，而非管道的方式进行区域内贸易的。2011 年，中国的进口达到 166 亿立方米，其中从澳大利亚进口 50 亿立方米，从印度尼西亚和马来西亚分别进口 27 亿立方米和 21 亿立方米，三国合计占中国总进口的 59%；还有其他较大的进口来源地，如卡塔尔（32 亿立方米）、也门（11 亿立方米）。以上这五个国家占中国液化天然气总进口的85%。

（3）原油。与日本、韩国类似，中国主要的石油进口来源地也在亚洲之外。中国严重依赖中东地区，第二大进口来源地是西非，第三大进口来源地是俄罗斯和中亚地区。从国家来讲，沙特阿拉伯、安哥拉、伊朗、俄罗斯、阿曼、伊拉克、苏丹、委内瑞拉、哈萨克斯坦以及科威特等都是中国重要的进口来源地，2011 年这 10 个国家占中国总进口量的 81.21%。中国将来可能会增加从南美进口的原油量，从亚洲进口的数量十分有限。

同样作为能源消费和进口大国，美国的进口来源地与中国不同。美国能源署数据显示，20 世纪 70 年代，美国从欧佩克进口的石油量达到高

① 王宁、桑广书：《中国天然气进口的空间格局分析》，《世界地理研究》2010 年第 2 期，第148~154 页。

峰，1977 年曾一度高达 70%，但 1992 年美国从非欧佩克国家进口的石油量超过欧佩克国家，主要是从加拿大和墨西哥的进口多了，2010 年美国自欧佩克进口的比重已下降至 40%。从地域划分，目前美国大约 3/4 的石油进口来自西半球的加拿大、墨西哥、委内瑞拉，这些国家临近美国，对美国来说相对是安全的。从进口地政治风险看，中国要高于美国。由于中国大量的石油进口来自中东，石油进口通道过于单一，主要依赖海上油轮运输，其中 90% 左右要依靠外籍油轮运输，而且 80% 的石油进口需要通过马六甲海峡。虽然马六甲海峡由马来西亚、印度尼西亚和新加坡三国共管，但也受到美国及其同盟体系海军布防的影响。

（4）保障运输通道安全。关注马六甲海峡这样的运输通道安全，反映出作为亚太地区的消费大国，中、日、韩存在着紧密的合作需求。日本对中东地区能源的深度依赖是众所周知的，韩国的情况也差不多，80% 以上的能源依赖从中东地区进口。天然气进口方面，从东南亚进口占 40% 左右，从中东地区进口占 50% 左右。煤炭进口方面，从澳大利亚进口占 33%，从印度尼西亚进口占 29%，从中国进口占 17%。因此，中日韩在确保能源运输通道的畅通无阻方面有着共同利益，这种利益也被各国首脑普遍认可。自 1999 年启动中日韩首脑会议以来，在历次会谈中都会涉及能源安全问题。2012 年 5 月三方举行第五次首脑会议后，在合作宣言中表示要"致力于加强合作维护能源市场稳定"[①]。从依赖的脆弱性角度讲，中国对马六甲安全的担忧并不比日本、韩国更强，后两国有更多的理由要担心这一区域的安全问题。

（5）合作开发原油。中国是海陆复合型大国，不仅能拓展海上能源利益，也能积极利用陆上的优势。韩国人正是看到这一点，在自主推进能源外交的同时，也参与中国推进的中亚、东南亚能源合作进程。首先，韩国通过倡导一些地区的能源合作机制，包括"能源丝绸之路""泛亚能源体系"等，着力构建多国风险和利益共享的合作机制，确保能源供应稳定有序；其次，韩国还参与中国"武汉乙烯项目"和"缅甸油气联合勘

---

① 《中日韩发表提升全方位合作伙伴关系宣言》，新华网，2012 年 5 月 14 日。

探"项目合作，借助中国在稳定能源供应上的巨大实力，构建更紧密的合作关系[①]。

开发缅甸的陆上油气管线也蕴涵着巨大的风险，需要各国通力合作。缅甸是油气资源较为丰富的国家，天然气储量位居世界第10，石油日产量也有2万桶。建设中的中缅油气管线预计2013年开通，除缅甸外，涉及中缅油气管道的行为体包括中国、韩国、印度等国。与印度的合作，一方面是落实2005年4月温家宝总理访印时两国推动能源合作的承诺，当时的重点是鼓励两国有关部门在第三国合作勘探和开采油气资源，另一方面更主要的也在于稳定中东地区局势，包括在金砖机制内的合作。

近期由于缅甸民主化进程的加快，区域外力量的渗透、介入程度逐步加深。美国宣布部分解除对缅甸的制裁后，连带着包括欧盟、澳大利亚以及国际劳工组织等都开始和解，而日本更是在2012年4月承诺今后三年将向包括缅甸在内的湄公河五国提供70多亿美元的援助。中国方面，李克强副总理于6月中旬与缅甸外长会谈，双方一致同意要确保中缅全面战略合作伙伴关系不断向前发展。可以预计，随着缅甸进一步融入国际社会，缅甸在地区能源格局中的地位将显著提升，严重依赖区域外能源的亚洲能源消费大国也必然会展开新一轮的竞争。

（6）中印合作。自2005年以来，中印就收购海外石油及天然气等能源资产问题协调彼此立场，共同应对能源短缺压力。2006年年初，印度石油部长艾亚尔访问中国，双方签署了《加强石油与天然气合作备忘录》，这是中印在能源领域加强合作的第一份正式文件，双方提出两国石油公司在获取海外油气资产上可采取联合战略。2007年年底，中资企业首次投资印度石油天然气领域。有论者指出，由于南亚形势错综复杂，中国应以多边机制合作为载体，加强与"南亚能源合作组织"的合作。中国有必要适度参与孟加拉湾经济合作组织，将加强能源合作作为该组织的重要目标，以参股形式争取更多的油气资源开发项目。与印度在能源合作

---

① 刘舸：《韩国能源安全的脆弱性及其战略选择》，《东北亚论坛》2009年第5期，第89~96页。

领域的进展相比，中国提出议程和机制的能力较弱，今后中国应加强话语权和主动性[①]。

（7）中国与东南亚的合作。亚洲本身在能源消费和供给上存在着巨大的失衡。东北亚基本上是原油消费国，南亚的印度消费量也很大。但这并非就是说亚太地区内不存在能源供应的竞争和开发等问题，因为还存在着一个在能源供应和运输渠道上至关重要的东南亚地区，甚至还包括东南亚以南的澳大利亚。就中国而言，东南亚本身的石油资源供应并不重要，2000年其占比只有12%[②]。但从地区安全合作的角度出发，东盟在中国周边外交中占有特殊的位置，当然也包括能源运输和供应安全问题。

东盟（ASEAN）是亚洲最紧密的区域经济组织，也是东亚重要的能源产区，近年来成为东亚能源合作的基础平台。东盟与东北亚国家（10＋3）的能源合作于2003年3月启动，在"10＋3"内设立了能源部长会议和"亚洲能源合作工作组"，中国于2004年6月正式加入东盟与中日韩的"10＋3"能源部长会议。"10＋3"能源部长会议每年召开一次，由东盟成员国轮流主办。"10＋3"能源合作的具体运作机构是能源高官会，在高官会下设有能源安全、石油市场、石油储备、天然气、可再生能源与能效五个论坛，每年召开若干次会议就相关问题展开交流与讨论。在2009年7月于缅甸举行的第七次会议上，中国代表团表示重视"10＋3"和东亚峰会框架下的能源合作，中国将积极参与和推进在能源安全、石油市场、石油储备、节能与能效、能源市场一体化等领域的合作，为亚洲地区和世界能源安全以及可持续发展贡献力量。

此外，东亚峰会能源合作也逐步展开。2007年的第二次峰会通过了《东亚能源安全宿务宣言》。根据《宣言》，在东亚峰会框架下建立了能源部长会议机制，并成立了能源合作工作组。目前，能源工作组确定的三个研究领域包括能效与节能、能源市场一体化、在交通及其他领域应用的生物燃料。

---

① 龚伟：《印度能源外交与中印合作》，《南亚研究季刊》2011年第1期，第29~34页。

② 王海滨、吴磊：《中国的石油安全与地缘战略》，《国际观察》2002年第2期，第39页。

近年来，中国持续加大与东盟最大经济体印度尼西亚的合作，包括近期签署逾 170 亿美元的合作协议，双方将继续加大在基础设施、电信和能源等领域的合作。而日本长期以来就与印度尼西亚建立了天然气方面的合作关系，印度尼西亚曾是世界上最大的液化天然气出口国，而日本是最大的进口国，双方的合作起始于 20 世纪 70 年代后期，其原因很大程度上源于日本当时是东亚最先进的经济体，对天然气的需求合乎印度尼西亚的开发设计①。随着中国能源消费结构的进一步演进，中国对可持续发展的重视、天然气的消费和进口也将进一步增加，那么中国在印度尼西亚将存在着与日本竞争的问题。

（8）在亚太经合组织（APEC）框架下的能源合作。1989 年 APEC 成立后，1990 年即设立"能源工作组"（EWG），其目标是寻求能源部门为地区经济与社会的发展提供支持，并减少对环境的冲击。能源工作组是 APEC 各工作组中比较活跃的一个，每年举行两次会议。EWG 下设清洁化石能源、效益及节约、能源数据及分析、新的可再生能源技术 4 个专家组和生物质能源专项组。EWG 的主要内容是各成员根据自愿原则，提供彼此的能源政策与规划重点，分享彼此的资源供求资料，探讨区域能源政策的影响及其他相关问题。EWG 通过政府、专家学者、企业共同参与，为各成员提供合作平台。

2012 年 6 月，第十届 APEC 能源部长会议在俄罗斯圣彼得堡举行，会议就保障能源安全、节能、扩大清洁和可再生能源使用比重等议题展开讨论。中国、美国、俄罗斯和日本等 21 个亚太经合组织成员的能源部长或代表出席会议，深入讨论"能源安全：新挑战和可能的战略解决方案"这一主题。

2. 亚太地区对中国能源的需求

（1）煤炭。从出口来看，中国在亚太能源市场并没有突出的作用，最多是在煤炭方面对韩国、日本有所影响。2009 年中国整个能源出口的金额约为 173 亿美元，2010 年达到 232 亿美元，2011 年不足 270 亿美元，

---

① 〔英〕戴维·维克托等编著《天然气地缘政治——从 1970 到 2040》，王震、王鸿雁等译，石油工业出版社，2010，第 4 章。

而 2011 年中国进口能源的金额超过 2500 亿美元。也就是说，中国能源出口额大体上相当于进口额的 1/10。以亚太地区最大的两个能源消费国日本、印度为例，源自中国的能源占其进口消费的比重都很低。2010 年印度从中国进口了 60 万吨石油，占当年印度总进口 1785 万吨的 3.4%；日本从中国进口了 110 万吨石油，占其当年总进口 2257 万吨的 4.9%[1]。

（2）石油。2011 年，美国从中国进口了 50 万吨石油，中南美从中国进口了 570 万吨石油，欧洲为 70 万吨，非洲为 120 万吨。而亚太地区的进口占中国当年出口 3130 万吨的 70.1%，特别是新加坡从中国进口 320 万吨，印度为 100 万吨，日本为 60 万吨[2]。

（3）天然气。根据 BP 公司 2011 年的数据，在天然气方面，中国仅向香港地区出口了 38.3 亿立方米，除此之外并没有向别的国家和地区出口。

二　亚太地区能源市场与美欧的关系

从能源生产格局看，亚洲在石油、天然气领域中并不占据重要地位，而且欧美本身煤炭的储藏量很丰富，因此亚洲在国际能源市场上的地位不高。也就是说，长期以来在能源供应上，亚洲更加依赖欧美，而不是欧美依赖亚洲。从保障能源运输安全和海上运输安全方面，美国发挥了积极作用[3]。此外，欧美对亚太能源市场的介入主要体现在影响能源发展方面，特别是在有关能源市场运行机制以及新能源的利用方面。

（一）亚太地区在美欧能源需求中的地位

1. 石油

从石油的进口地区来看，美欧的首要进口地不同，美国主要是中南美洲（18.9%）、中东（14.9%），而墨西哥、加拿大两者合起来相当于中

---

①　BP《世界能源统计 2011》，第 18 页。

②　BP，Statistical Review of World Energy，June 2012，p. 18.

③　罗振兴：《美国与东亚能源安全》，《美国研究》2008 年第 3 期，第 79～97 页。

东的份额，欧洲的能源来源主要是苏联地区（49.5%）、中东（28%），而亚洲在其中所占的份额较小。2010 年，美国从亚太地区进口了大约 1500 万吨石油，占美国整个石油进口数量的 14.5%，这几个国家分别是新加坡（660 万吨）、日本（450 万吨）、中国（250 万吨）、印度（40 万吨）、澳大利亚（20 万吨）和其他亚太国家（80 万吨）。欧洲从亚太地区进口了大约 1280 万吨石油，占其总进口数量的 13.8%，从中国的进口量为 130 万吨，比较突出的是新加坡和印度，其向欧洲的出口达到 840 万吨[①]。

2011 年，美国从亚太地区进口了大约 1660 万吨石油，占美国整个石油进口数量的 13.5%，这几个国家分别是新加坡（680 万吨）、中国（410 万吨）、日本（400 万吨）、印度（70 万吨）、澳大利亚（50 万吨）和其他亚太国家（50 万吨）。欧洲从亚太地区进口了大约 1540 万吨石油，占其总进口数量的 15.5%，中国的份额同样很低只有 70 万吨；比较突出的是新加坡，其向欧洲的出口达到 1100 万吨[②]。

2. 煤炭

煤炭方面存在着两大区域市场——亚太与欧洲。在进口方面，主要分为三级，即亚太压倒性地占据主导地位，2010 年占全球总进口量的 66%，其次是欧洲占全球总进口量的 22%，剩下的几个大陆可以归为一类。从发展历史看，亚太地区 1993 年超过欧洲成为全球最大进口地，当时的比重为 43%。出口方面，亚太地区一枝独秀，2010 年占全球出口份额的 60%，欧亚与北美占据第二级位置，其所占比重分别为 14% 和 10%，其余诸州为第三级[③]。煤炭贸易方面，由于运输成本占据较高份额，因此全球煤炭贸易基本上是围绕亚太与欧洲的区域内贸易。

3. 天然气

据 BP 公司的数据，在天然气方面，可以说欧美与亚太地区并无交集。2010 年北美与欧亚大陆的天然气产量共占全球份额的 58.6%，消费量占全

---

① BP《世界能源统计 2011》，第 18 页。

② BP, Statistical Review of World Energy, June 2012, p.18.

③ 资料来源：美国能源部能源信息署。

球的 62.7%，差额为 4.1 个百分点。而亚太地区的产量占全球的 16.4%，但消费量却有 17.9%，两者的差额是 1.5 个百分点。也就是说，北美、欧亚大陆以及亚太地区都必须从区域外获得一定量的天然气进口，以弥补本地区生产的不足，区域外的生产地主要还是中东与非洲。就国别而言，美国从区域外进口的天然气为 122.3 亿立方米，占其总进口量的 11.6%，但美国并没有从亚太地区进口天然气，整个北美只有墨西哥从印度尼西亚进口了 18.7 亿立方米的天然气。2010 年，欧洲也没有从亚太地区进口天然气。

2011 年，美国与亚太仍无交集。管道天然气方面，美国从加拿大、墨西哥进口，分别为 880 亿立方米和 1 亿立方米，而液化天然气只有 100 亿立方米；从卡塔尔、也门的进口量合计为 430 亿立方米。2011 年欧洲的情况也与 2010 年类似，从俄罗斯进口 1406 亿立方米，占其管道天然气进口的 38.1%[①]。

（二）美欧与亚太能源合作存在的问题

亚太地区在美欧的能源消费中地位较低，美欧与亚太在能源合作上的问题主要在于，长期担负起确保中东地区稳定的美国力量衰退，亚太各国能否保障能源的稳定供应？美欧社会的经济发展程度普遍超过亚太地区，近年来能源消费结构趋向于天然气以及可再生能源等，就算是石油的进口，中东地区也不占据压倒性地位，但亚洲的石油进口却主要依赖中东。中国、印度还处于工业化阶段，未来对石油进口的需求还将持续上升，即便是经济发展程度与欧美相当的日本，也大量依赖石油。如果美国的能源战略更多地转向国内以及美洲地区，那么亚太主要能源消费大国该如何调整？

1. 美国对中东地区的能源依赖度下降

美国已经逐步降低对石油的消费，降低对中东地区的依赖。从 1950 年开始石油超过煤炭成为美国首要的能源消费来源。进入 20 世纪 70 年

---

① BP, Statistical Review of World Energy, June 2012, p. 28.

代，美国遭受第一次石油危机的打击，能源独立成为国家安全的重要议题，从尼克松政府开始，历经福特、卡特，都主张缩减从中东的能源进口，要朝着能源替代方向发展，结果美国的石油进口从 1977 年的 860 万桶/天，缩减到 1982 年的 430 万桶/天。不过，随着里根上台，美国的能源政策又发生巨大转变，美国政府认为能源安全的根本是保护全球的游轮航道以及中东的油气供应。此后，能源进口迅速增加，到 2001 年，石油进口已经占到美国石油消费的 55% 以上[1]。

在关系到亚洲各国利益的中东地区，美国的军事力量牢牢把控局势。2001 年年初，在小布什就任美国总统之初，他一直将确保美国的油气供应作为唯一的执政目标。这一阶段美国原油进口量增幅相当大，相当于当年中国与印度消费量的总和。为了将整个大中东纳入保护范围，美国的欧洲司令部与中央司令部都管辖到这一区域，2002 年的阿富汗战争以及 2003 年的伊拉克战争都由中央司令部指挥。也就是说，中东的主要产油区及其周边的主要石油运输线路都在美国的控制之下[2]。

2. 美国能源多元化初见成效

2005 年 8 月，小布什政府通过了《2005 年能源政策法案》，开始实施能源供应渠道多元化战略。在美国 2010 年的消费结构中，石油占比从 2005 年的 40% 下降为 36%，煤炭从 23% 下降为 21%，天然气从 23% 上升为 25%，可再生资源从 1.4% 增加至 3.6%。而进口来源地方面，从沙特阿拉伯的进口已经从 2003 年的顶峰 177 万桶/天，下降为 2010 年的 109 万桶/天；从伊拉克的进口从 2001 年的顶峰 79 万桶/天，下降为 2010 年的 41 万桶/天[3]。

2009 年奥巴马上台后，大力发展替代能源战略，并加大近海油气田的开发。美国石油对外依存度也从 2006 年的顶峰下降到 2010 年的 49.3%。BP 公司乐观估计，美国石油、天然气对外依存度将在未来 20 年

---

① 〔美〕克莱德·普雷斯托维茨：《经济繁荣的代价》，何正云译，中信出版社，2011，第 8 章。
② 〔法〕菲利普·赛比耶－洛佩慈：《石油地缘政治》，潘革平译，社会科学文献出版社，2008，第 72～74 页。
③ 资料来源：美国能源部能源信息署。

内持续下降[①]。推动美国能源依赖度降低的另一重大原因是页岩气产量的增加。美国能源信息署（EIA）的《2012能源展望报告》显示，2005年美国页岩气的产量为209亿立方米，2010年这个数字就达到了1359亿立方米。大量页岩气涌入市场，一方面使得供应充足，另一方面也使得天然气价格大幅下降。EIA预计，2009～2035年，美国页岩气井数量将会以每年2.3%的比例增长。2010年，页岩气占美国天然气产量的27%，2011年占34%，到2015年这一数字预计为43%，到2035年可达60%[②]。美国页岩气产量的增长将削弱其他天然气出口国在全球能源市场上的影响力。

3. 中、印加大合作应对美国能源转型

2012年3月，中国国家能源局发布了《页岩气发展规划（2011～2015年)》，探明页岩气地质储量6000亿立方米，提出到2015年中国的页岩气产量将达65亿立方米，2020年力争实现600亿～1000亿立方米。事实上，早在2009年中美之间已经就页岩气的开发利用展开合作，应该说中国已经对即将展开的"页岩气革命"有所准备。而日本一家智库在2012年3月的一份报告中认为，美国页岩气的开发将给日本带来利好，预计一年可以从美国进口400万吨，大约占日本天然气进口量的5%，一方面是美国国内天然气价格低于亚太地区，另一方面是日本政府应该加强和美国的合作以确保供给，特别是签署双边自由贸易协定以规避美国能源部可能采取的限制措施[③]。

随着美国未来能源独立的趋势加大，美国将逐步减少对中东地区的原油进口，进而进一步缩小在中东地区的驻军。而亚洲各国却无法摆脱对中东的依赖，如果中国、印度、日本无法保障中东地区的稳步供应，那么能源安全将趋于严峻。需要进一步思考的是，中国、印度是否将与美国展开竞争，增强与中东地区的合作，提供地区公共安全物品。

---

① 朱凯：《美国能源独立的构想与努力及其启示》，《国际石油经济》2011年第10期，第34页。

② U. S. Energy Information Administration, *AEO* 2012 *Early Release Overview*, January 23, 2012.

③ Junichi Iseda, "America's Shale Gas Boom—A Savior for Japan?" *AJISS-Commentary*, No.145, 8 March 2012.

从发展态势来看，印度与中国基本一致，在能源消费格局上也接近，在2009年印度的能源消费结构中，煤炭占42%，原油占24%，天然气占7%，原油进口量在亚洲仅次于中国，且绝大部分的进口额源自中东地区，特别是沙特和伊朗①。不过，毕竟中国的发展水平要稍高于印度，且一次能源中油气资源占比要低于印度，印度要比中国更加注重能源安全保障和能源外交，而中国则更多地需要协调环境问题。印度对中东地区的关注不弱于中国，并且也在进行能源来源多元化的战略②。从更长远的角度看，与日本、韩国作为美国的同盟不同，尽管印度处于美国联盟的候选国行列，印度却有自己的独立的大国志向，对印度洋及其周边地区具有长远的考虑和安排。中国未来必然要应对一个崛起的印度对海上秩序的影响，那么目前在金砖机制内展开的对话合作是有着重要意义的。

三　亚太局势变化对中国能源安全的影响

亚洲的人口、面积在世界政治经济格局中占据着越来越重要的位置，对中国能源安全的影响主要体现在两个方面。第一，亚洲本地区以中印为代表的能源消费大国崛起，将冲击能源市场格局，区域内大国竞争、区域外能源共赢的态势将加剧；第二，亚洲的地缘政治格局随着中印的崛起而发生变动，特别是由于美国实施再平衡战略，对海上运输通道的关注将持续加大。

（一）亚太地区局势变化的情况

1. 经济增长势头持续

全球对亚洲的发展前景是比较乐观的，这意味着能源消费还将继续增长。亚洲开发银行公布的《亚洲2050年》报告预测，2010年亚洲占全球GDP的比重为27%，到2050年将达到51%，届时亚洲将重新成为世界经

---

① 资料来源：美国能源部能源信息署2011年11月关于印度的国别数据。

② 叶玉、刘宗义：《中印能源政策比较研究》，《南亚研究》2010年第3期，第63~74页。

济的主导，世界将迈进"亚洲世纪"①。2012 年 5 月，联合国发布的关于亚太地区经济和社会调查报告认为，亚太地区仍是全球经济的稳定剂，是世界上经济增长最快的地区。报告对能源的分析认为，产油国的政治不稳定，将推动商品价格的持续波动和长期上涨②。

美国能源部能源信息署在其 2011 年的年度报告中认为，经济增长是预测能源需求的最重要的因素，而未来亚太地区的经济增长预示着能源消费将大幅度上升。该报告预计，2008～2035 年世界的年均经济增长率可以达到 3.4%，其中经合组织国家（OECD）的增长率为 2.1%，而非经合组织国家的增长率可以达到 3.8%。就亚太而言，以日本、韩国、澳大利亚等为代表的经合组织国家的经济增长率只有 1.4%，而以中国、印度等为代表的非经合组织国家的经济增长率则高达 5.3%，属于全球最高的一个区域③。

2. 地区安全形势紧张不利于能源合作

亚太地区安全形势上的最大变革当属由中国崛起背景下的美国再平衡战略引发的中美安全竞争。美国自 2009 年年初奥巴马政府上台之后，以雁阵的方式展开其在亚洲的战略部署，不仅自身加速调整在亚太的军力部署、加大外交资源投入，还连同更新了与同盟国的关系。尽管有论者认为美国财力紧张，重返亚洲更多是虚张声势不易落于实处，但我们见到的实际情形是亚洲的局势因美国的口头说辞和一系列动作发生极大转变，中国周边安全环境已经恶化④。在美国的带动下，美国的同盟国之间的沟通、磋商显著加强，对地区安全局势的关注更加敏感和多疑，某种程度上可以说加大了地区内国家间的不信任，而这显然是不利于对安全比较敏感的能源供应的。

能源合作涉及能源安全，政府决策应当谨慎。能源合作的性质是国家

---

① Asian Development Bank, *Asia* 2050: *Realizing the Asian Century*, Manila: Asian Development Bank, 2011.

② United Nations Economic and Social Commission for Asia and the Pacific, *Pursuing Prosperity*: *In an Era of Turbulence and High Commodity Prices*, United Nations, 2012.

③ U. S. Energy Information Administration, *International Energy Outlook* 2011, September 2011, p. 1、p. 6.

④ 更详细的分析可参考张洁、钟飞腾主编《中国周边安全形势报告 2012》，社会科学文献出版社，2012。

能源安全保障的重要组成部分，从而也是国家经济安全甚至国家安全的重要组成部分。因此，能源合作往往需要政府提供政治、外交以及军事等非经济领域内的多方面支持。显然，这些涉及国家安全的支持需要政府间有一定的战略互信基础。

3. 美国对伊朗的制裁加剧了供应矛盾

美国调整中东、亚太战略部署，给能源安全造成重大影响的最典型的事件是对伊朗的制裁。由于中国、印度是伊朗的前两大石油消费国，伊朗局势的演变对中印的石油消费具有一定影响。与中东不同，自1979年伊朗革命以来，美国并不能控制伊朗，也就是说，作为仅次于中国的全球第五大原油生产国，独立的伊朗对亚洲的原油格局是有重要影响的。自2011年10月奥巴马宣布要对伊朗进行最严厉的制裁开始，美伊矛盾逐渐升温。在美国的压力下，欧盟、日本、韩国先后屈服，减少从伊朗的原油进口。2012年5月美国国务卿希拉里访问印度后，印度答应在2012~2013年财年削减从伊朗进口的11%，大约是每天31万桶。印度80%的原油依赖进口，又是伊朗的第二大买家，印度加入这一制裁体系将显著加剧亚洲主要能源消费国家的竞争态势。对印度而言，抵制在地缘上靠近本国的重要伊斯兰国家伊朗并不明智，也绝不会是印度的长远打算。

伊朗是中国原油进口的第三大来源地，在战略上具有重要地位。美国希望中国追随国际社会对伊朗的制裁，但中国认为像美国这样根据其国内法，而不是联合国授权对一国进行制裁的做法得不偿失。尽管日本、韩国减少了从伊朗的原油进口，但中国根据自身的经济社会发展需求，通过正常渠道继续从伊朗进口原油。自2012年4月起，中国从伊朗进口的原油持续增加，每天约为39万桶。

4. 南海争端升温

尽管亚太地区并非亚太国家能源消费的主要来源，但地区范围内的安全环境变革对能源利用也具有重大影响。一方面，像马六甲海峡、南海海域等是中国、日本、韩国能源进口的主要通道，尽管有的学者提出所谓的"马六甲困局"是被夸大的说辞，但能源供应中的安全所包括的市场价格的稳定对一国经济具有重大影响，如果马六甲发生风波，尽管不一定威胁到能源供应，但只要波及价格因素也能对一国宏观经济的稳定产生较大影响。另一方面，类似于日本福岛核危机等重大非传统安全问题，也将促使能源供需的变化，影响区域内能源消费结构的变化。

在天然气方面，澳大利亚、印度尼西亚、马来西亚等国都是重要的出口国，日本与韩国是主要的进口国。液化天然气的轮船运输直接经过中国的南海以及东海，而近期中国周边海域的紧张程度有所上升。尽管黄岩岛附近争议区并不在主要的贸易资源运输航线上，但日本显著加强了对周边海域的介入程度，包括向菲律宾提供海岸警卫队兜售武器，提议以美日海上同盟来构建海洋管理框架等。日本加强与菲律宾、越南、印度的海上安全合作，其意图中有能源方面的考虑，但主要还是借助于美国重返亚洲积极培育自己的军事实力，以提升在美国国力衰退态势下自保的能力。未来如果海上发生冲突，那么对亚太地区天然气市场的影响将十分巨大。

南海作为全球重要的运输通道，地区形势演变日趋复杂。南海问题是一个多层次的问题，既涉及争端方的主权之争、海域划界之争，也越来越国际化，域外势力以"航行自由"等加大了介入程度。由于美国担忧中国的崛起，美国试图在各个方向、各类事件上都参与亚洲事务，当然也就不会放过南海这个机会。从长远趋势看，如果中国崛起的势头持续下去，那么美日等国将日益面临海上秩序变革的压力。尤其是身处霸权国和当事国之间的日本，因自身实力急速衰退将越来越对海上安全问题焦虑。还需要格外引起重视的是，美日智库早在 2009 年就建议美日同盟朝着美日海权同盟的方向发展，组建海上国家联营机制，美国在亚太的同盟体系加入该机制，然后与印度协调把印度洋和太平洋关联起来，最终要求俄罗斯、中国向联营机构承诺信守国际公约。

（二）亚太地区局势变化对中国能源安全及经济利益的影响

1. 亚太地区对能源的需求稳步上升

在能源资源赋存和外部市场既定的条件下，经济的能源消耗由能源技术和经济的产业结构决定。显然，当技术条件和产业结构没有大的变化时，经济的能耗是相对稳定的，此时经济规模的扩张是影响能源消费规模扩张的主要原因。发达国家在经历了工业化发展阶段之后，已进入后工业社会或称信息社会，产业结构以服务业为主，工业比重相对逐步下降。同时，其经济增长速度处于相对低速时期，因而其能源需求增长缓慢甚至出现停滞。

在发达工业化国家和地区能源需求增量低速增长的同时，以中国和印度为首的亚太发展中国家已成为亚太地区新增能源需求的主体，它们约占上述 10 年间亚太能源增量的 83%，能源消费净增 14.5 亿吨标油，年均增长 6.6%。其中，中国占 62%，增量为 10.9 亿吨标油，增长 118.3%，年均增长 8.1%；印度占 9%，增量为 1.6 亿吨标油，增长 59.2%，年均增长 4.8%；其他亚太地区发展中国家占 12%，增量为 2 亿吨标油。

随着亚太地区经济实力的上升，亚太地区将对全球能源市场产生进一步的影响。这种实力转移一方面将提升亚太在能源话语权方面的实力，也意味着作为一个整体，亚太地区有更充足的理由确保来自中东的石油的稳定供应。另一方面共同依赖于地区外的石油市场将加大亚太各国的合作力度，这总体上有利于地区的能源安全。

2. 中国未来面临与印度的竞争

美国能源部能源信息署对全球 45 个国家进行国别能源需求分析，在亚洲、大洋洲这一区域中，澳大利亚、中国、印度、印度尼西亚、日本、韩国、马来西亚、越南被列入国别报告。按照能源需求看，亚太地区主要是六个大国，过去 30 多年来占亚洲、大洋洲的初级能源消费总额基本稳定在 86%，呈现出三级阶梯式分布：中国处于第一级，日本、印度处于第二级，韩国、印度尼西亚与澳大利亚处于第三级。图 6-2 是亚洲、大洋洲六国初级能源消费情况。2009 年，中国初级能源消费占亚太地区的比重为 50.7%，印度占比为 12.2%（2009 年印度超过日本），日本占比为 11.6%，韩国占比为 5.6%，印度尼西亚占比为 3.4%，澳大利亚占比为 3.1%。特别需要指出的是，2009 年后五个国家的消费总额占亚洲、大洋洲区域总额的比重只有 35.9%，相当于中国的 70%。

基于经济增长率的差异，美国能源署的《国际能源展望 2011》报告给出了各大区域至 2035 年的初级能源消费预测。亚太地区占全球份额的

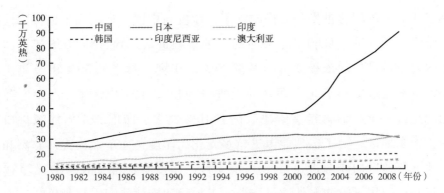

图 6 - 2　亚洲、大洋洲六国初级能源消费情况

资料来源：美国能源部。

比重将从 2008 年的 35.1% 增加到 2035 年的 44.9%。其次是北美地区占全球比重，则从 2008 年的 24.4% 下降为 2035 年的 19.2%。亚太地区内部，在经合组织（OECD）国家中，只有韩国的能源消费增速超过 1%，在非 OECD 国家中，中国增速达到 3%，而印度的增速甚至超过中国，达到了 3.2%，到 2015 年印度就会超过日本成为仅次于中国的亚太能源消费大国（见表 6 - 6）。因此，就未来的发展态势而言，对中国构成较大竞争压力的主要来自非经合组织国家，特别是印度。

表 6 - 6　2006 ~ 2035 年亚洲的能源消费

单位：千兆英热，%

地区 年份	2006	2007	2008	2015	2020	2025	2030	2035	2008 ~ 2035 年年均增长
OCED 亚洲	39.2	39.4	39.2	40.7	42.7	44.2	45.4	46.7	0.7
日　本	23.3	23.0	22.4	22.2	23.2	23.7	23.7	23.8	0.2
韩　国	9.4	9.8	10.0	11.1	11.6	12.4	13.1	13.9	1.2
澳大利亚/新西兰	6.5	6.6	6.8	7.4	7.8	8.1	8.5	8.9	1.0
非 OECD 亚洲	121.0	128.6	137.9	188.1	215.0	246.4	274.3	298.8	2.9
中　国	73.4	78.9	86.2	124.2	140.6	160.9	177.9	191.4	3.0
印　度	18.8	20.0	21.1	27.8	33.1	38.9	44.3	49.2	3.2
其　他	28.8	29.7	30.7	36.2	41.3	46.7	52.1	58.2	2.4
世　界	481.3	492.6	504.7	573.5	619.5	671.5	721.5	769.8	1.6

资料来源：U. S. Energy Information Administration，*International Energy Outlook* 2011，September 2011，p. 157。

作为经济增速世界第二快的国家，印度与中国一样面临如何保障能源供给安全的问题。目前印度75%的石油依赖进口，预计到2025年，印度国内对石油进口的依赖度可能增至90%。印度天然气的50%以及煤炭的30%也需通过进口满足。即使加上进口规模，目前干燃料（占印度商业能源超过一半）的每年供给缺口仍有10%之多。印度3/4的能源进口集中在中东地区。为了实现能源进口多元化，印度正在争取扩大从非洲和拉丁美洲等地区的能源进口。2010年3月，印度石油部部长曾表示要建立主权基金，用于收购海外油气资源，以加强印度的能源安全供给①。

3. 日本在能源领域的改革将影响市场供需

日本是世界能源市场上非常重要的国家，它是全球第四大能源消费国，是天然气、煤炭和各种石油衍生品的最大进口国，是第三大原油进口国。由于国内资源不足，日本消费的能源中80%以上依靠进口。2011年3月发生的福岛核事故对日本国内和国际能源市场造成了重大影响。德国、瑞士和意大利都已宣布放弃发展核电，中国也在慎重考虑核电发展。截至2011年年底，已有17个国家明确表示反对发展核电。而绝大多数国家则以更严格的标准规范核电建设。地震发生后，日本液化天然气进口平均增速提高了20%，导致亚太地区的离岸价格翻了一番②。日本的经济规模及其自身能源来源的匮乏意味着，日本能源消费模式的转变将促使世界市场的变化，对其他国家的能源支配和能源价格将具有重大影响，特别是在天然气方面。

在福岛核事件之前，日本的能源战略主要基于保障能源安全、保护环境以及促进经济增长的考虑。大体上，利用核能成为主要的发展方向，其次是可再生能源，尽管按照规划可再生能源所占比重仅有13%，低于天然气（16%）和煤炭（17%）。但核泄漏事件之后，日本开始重新调整国家能源战略。2012年5月，随着北海道电力公司关停核反应堆，日本时隔42年之后再次进入"无核"时代。不过，日本于2012年6月中

---

① 毛晓晓：《印度欲设主权基金与我竞购油气资源》，《经济参考报》2010年3月25日第4版。
② 姜鑫民、翟田田、薛惠峰：《日本大地震引发核危机各国反思能源发展战略》，《国际石油经济》2012年第1～2期，第32～34页。

旬又重启了两个核反应堆。毕竟，核电占到日本总发电量的30%，随着夏季用电高峰的来临，日本的选择很有限。短期内，煤炭、石油，特别是天然气成为最基础的能源来源。长期来看，可再生能源将占据突出地位。

在一定程度上，日本加大天然气的开采利用对中国而言构成了挑战。根据BP的数据，亚洲区域内的印度尼西亚、马来西亚、澳大利亚、卡塔尔和文莱是日本的主要天然气供应国家，而澳大利亚、印度尼西亚、马来西亚等也同样是中国液化天然气的主要来源国家。随着日本能源战略的调整，日本从这五大主要供给国进口的液态天然气势必会增加。据商务部网站提供的信息，2012年3月日本同文莱续签了为期10年、总计3400万吨的液化天然气供应合同。此外，由于日本公司获得了在俄罗斯东西伯利亚的开采权，未来俄罗斯也可能成为日本重要的天然气供给国。在中短期内，由于日本增加从东南亚和澳大利亚的液态天然气进口量，有可能导致天然气、石油和煤炭价格不同程度地上涨。

四　中国确保能源安全的对策选择

正如多份报告指出的，中国确定无疑将随着经济总量的继续增大，在全球能源消费中占据第一位，未来的能源结构将向油气倾斜。与此前全球能源格局主要由发达国家主导所不同，未来随着新兴经济体的崛起，非经合组织国家将扮演至关重要的角色。麦肯锡的一份报告指出，未来40年中，新兴国家将占到全球能源需求增长的90%。其中，中国将占到30%，相当于2030年前全球能源需求的26%[1]。而国际能源署（EIA）的《世界能源展望2011》也预计，2035年中国能源需求总量将比2009年增加69%，届时中国将占到全球能源需求的50%以上，超过美国和欧盟成为世界上最大的石油消耗国[2]。据2011年年底埃克森美孚发布的《2040年

---

[1] 张娜：《麦肯锡：未来20年全球能源需求将增加30%》，《中国经济时报》2011年9月22日。

[2] 参见国际能源署网站有关该报告的新闻稿。

能源展望》，到 2040 年，全球人口数量将从现在的 70 亿增长到接近 90 亿，经济产出将翻番，能源需求将比 2010 年增加约 30%；石油仍将是第一大能源，非经合组织国家的石油需求将增长 70%；全球天然气需求将上升约 60%，到 2025 年天然气将成为第二大能源，且亚太地区的非常规天然气供应将加大[①]。

中国崛起与亚洲经济增长的持续是一致的，在能源供需上与亚洲国家面临着同样的供需失衡问题，在能源战略上要更加注重地区内部的安排和建设。尽管当前中国的能源安全主要还是指石油安全，但随着中国加快进口天然气，亚洲地区对中国的重要性也将上升。在天然气方面，正如在石油方面一样，在保障能源安全供给和运输方面，中国与日本、韩国、印度有着共同的利益需求。目前四国已经展开了一些合作，这类思路安排还应该继续保持。

（一）重视地区内能源发展，构建地区能源共同体

亚太地区的四个能源消费大国的消费总和与美国大体上接近，但与美国不同的是，中国、印度、日本、韩国都高度依赖区域外能源。在这种局势下，中国的利益与他国的利益具有相互依存的特性。首先，鉴于美国亚太同盟体系的存在，日本、韩国对区域外能源安全的需求将导致美国的介入，这在一定程度上可以抵消一部分因美国能源依赖降低而忽视中东地区的影响；其次，从中国自身而言，一个蓬勃兴起的亚洲有助于中国的发展，因此日韩的能源安全也涉及中国外部环境的优劣。

亚太地区没有区域性的能源市场，能源交易价格受其他地区能源市场价格约束，特别是东亚地区还要受"亚洲溢价"[②] 的影响，因而加强合作以至建立区域市场特别是亚洲能源市场是能源贸易合作的重要内容。不

[①] 戚永颖：《2040 年能源展望——埃克森美孚预测报告介绍》，《国际石油经济》2012 年第 1 ~ 2 期，第 83 ~ 87 页。

[②] 中东地区部分石油输出国长期以来对出口到不同地区的相同原油采用不同的计价方式，造成中、日、韩、印等亚洲国家从中东进口石油时要比美欧国家从中东地区进口石油支付更高的价格，即"亚洲溢价"。

过，区域性的能源市场要以相对充足的本地区能源供给为基础，才可能相对控制价格。亚洲现有的能源生产能力远不足以提供这种基础，因而只能寄希望于发现新的能源赋存，或是开展与俄国的能源合作。从这一角度看，在亚洲没有发现大规模的石油赋存的条件下，地区能源贸易合作只能建立在局部的能源贸易之上，而区域性能源市场的建设则要受制于与俄国等周边地区的能源合作进展程度。

在共同利益的促进下，亚太地区可以构建地区性的能源共同体。实际上，美国已经就这方面展开了诸多工作。美国联合了澳大利亚、中国、日本、韩国和印度，意图构建"关于清洁发展和气候的亚太伙伴关系"，此外还主导"全球核能合作伙伴关系"[①]。美国一方面力图用制度框定中国的行为，另一方面却也是迫于国内压力，加强清洁能源利用率。

与此同时，近几年中国也加强了与美国就能源问题的直接对话。2012年5月举行的第四轮中美战略与经济对话，其中成果清单的第五方面内容是能源。双方重申《中美能源安全合作联合声明》中所作的承诺，并认为双方在确保能源安全和面对共同挑战方面拥有共同利益和责任。此外，中美还宣布在稳定国际能源市场、应急反应、确保能源供应多样化以及合理有效使用能源等领域加强合作，增加对话和信息交流。

中、美两国是世界最大的能源生产和消费国，在此次战略与经济对话中，中美决定以合作伙伴的身份参加亚太能源监管论坛，就地区能源管理、双边多边政策实践等保持沟通。中美之间的这种对话与政策协调将有助于提升中国的能源安全水平。

（二）确保运输通道安全，加强管网建设

亚太能源运输合作包括海上的石油通道安全保障与陆上油气管网建设。

亚太地区从中东进口的石油绝大部分要经过马六甲海峡，这条石油运输通道已成为影响地区能源安全的生命线。亚洲，特别是东亚国家加强通

---

① 罗振兴：《美国与东亚能源安全》，《美国研究》2008 年第 3 期，第 91 页。

道安全合作，一方面是要保障马六甲海峡通航安全，另一方面也要建立防止污染的合作机制，保障通道周边国家的经济与环境利益。

建设区域内的油气管网主要是在亚洲地区，一方面可以增加亚洲特别是东亚地区的能源输入战略通道，降低对海上通道的依赖；另一方面可以扩大天然气应用，调整油气进口与使用比例结构，间接降低对海上石油通道的依赖。油气管网建设是与油气资源供给一并考虑的，由于天然气主要来自中亚、俄罗斯和东南亚，因而这类项目大多是要与亚太地区以外的国家合作的项目。

（三） 加快技术革新，提高能源利用效率

保障能源供应安全是中国能源安全的一个方面，同样重要的是持续进行能源技术的革新，在利用率上想办法降低对外依赖，对内提高效率。正如有论者反复指出的，石油对外依存度不是判断能源安全状态的有用指标，使用该指标的主要意义是要提高能源利用率，降低能源利用的环境、水以及其他关联性成本[①]。从环境、社会成本角度考虑能源安全突破了以往单纯地从能源供应安全的视角考虑能源安全的问题，更加体现发展的社会成本含义，也能进一步获得国际社会的认可。

前文提到，经济发展水平与能源消耗结构存在着很强的关联性，一般而言发达国家更加注重平衡和高效率使用能源。中国与日本最大的不同在于能源利用率较低。上文提到，像天然气这样的清洁能源使用与人均GDP 存在着较高的关联性。与日本、韩国等高收入国家相比，中国的人均 GDP 仅略超过 4000 美元。显然，双方的技术结构、替代技术差距还是很大的，未来若干年，也很难改变中国经济的这种状况。例如，2010 年在原油加工数量方面中国高于日本，但在减压蒸馏、催化重整、加氢处理方面日本是中国的几倍，甚至 10 倍[②]。因此，中国只有继续发展经济，提高人均收入水平才能降低粗放式消耗能源的比重。促进经济增长和实现能

---

① 查道炯：《能源安全的中国尺度》，《中国经济导报》2011 年 9 月 10 日。
② 石卫：《2010 年世界主要国家和地区炼油能力统计》，《国际石油经济》2011 年第 5 期，第 95 页。

源高效使用，两者是一个相辅相成的关系。

加强能源技术的交流与合作，也是上文提到构建能源共同体的另一个重要因素。日本由于能源严重依赖中东、东南亚地区，因此在能源政策上十分注重节能技术的研发以及新能源的开发和利用。加强地区内合作的重要方向是从政策上给予企业间的合作更多的支持和鼓励，政府间的宣言、协议等需要具体的产业部门加以落实，应用于工业发展和社会生产中才能切实提高能源利用效率。从政策角度讲，中国财政部、国税总局等可以就设立中日节能环保工业园区等具体合作项目做一定的政策支持。

此外，要在提高能源的使用率、石油的替代率方面多下功夫。像美国这样的国家，煤炭的消耗量早在 20 世纪 50 年代就被原油、天然气超过，而中国还处在一个逐步提升原油、天然气消费比重的过程中，未来很长时间内还需要依靠煤炭。那么在煤炭上多做文章是有用的，比如用煤炭替代石油生产乙烯等化工产品。所幸，中国政府已经充分注意到中国所面临的可持续发展挑战，在多个能源、资源领域的"十二五"规划中，都要求进行节能技术的考虑，总体上都安排了提高能效、降低能源消费的目标值。

参考文献

〔美〕克莱德·普雷斯托维茨：《经济繁荣的代价》，何正云译，中信出版社，2011。

〔法〕菲利普·赛比耶-洛佩慈：《石油地缘政治》，潘革平译，社会科学文献出版社，2008。

〔英〕戴维·维克托等编著《天然气地缘政治——从 1970 到 2040》，王震、王鸿雁等译，石油工业出版社，2010。

戚永颖：《2040 年能源展望——挨克森美孚预测报告介绍》，《国际石油经济》2012 年第 1～2 期。

查道炯：《能源安全的中国尺度》，《中国经济导报》2011 年 9 月 10 日。

罗振兴：《美国与东亚能源安全》，《美国研究》2008 年第 3 期。

毛晓晓：《印度欲设主权基金与我竞购油气资源》，《经济参考报》2010 年 3 月 25 日。

朱凯：《美国能源独立的构想与努力及其启示》，《国际石油经济》2011 年第 10 期。

王海滨、吴磊：《中国的石油安全与地缘战略》，《国际观察》2002 年第 2 期。

张洁、钟飞腾主编《中国周边安全形势报告（2012）》，社会科学文献出版社，2012。

刘舸：《韩国能源安全的脆弱性及其战略选择》，《东北亚论坛》2009 年第 5 期。

叶玉、刘宗义：《中印能源政策比较研究》，《南亚研究》2010 年第 3 期。

龚伟：《印度能源外交与中印合作》，《南亚研究季刊》2011 年第 1 期。

李建武等：《中国未来煤炭应构想》，《资源与产业》2010 年第 3 期。

王宁、桑广书：《中国天然气进口的空间格局分析》，《世界地理研究》2010 年第 2 期。

Asian Development Bank, *Asia 2050: Realizing the Asian Century*, Manila: Asian Development Bank, 2011.

Unichi Iseda, America's Shale Gas Boom-A Savior for Japan? *AJISS-Commentary*, No. 145, 8 March 2012.

J U. S. Energy Information Administration, *AEO 2012 Early Release Overview*, January 23, 2012.

United Nations Economic and Social Commission for Asia and the Pacific, *Pursuing Prosperity: In an Era of Turbulence and High Commodity Prices*. United Nations, 2012.

U. S. Energy Information Administration, *International Energy Outlook 2011*, September 2011.

BP, Statistical Review of World Energy. June 2012.

第七章　拉美局势变化对中国
能源安全的影响

拉美能源储量丰富，种类多样，包括石油、天然气、水力、煤炭、生物能源及铀矿等。巴西、委内瑞拉等国近年来处于油气大发现阶段，探明储量急剧增加，在世界能源市场中的地位日益突出。拉美不仅能够实现本地区的能源自给，而且还将成为全球重要的能源出口地区。随着中国能源对外依存度的不断提高，拉美可成为中国扩大能源进口多元化的战略替代来源地。

一　拉美与中国能源的关系

（一）拉美能源储量和生产状况

截至 2010 年年底，拉美已探明石油、天然气、煤炭储量分别为 2508 亿桶、7.9 万亿立方米和 137.19 亿吨，分别占全球储量的 18.1%、4.3% 和 1.6%[1]。其中，墨西哥、委内瑞拉、巴西、秘鲁、玻利维亚、厄瓜多尔、哥伦比亚是拉美油气储产大国，而阿根廷、智利油气资源较为贫乏。巴西的水力资源、生物能源和哥伦比亚的煤炭资源也相当丰富。

---

[1]　BP, Statistical Review of World Energy, June 2011.

1. 石油

南美石油探明储量2394亿桶，占全球探明储量的17.3%，是世界第二大石油储量区（见表7－1）。2005～2010年，拉美探明储量增加了1336亿桶，占全球探明储量由9.7%提高到18.1%（见表7－2）。

表7－1　截至2010年年底世界各地区已探明石油储量、产量和消费量

地　区	储　量			产　量		消费量	
	亿桶	占全球比重（%）	储采比（年）	万桶/日	占全球比重（%）	万桶/日	占全球比重（%）
中　东	7525	54.4	81.9	2518.8	30.3	7821	8.9
欧洲和欧亚	1397	10.1	21.7	1766.1	21.8	1951	22.9
南美洲	2394	17.3	93.9	698.9	8.9	610.4	7.0
非　洲	1321	9.5	35.8	1009.8	12.2	3291	3.9
北　美	743	5.4	14.8	1380.8	16.6	2341.8	25.8
亚　太	452	3.3	14.8	835	10.2	2723.7	31.5
全球合计	13832	100.0	46.2	8209.5	100.0	8738.2	100.0

注：北美包括墨西哥，南美洲包括中美洲产油国。

资料来源：BP, Statistical Review of World Energy, June 2011。

表7－2　拉美已探明石油储量、产量和消费量

项　目 \ 年份		2005	2006	2007	2008	2009	2010
储　量	亿桶	1172	1164	1234	1351	2106	2508
	占全球比重（%）	9.7	9.7	14.6	10.7	15.8	18.1
产　量	万桶/日	1072.3	1056.4	1011	984.2	973.9	994.7
	占全球比重（%）	13.8	13.5	12.9	12.9	12.8	12.6
消费量	万桶/日	675.4	712.4	751.7	794	759.8	809.8
	占全球比重（%）	8.1	8.3	8.7	9.2	8.8	9.2

资料来源：BP, Statistical Review of World Energy 2006－2011。

墨西哥、委内瑞拉和巴西是拉美石油资源最丰富的国家，2010年已探明石油储量分别为114亿桶、2112亿桶和142亿桶，分别占世界探明储量的0.8%、15.3%和1.0%（见表7－3）。委内瑞拉是继沙特阿拉伯之后的世界第二大探明石油储量国。因深海油田大发现，巴西探明储量显著增加，成为拉美第二大石油储量国。美国《油气杂志》数据显示，2011

年，墨西哥、委内瑞拉石油探明储量为 2112 亿桶和 104 亿桶[①]；2012 年，巴西石油探明储量为 140 亿桶[②]。

表 7 - 3　2010 年拉美地区已探明石油储量、产量和消费量

国　别	储　　量			产　　量		消费量	
	亿桶	占全球比重（%）	储采比（年）	万桶/日	占全球比重（%）	万桶/日	占全球比重（%）
墨西哥	114	0.8	10.6	295.8	3.7	199.4	2.2
阿根廷	25	0.2	10.6	65.1	0.8	55.7	0.6
巴西	142	1.0	18.3	213.7	2.7	260.4	2.9
哥伦比亚	19	0.1	6.5	80.1	1	23.8	0.3
厄瓜多尔	62	0.4	34.1	49.5	0.6	22.6	0.3
秘鲁	12	0.1	21.6	15.7	0.2	18.4	0.3
特立尼达和多巴哥	8	0.1	15.6	14.6	0.2	4.3	0.1
委内瑞拉	2112	15.3	超过 100 年	247.1	3.2	76.5	0.9
其他拉美国家	14	0.1	28.9	13.1	0.2	117.4	1.4
合　计	2508	18.1	—	994.7	12.6	809.8	9.2

注：北美包括墨西哥。

资料来源：BP, Statistical Review of World Energy, June 2011。

因墨西哥、委内瑞拉石油产量下降，拉美石油产量也略有下降。2010年，拉美石油产量 994.7 万桶/日，占全球石油产量的 12.6%，其中，墨西哥、巴西、委内瑞拉的产量分别占全球石油产量的 3.7%、2.7% 和 3.2%。2005～2010 年，拉美石油产量占全球产量的比重下降了 1.2%，墨西哥、委内瑞拉石油产量分别下降了 21.33% 和 15.87%，而巴西、哥伦比亚石油产量则分别增加了 24.53% 和 44.59%。

以 2010 年的石油探明储量和开采速度，南美可持续开采 93.9 年。墨西哥曾作为石油大国，因探明储量下降，储采比仅有 10 年；阿根廷、哥伦比亚等国的开采年限较短，不超过 15 年；秘鲁和厄瓜多尔仍能保持 20 年以上的开采期限；委内瑞拉石油储量则可开采 100 多年（见表 7 - 3）。

[①]　U. S. Energy Information Administration, Country Analysis Briefs：Venezuela, March 2011, p. 2.

[②]　U. S. Energy Information Administration, Country Analysis Briefs：Brazil, Feb 2012, p. 2.

因发现巨型近海油田，巴西的石油开采年限将会延长，远远超过英国石油公司《世界能源统计》评论估算的 18.2 年。

拉美成品油进口增长较快，但仍是石油净出口地区。因墨西哥原油出口下降，拉美原油出口略有下降，2005～2010 年占全球原油出口的比重由 10.98% 下降到 10.61%（见表7-4）；同期，南美原油出口增长了 19.71%，占全球原油出口的比重由 5.81% 上升到了 6.99%[①]。因地区内能源需求增长，拉美成品油进口占全球成品油进口的比重由 2005 年的 6.04% 提高到 2010 年的 11.47%。拉美成品油进口增长过快，表明炼化投资缺口较大。

表 7-4   2005～2010 年拉美地区石油贸易按产品分类

单位：万吨

项　目	年　份	2005	2006	2007	2008	2009	2010
进　口	原油	3270	3370	4270	3240	2560	2130
	占全球比重(%)	1.74	1.74	2.15	1.65	1.35	1.14
	成品油	3480	4410	5810	6540	6230	8690
	占全球比重(%)	6.04	6.70	8.10	8.99	8.73	11.47
出　口	原油	20700	21440	20620	19660	19270	19900
	占全球比重(%)	10.98	11.09	10.40	9.98	10.18	10.61
	成品油	6870	7070	6730	6170	6240	5310
	占全球比重(%)	11.92	10.75	9.39	8.48	8.74	7.01

资料来源：BP, Statistical Review of World Energy 2005-2011。

墨西哥石油出口的绝对量和占全球石油出口的比重都在下降。2004～2010 年，墨西哥石油进口增长较快，增长了 176.36%，占全球石油进口的比重由 0.47% 上升到了 1.15%；而同期石油出口下降幅度较大，下降了 26.07%，占全球石油出口的比重由 4.34% 下降到了 2.90%[②]。美国是墨西哥最大的石油贸易伙伴，墨西哥原油出口和成品油出口高度依赖美国。2010 年，墨西哥从美国进口占其总进口的 75%，而向美国出口石油占其总出口的 83%，但墨西哥向美国出口的石油数量呈下降趋势，

---

① 根据 2005～2011 年 BP《世界能源统计》资料计算。

② 根据 2005～2011 年 BP《世界能源统计》资料计算。

2004～2010 年下降了 22.47%①。

南美的石油出口量和占全球出口的比重都在上升。南美的石油贸易较为多元化，但也高度依赖美国。2010 年，南美向美国出口石油 10930 万吨，占其总出口的 62.19%，中国是南美石油出口的第二大市场，占其出口的 13.71%②。2004～2010 年，南美向美国出口的石油占其总出口的比重由 81.98% 下降到 62.17%，而南美从美国进口的石油占其总进口的比重由 21.79% 上升到 47.42%③。从石油贸易流向看，南美仍然依赖从美国进口成品油，而原油出口市场正逐渐多元化。

拉美向亚洲原油出口呈上升趋势。2004～2010 年，拉美向亚洲出口的原油量占拉美总出口的比重由 4.38% 上升到 18.80%，其中，中国、印度和新加坡为主要进口国④。南美从非洲、中东进口石油，出口少量，而墨西哥与非洲、中东的能源关系不紧密。

2. 天然气

2010 年，拉美已探明天然气储量为 7.9 万亿立方米，占全球探明储量的 4.3%（见表 7－5）。2005～2010 年，拉美探明天然气储量增长 6.33%，占世界的比重提高了 0.46%。委内瑞拉、墨西哥、玻利维亚、秘鲁、巴西是拉美天然气储量大国。2010 年，委内瑞拉天然气储量达 5.5 万亿立方米，占世界天然气储量的 2.9%（见表 7－6）。

2010 年，拉美天然气产量为 2165 亿立方米，占全球产量的比重为 6.7%。2005～2010 年，拉美天然气消费量增长了 42.9%，占全球消费量的比重提高了 0.6%。墨西哥、特立尼达和多巴哥、阿根廷是拉美天然气生产大国，2010 年产量分别占全球产量的 1.7%、1.3%、1.3%；而墨西哥、阿根廷和委内瑞拉是拉美天然气消费大国，消费量分别占全球消费量的 2.2%、1.4% 和 1%（见表 7－6）。

以 2010 年天然气储量及开采速度，南美及加勒比天然气储采比能保持

① 根据 2005～2011 年 BP《世界能源统计》资料计算。
② 根据 2005～2011 年 BP《世界能源统计》资料计算。
③ 根据 2005～2011 年 BP《世界能源统计》资料计算。
④ 根据 2005～2011 年 BP《世界能源统计》资料计算。

表7-5 2005~2010年拉美地区已探明天然气储量、产量和消费量

项 目 \ 年 份		2005	2006	2007	2008	2009	2010
储 量	万亿立方米	7.43	7.27	8.1	7.81	8.54	7.9
	占全球比重(%)	4.1	4.0	4.6	4.3	4.6	4.3
产 量	十亿立方米	175.1	187.9	197	213.8	209.8	216.5
	占全球比重(%)	6.3	6.5	6.7	7.0	7.0	6.7
消费量	十亿立方米	173.7	184.7	188.6	210.2	204.3	216.6
	占全球比重(%)	6.3	6.5	6.4	6.9	7.0	6.9

资料来源：BP, Statistical Review of World Energy 2006 - 2011。

表7-6 2010年拉美地区已探明天然气储量、产量和消费量

国 别	储 量			产 量		消费量	
	万亿立方米	占全球比重(%)	储采比(年)	十亿立方米	占全球比重(%)	十亿立方米	占全球比重(%)
墨西哥	0.5	0.3	8.9	55.3	1.7	68.9	2.2
阿根廷	0.3	0.2	8.6	40.1	1.3	43.3	1.4
玻利维亚	0.3	0.2	19.5	14.4	0.4	—	—
巴 西	0.4	0.2	28.9	14.4	0.5	26.5	0.8
哥伦比亚	0.1	0.1	11	11.3	0.4	9.1	0.3
秘 鲁	0.4	0.2	48.8	7.2	0.2	5.4	0.2
特立尼达和多巴哥	0.4	0.2	8.6	42.2	1.3	22.0	0.7
委内瑞拉	5.5	2.9	超过100年	28.5	0.9	30.7	1.0
其他拉美国家	0.1		22.4	2.9	0.1	10.8	0.3
合 计	7.9	4.3	—	216.5	6.7	216.6	6.9

资料来源：BP, Statistical Review of World Energy, June 2011。

45.9年，而墨西哥的储采比为8.9年；阿根廷、哥伦比亚、特立尼达和多巴哥三国的开采期较短，低于15年；委内瑞拉可保持100年左右的开采年限；秘鲁、巴西和玻利维亚也可分别保持48.8年、28.9年和19.5年的开采年限（见表7-6）。

拉美地区内基本上能够实现天然气供需平衡。玻利维亚、特立尼达和多巴哥、秘鲁为天然气净出口国，而巴西、阿根廷、智利则是净进口国。特立尼达和多巴哥、秘鲁液化天然气出口市场日益多元化，除向周边国家出口外，向美国、欧洲和亚太国家的出口不断增长。此

外，墨西哥、巴西、阿根廷、智利还从埃及、卡塔尔、尼日利亚等国进口液化天然气。

3. 煤炭

2010 年，拉美煤炭探明储量、产量和消费量分别为 137.19 亿吨、5830 万吨和 3220 万吨，占世界的比重分别为 1.6%、1.5% 和 0.9%（见表 7 - 8）。2005 ~ 2010 年，拉美煤炭探明储量下降了 73.85 亿吨，占世界探明储量的比重下降了 0.5 个百分点（见表 7 - 7）。哥伦比亚、巴西和墨西哥是拉美的煤炭储量大国，2010 年探明储量分别为 67.46 亿吨、45.59 亿吨、12.11 亿吨，三国共占世界探明储量的 1.4%，共占拉美探明储量的 91.3%（见表 7 - 8）。

表 7 - 7　2005 ~ 2010 年拉美地区已探明煤炭储量、产量和消费量

项　目	年　份	2005	2006	2007	2008	2009	2010
储　量	百万吨	21104	21104	17487	16217	16217	13719
	占全球比重(%)	2.3	2.3	2.0	1.9	1.9	1.6
产　量	百万吨石油当量	52.1	56.7	61.2	61	58.2	58.3
	占全球比重(%)	1.8	1.9	2.0	1.9	1.8	1.5
消费量	百万吨石油当量	27.1	31.1	31.6	32.3	29.3	32.2
	占全球比重(%)	0.9	1.0	1.0	1.0	0.9	0.9

资料来源：BP, Statistical Review of World Energy 2006 - 2011。

表 7 - 8　2010 年拉美地区已探明煤炭储量、产量和消费量

国　别	探明储量			产　量		消费量	
	百万吨	占全球比重(%)	储采比(年)	百万吨石油当量	占全球比重(%)	百万吨石油当量	占全球比重(%)
墨西哥	1211	0.1	130	4.5	0.1	8.4	0.2
巴　西	4559	0.5	超过 100 年	2.1	0.1	12.4	0.3
哥伦比亚	6746	0.8	91	48.3	1.3	3.8	0.1
委内瑞拉	479	0.1	120	2.9	0.1	—	
其他拉美国家	724	0.1	超过 100 年	0.5	—	6.3	0.1
中南美洲合计	12508	1.5	148	53.8	1.4	23.8	0.7
合　计	13719	1.6	—	58.3	1.5	32.2	0.9

注：北美包括墨西哥。

资料来源：BP, Statistical Review of World Energy, June 2011。

哥伦比亚是世界重要的煤炭出口大国，煤炭已成为继石油之后哥伦比亚的第二大出口产品，占其出口收入的 15% 左右。2009 年，哥伦比亚是世界第四大煤炭出口国。2010 年，哥伦比亚向欧洲、美国、拉美、中国及其他地区出口的煤炭分别占其出口的 48%、17%、7% 和 14%，其中，亚洲市场占其出口份额的 12.7%①。美国煤炭进口的 75% 来自哥伦比亚，而哥伦比亚向亚洲的煤炭出口呈扩大趋势。

4. 核能

拉美铀矿储量丰富，巴西铀矿资源储量居世界第六位，探明储量 30.94 万吨②。另外，阿根廷、墨西哥、智利、委内瑞拉等国也有相当规模的铀矿储量。然而，拉美地区只有墨西哥、阿根廷和巴西三国使用核能。2010 年，拉美核能消费量为 620 万吨石油当量，占全球核能消费量的 1%，墨西哥、阿根廷和巴西的核能消费量分别为 130 万吨石油当量、160 万吨石油当量和 330 万吨石油当量，分别占世界核能消费比重的 0.2%、0.3% 和 0.5%③。

5. 水电

巴西、委内瑞拉、哥伦比亚、阿根廷和墨西哥是拉美的水电消费大国。拉美水电消费量稳步上升，由 2005 年的 1.47 亿吨石油当量上升到了 2010 年的 1.66 亿吨石油当量，增长了 12.9%，其中，增长较快的国家是巴西、阿根廷和墨西哥，分别增长了 17.28%、16.46%、33.87%④。就水电消费占全球消费的比重来看，2010 年拉美占 21.4%，其中，巴西、委内瑞拉、阿根廷、哥伦比亚、墨西哥分别占世界水电消费的 11.6%、2.2%、1.2%、1.2% 和 1.1%⑤。

6. 生物燃料

2010 年，拉美生物燃料产量为 1826.4 万吨石油当量，占世界生物燃料产量的 30%⑥。2005～2010 年，拉美生物燃料产量急剧扩大，增长率高达

①　U. S. Energy Information Administration，Country Analysis Briefs：Columbia，June 2011，p. 6.

②　http：//www. brasil. gov. br/energia－en/energy－matrix/uranium－and－derivatives/print.

③　BP，Statistical Review of World Energy，June 2011，p. 35.

④　BP，Statistical Review of World Energy，June 2011，p. 36.

⑤　BP，Statistical Review of World Energy，June 2011，p. 36.

⑥　BP，Statistical Review of World Energy，June 2011，p. 30.

125.73%。巴西、阿根廷、哥伦比亚和牙买加是拉美生物燃料生产大国，按石油当量计算，2010年的产量分别为1557.3万吨、168.7万吨、35.1万吨和19.6万吨（见表7-9），分别占同期世界生物燃料产量的26.3%、2.8%、0.6%和0.3%。

表7-9 2005~2010年拉美地区生物燃料

单位：万吨石油当量

国　别	2005	2006	2007	2008	2009	2010
阿根廷	0.9	2.9	22.8	63.2	105.4	168.7
巴　西	783.5	872.9	1132.23	1413.2	1396.2	1557.3
哥伦比亚	1.4	13.1	14.1	23.9	32.6	35.1
牙买加	6.2	14.7	13.8	18.2	19.6	19.6
其他拉美国家	17.1	36.9	47.2	74.1	45.7	45.7
合　计	809.1	940.5	1230.2	1592.7	1599.4	1826.4

注：生物燃料包括乙醇和生物柴油。

资料来源：BP，Statistical Review of World Energy 2006-2011。

巴西是继美国之后的世界第二大乙醇生产国。阿根廷和哥伦比亚是拉美新兴生物燃料生产国，产能急剧扩张，特别是阿根廷2010年已跃升为世界第五大生物燃料生产大国。

7. 其他可再生能源

2010年，拉美地区消费的其他可再生能源（包括风能、地热能、太阳能、生物质和废物燃料）为1280万吨石油当量，占全球同类能源消费的8.1%[①]。拉美地区其他可再生能源产量稳定增长，与2005年相比，2010年产量增长60%。巴西、墨西哥和智利是拉美地区其他可再生能源产量大国。

（二）拉美与中国的能源合作

1. 中国对拉美的能源需求

从石油储、产和贸易量看，拉美正在形成墨西哥、委内瑞拉和巴西三个石油生产和贸易输出中心，对国际石油市场的影响举足轻重。拉美不仅

---

① BP，Statistical Review of World Energy，June 2011，p.39.

被视为中国原油进口多元化的重要来源地，而且也是中国能源企业"走出去"的战略目标区。拉美作为中国最早开展能源合作的重点地区之一，中拉能源合作局面基本已被打开。

由于拉美国家在油气资源禀赋、供需结构、行业管制和技术水平等方面存在差异，中拉油气合作国之间差异较大，且呈现出不同的模式选择（见表7-10）。秘鲁、委内瑞拉、厄瓜多尔、哥伦比亚集中了2003~2007年近90%的中拉油气合作项目，而巴西、阿根廷的合作地位近年正迅速提升。

表7-10 2003~2010年中拉油气合作类型

	对华出口原油	勘探	开发	服务合同	贷款换石油
秘 鲁		★	★	★	
委内瑞拉	★	★	★	★	★
厄瓜多尔	★	★	★	★	★
哥伦比亚	★		★	★	
巴 西	★	★	★	★	★
墨西哥				★	
阿根廷	★	★	★		

注：★表示2003~2010年存续或已完成的油气合作项目，其中，秘鲁和墨西哥仅分别于2006年和2010年对华出口过原油。

资料来源：国家能源局、国资委、商务部、中国石油、中国石化、中国海油网站。

（1）中国原油进口多元化战略的替代来源地。随着中国原油对外依存度的不断攀升，为化解进口来源地过度集中在非洲、中东的地缘政治风险，拉美逐渐成为满足中国原油增量需求的供应地。据中国海关统计，中国从拉美进口原油由2003年的83.79万吨上升到2011年的2214.87万吨，占中国原油进口的比重由0.92%上升到8.73%（见表7-11）。中国也向拉美出口石油，年出口量约400万吨[①]。基于对探明储量的判断，委内瑞拉、巴西可发展成为中国在拉美稳定、可持续的原油进口来源国。

---

① BP, Statistical Review of World Energy 2005 - 2011.

表 7 - 11　2003 ~ 2011 年中国从拉美地区进口原油情况

单位：万吨

国家＼年份	2003	2004	2005	2006	2007	2008	2009	2010	2011
委内瑞拉	44.38	33.41	192.79	420.28	411.61	646.71	526.67	754.96	1151.77
巴　西	12.37	157.69	134.32	222.28	231.55	302.18	406.03	804.77	670.98
阿根廷	13.13	71.36	91.23	170.37	156.64	77.1	71.99	113.55	—
厄瓜多尔	13.91	28.26	9.3	20.15	23.46	104.79	178.93	81.03	—
哥伦比亚	—	—	—	9.41	84.22	114.08	123.83	200.03	223.45
总进口量	83.79	290.72	427.64	950.7	913.44	1244.86	1317.3	2073.16	2214.87
占中国原油进口的比重（%）	0.92	2.37	3.37	6.55	5.60	6.96	6.46	8.66	8.73

注："进口总量"中还包括不同年份从秘鲁、古巴、墨西哥等国的少量进口；2011 年的进口量仅包括巴西、委内瑞拉和哥伦比亚三国。

资料来源：根据 2003 ~ 2011 年中国海关统计数据整理、计算。

（2）获得油气资产权益。中国石油公司以竞标、并购、参股等多种形式在秘鲁、厄瓜多尔、委内瑞拉等国获得多个油气区块勘探开发权益。2001 ~ 2007 年，拉美左派执政国家调整能源政策，一些欧美跨国石油公司随之撤出，中国石油公司并购了其油气资产，并参股由资源国国家石油公司主导的区块勘探、开发项目。2009 ~ 2010 年，早先进入拉美的跨国石油公司受国际金融危机的冲击或受资源国对外能源合作政策变化的影响，纷纷调整在拉美的油气投资，中国石油公司趁机在巴西、阿根廷等国掀起了油气资产并购热潮（见表 7 - 12）。

（3）能源机械装备及技术出口。中国石油公司凭借其技术优势，向拉美产油国提供了大量的工程技术服务。由于中国石油公司在技术和成本上的竞争力，技术服务合作不仅成为中拉能源合作的重要方式，而且也是中国石油公司进入拉美能源市场的可行渠道。2009 ~ 2011 年，中国公司为巴西建造、出口了海上钻井平台、大型水电成套设备。目前，秘鲁和厄瓜多尔是中拉技术服务合作的主要对象国，而巴西和墨西哥将是重要的潜在对象国。

（4）以贷款融资推动能源合作。2009 年 2 月，中委联合融资基金规模增至 120 亿美元，其中，中方出资 80 亿美元；2010 年 4 月，中委两国又签署了 200 亿美元的贷款协议。2009 年 5 月，中国国家开发银行向巴西

表 7 – 12　2010 年中国和拉美重大油气合作项目

国　别	合作伙伴	中国公司	合作方式
巴　西	巴西国家石油公司	中国石化	向中方转让 BM – PAMA – 3 和 BM – PAMA – 8 区块
	挪威国家石油公司	中化集团	中方购买 Peregrino 油田 40% 权益
	西班牙雷普索尔公司	中国石化	持股雷普索尔巴西公司增发股份
阿根廷	阿根廷布里达斯能源控股	中国海油	成立合资布里达斯公司,中阿各持股 50%
	美国西方石油公司	中国石化	收购美方公司在阿资产
委内瑞拉	委国家石油公司	中国石油	成立合资公司合作开发胡宁 4 区块,中方持股 40%
	委国家石油公司	中国石化	成立合资公司合作开发胡宁 1 区块和 8 区块,并参与炼厂项目,中方持股 40%
	委国家石油公司	中国海油	参与 Marical Sucre 天然气项目合作开发
秘　鲁	秘鲁石油公司	中化集团	竞标获得 5 个区块勘探开发权
哥伦比亚	美国 Hupecol 公司	中国石化	收购美国公司在哥区块资产
古　巴	古巴国家石油公司	中国石油	油气勘探开采、炼厂建设
哥斯达黎加	哥国家石油公司	中国石油	成立合资公司,实施哥炼油厂扩建项目

资料来源:根据国家能源局、国资委、商务部、中国石油、中国石化、中国海油等网站资料整理。

国家石油提供了 100 亿美元的贷款。早在 2006 年,中国国家开发银行就已参与了巴西天然气管道的项目融资。2009 年 7 月,中国与厄瓜多尔签署了总额为 10 亿美元的贷款协议,厄方将以提供原油供应的形式偿还这笔资金。2009 ~ 2010 年,中国进出口银行向厄瓜多尔两个水电站建设项目提供了融资。

（5）可再生能源合作不可忽视。中国与厄瓜多尔、哥伦比亚、巴西等国的水电合作项目潜力巨大。2010 ~ 2011 年,中国开始向智利、阿根廷、厄瓜多尔等国出口风能设备、太阳能设备。中国与加勒比岛国的风能、太阳能等能源合作也不可低估。中国可以借鉴巴西的乙醇技术,且两国乙醇贸易存有潜力。玻利维亚、智利等国锂矿储量惊人,在发展新能源电动汽车方面,中国可与之合作进行研究、开发。

中国能源企业已被拉美地区所接纳,被拉美地区视为对外能源合作多元化的战略合作伙伴。中拉能源产业内合作链条不断延伸,涉及石油贸易、勘探开发、融资、工程服务及装备等,且可再生能源合作也已提上日程。随着合作基础的日益巩固,中拉还应进一步拓展、深化合作领域。例如，可加强能源技术的合作研究和交流，实现技术互鉴。

2. 拉美对中国的能源利益需求

拉美正进入新一轮发展周期，油气资源丰富而财政上又依赖油气出口的拉美国家将保持油气勘探开发投资力度，并确保油气出口安全。同时，因能源产业发展失衡和基础设施建设滞后等多种原因，拉美多国局部地区能源供需关系紧张，且农业、矿业开发势头迅猛，国内消费升级，使得国内电力供应压力增大。为实现国内能源自足、确保国内电力供应及增加石油出口附加值，拉美大多数国家正进行新一轮的能源产业结构调整，工程技术服务和资金需求较大。

（1）油气产业的财政依赖。油气产业对一些拉美国家的财政收入贡献较大，根据联合国拉美经委会数据，2008 年，油气产业对阿根廷、哥伦比亚、墨西哥和委内瑞拉财政收入的贡献率分别为 35%、35%、30% 和 50%[①]。石油出口收入占厄瓜多尔出口收入的 50% 和税收收入的 1/3。油气产业占到了玻利维亚 GDP 的 10%，对其政府财政收入贡献率达到 30%，占其出口收入的 40%[②]。

（2）能源产业的可持续和自主发展。拉美油气勘探开发的方向是深海和非传统油气，例如，墨西哥、阿根廷、巴西、智利等国都制定了能源发展规划。委内瑞拉制订了"石油播种计划"，巴西的"经济加速增长计划"确立了能源产业在巴西经济结构调整中的地位，阿根廷提出要重振油气产业，玻利维亚鼓励油气产业的勘探和开发投资。

（3）资金和技术服务需求缺口大。为弥补国内资金、技术服务缺口，拉美的主要油气生产国加大了投资力度，并积极吸引跨国石油公司的参与。墨西哥、秘鲁、厄瓜多尔、委内瑞拉、阿根廷等国著名的老油田进入了衰退期，需要大量的技术服务和资金投入。根据委内瑞拉"石油播种计划"，2013～2018 年委内瑞拉国家石油公司投资总额将达到 2000 多亿美元，但需要从国外融资。随着油气产量的提高，哥伦比亚在油气运输基

---

① http：//www. latameconomy. org/en/lac – fiscal – initiative/revenue – statistics – in – latin – america/# c18905.

② U. S. Energy Information Administration，Country Analysis Briefs：Bolivia，April 2011，p. 1.

础设施和炼化能力方面需要扩大投资。

　　未来中长期内，拉美国家将加大在油气资源勘探、开发、炼化和油气管道方面的投资、引资力度。阿根廷、哥伦比亚、秘鲁、厄瓜多尔、玻利维亚以及智利重点将加大勘探投资力度，而巴西、委内瑞拉则是扩大投资，开发近期发现的新油田（见表7-13）。在油气勘探、开发和基础设施建设合作方面，拉美对中国存有战略需求。委内瑞拉、厄瓜多尔、巴西、阿根廷等国扩大与中国的能源合作，被这些国家视为重要的战略选择。中国的市场、资本和技术的优势可推动中国和拉美能源产业合作，延伸双方的合作链条。

表7-13　拉美能源产业发展目标与重点

国　别	发展目标	发展重点
阿根廷	重振油气产业	强制收购雷普索尔 - YPF 资产；扩大深水油气勘探投资；开发页岩气；完善东北部天然气管道；推广并出口生物柴油
巴　西	全球能源生产、出口大国	开发深海盐下层油田，提升炼化能力；实现天然气自足，加强油气管道建设；乙醇发展计划，巩固生物能源大国地位
哥伦比亚	提高油气、煤炭产量	油气运输基础设施和炼化能力，扩大向亚太地区的油气、煤炭出口
厄瓜多尔	原油产量稳产	实现老油田增产，提升炼化能力；大力发展水电，未来新建六个水电站；扩大向亚洲地区的原油出口
墨西哥	油气产量稳产、增产	引进国际先进的勘探、开发技术，加强陆地油田开发基础设施建设；开发深海油田和页岩油；发展重油炼化能力，启动新炼厂计划
秘　鲁	原油稳产、天然气出口大国	提高能源效率，使用天然气和水电；扩大油气勘探开发投资，提高炼化能力，加强油气管线建设；扩大向亚太地区液化天然气的出口
委内瑞拉	油气产量稳产、增产	绝大多数油田进入成熟期，需扩大投资提高产量；重点开发奥里诺科重油带，但面临技术挑战；与中国、巴西合作，扩大炼化能力

　　资料来源：根据美国能源信息署的拉美能源国别报告整理。

二　拉美的对外能源关系

（一）拉美与美国的能源合作

　　为保障能源安全，西半球的油气资源对美国而言，其战略地位的重要性不言而喻。除加拿大外，墨西哥、委内瑞拉一直是美国传统的原油进口来源国，且巴西和哥伦比亚对美国的原油出口量也不断上升。美国长期主导西半球的能源秩序，包括签署双边或多边合作协议，美国石油公司在拉美的投资以及美拉之间的石油贸易相互依赖。

1. 拉美与美国油品贸易的相互依赖

（1）美国的拉美石油进口依存度。美国从拉美进口石油占其总进口的30%左右，但从拉美的进口量及其占总进口的比重呈下降趋势。2010年，美国从拉美进口石油1.728亿吨，占其总进口的29.94%，比2004年相比，下降了3.35个百分点（见表7-14）。美国从拉美进口原油的优势在于运输路线较短、成本低、风险小。2009～2010年，在美国前15大原油进口国中，就有5个拉美国家，除墨西哥、委内瑞拉外，哥伦比亚、厄瓜多尔和巴西的排名较为靠前。

表7-14 美国从拉美进口石油变化

项　　目　　　年　份		2004	2005	2006	2007	2008	2009	2010
美国从拉美原油进口（百万吨）	墨西哥	81.9	81.8	84.4	76.1	64.7	61.2	63.5
	中南美	130.6	140.9	133.1	127.4	119.4	115.7	109.30
	总　计	212.5	222.7	217.5	203.5	184.1	176.9	172.80
美从拉美进口占总进口比重(%)		33.29	33.4	32.41	30.29	28.92	31.32	29.94
对美出口占拉美总出口比重(%)		80.95	80.78	76.29	74.43	71.27	69.32	68.54

资料来源：根据BP公司《世界能源统计》2005～2011年的统计资料计算。

（2）美国从拉美进口石油的地缘变化。美国从墨西哥、委内瑞拉进口的原油量呈下降趋势，从巴西、哥伦比亚进口的原油量上升。因与美国地缘邻近以及美国拥有重油炼化技术，墨西哥原油高度依赖出口美国市场。墨西哥对美国出口原油在20世纪80～90年代持续上升，2004年达到峰值160万桶/日，此后呈下降趋势，原因是墨西哥国内石油产量下降和国内需求增加[1]。

美国是委内瑞拉最重要的原油出口对象国，且美国一些海湾沿岸的炼

---

[1] U. S. Energy Information Administration, Country Analysis Briefs：Mexico, July 2011, p. 3.

厂技术设计专门用来炼化委内瑞拉重油。委内瑞拉是美国第五大原油进口来源国，但美国从委内瑞拉进口的原油量持续下降。2010 年，美国从委进口石油 98.7 万桶/日，占美国总进口的 8.3%[①]。

迫于墨西哥石油探明储量和产量的下降以及美国与委内瑞拉关系的恶化，美国或加大国内油气开发力度，或在西半球内寻找原油进口替代国，扩大从巴西和哥伦比亚的原油进口。

加勒比是美国成品油进口的重要来源地。加勒比拥有 13 个炼油厂，炼化能力为 100.5 万桶/日；拥有 11 个石油储备中心，储备能力近 1.1 亿桶[②]。2011 年，美国从加勒比进口的成品油占其成品油总进口的 14%，约 34 万桶/日；2001～2011 年，美国从加勒比进口的成品油下降了约 5%[③]。

（3）拉美对从美国进口成品油的依赖。拉美与美国石油贸易关系的特征是原油出口和成品油进口的双重依赖。2010 年，拉美从美国进口石油 5960 万吨，比 2004 年增长了 210.42%。2004～2010 年，拉美从美国进口石油占其总进口的比重由 29.68% 上升到了 55.19%；但是，拉美对美国原油出口占其总出口的比重由 80.95% 下降到 68.54%。而美国的成品油出口逐渐依赖拉美，2010 年，美国对拉美出口石油占其总出口的 57.81%，比 2004 年上升了 17.47 个百分点（见表 7－15）。

表 7－15　美国向拉美出口石油的变化情况

项　　目 \ 年　　份		2004	2005	2006	2007	2008	2009	2010
美国向拉美出口石油 （百万吨）	墨西哥	7.5	10.1	12.2	11.1	17.0	15.4	22.8
	中南美	11.7	15.5	17.8	21.6	25.4	27.9	36.8
	总　计	19.2	25.6	30	32.7	42.4	43.3	59.6
美向拉美出口占其总出口比重（%）		40.34	47.32	47.54	47.32	44.82	47.22	57.81
美对拉美出口占拉美总进口比重（%）		29.68	37.93	38.56	32.44	43.31	49.26	55.19

资料来源：根据 BP 公司《世界能源统计》2005～2011 年的统计资料计算。

[①]　U. S. Energy Information Administration, Country Analysis Briefs: Venezuela, March 2011, p. 6.

[②]　U. S. Energy Information Administration, Country Analysis Briefs: Caribbean, May 1, 2012, p. 2-3.

[③]　U. S. Energy Information Administration, Country Analysis Briefs: Caribbean, May 1, 2012, p. 4.

2. 美国与拉美的能源合作机制

美国在拉美的能源利益包括很多方面，如原油进口、油品出口、能源勘探开发机械设备出口、石油公司的投资等。美拉能源合作机制包括以下几个方面：其一，西半球多边合作机制；其二，与加拿大、墨西哥的双边合作机制；其三，美国石油公司在拉美油气市场上的商业参与活动。美国在拉美的能源利益，不仅能保障原油进口的能源安全，还包括商业性的能源利益。因此，研究美国在西半球的能源安全保障机制时，应区分政府和公司两个不同的角色及其相互之间的决策联系。

（1）美国在西半球的能源多边合作机制。美国利用在西半球的政治经济影响力，积极推动西半球的多边能源合作。美国借助美洲国家组织、美洲开发银行等平台，进行能源合作多边对话，或提供融资支持。美国在历届美洲首脑峰会上，都提出了能源合作倡议。在能源多边合作的地缘选择上，美国重视与北美洲的墨西哥、加拿大合作，利用北美自由贸易协定，来固化三国多边能源合作机制，以维护美国的能源安全利益。

（2）美国在西半球的双边能源合作机制。除多边机制外，美国签署了多个双边能源合作机制。1996～2004年，美国与墨西哥签署了多个双边能源合作协议，涉及能源贸易、能源科技合作、消息交流和政策对话等。2006～2009年，美国与秘鲁、哥伦比亚签署的双边自由贸易协议里也涉及了能源议题。2011年3月，奥巴马总统访问巴西时，两国设立了"美巴能源战略对话"机制，确定了石油、天然气、清洁能源等优先合作领域。2012年2月，美墨签署协议共同开发墨西哥湾油气资源。

（3）美国石油公司在拉美的商业利益。拉美长期是美国石油公司的投资重地，20世纪20～70年代拉美掀起的几次石油国有化浪潮使美国石油公司遭受重创。随着20世纪90年代拉美油气产业开放或私有化，美国石油公司再次进入拉美。例如，雪佛龙石油公司1996年重返委内瑞拉，1997年在巴西设立了办事处，且在阿根廷、巴西等国拥有石油上游和下游项目；美国西方石油公司在玻利维亚、哥伦比亚等国拥有多个油气区块权益。

（4）西半球的能源外交竞争。虽然美国在西半球拥有霸权，但在不同的问题领域里，拉美国家仍拥有重要的影响力。查韦斯总统利用委内瑞拉的石油资源扩大在加勒比和中美洲的影响力，以抵制美国的霸权行为。在委内瑞拉的倡议下，"加勒比石油计划"于 2005 年成立，以优惠条件向缔约国提供石油，目前拥有古巴、巴哈马、圭亚那、哥斯达黎加等近 20 个成员国。查韦斯倡导的该石油合作机制具有很强的政治目的，试图排除美国在拉美的影响。

2009 年 3 月，在第五届美洲国家首脑峰会上，美国总统奥巴马提出了"美洲能源伙伴关系"，目的是在西半球发展再生可替代能源、建立技术共享机制、组建能源科学研究团队。美国支持西半球地区能源合作符合美国的能源利益，稳定的能源合作伙伴有助于确保美国的能源安全利益，也能为美国的能源科技寻找更多的市场机会。

美国试图利用能源合作，缓解与拉美不同意识形态政府的关系，特别关注与巴西的能源合作。不论是应对墨西哥石油出口下降的风险防范，还是以市场为砝码平衡查韦斯的反美政策，美国都视巴西为新兴的能源合作战略伙伴。

美国与拉美的能源合作具有相互依赖的属性。基于美国在西半球的政治霸权和经济主导地位，美国可利用多种手段维护本国能源利益。美国在拉美的能源利益是多样化的和多层次的，且利益实现的方式也不同。除能源利益的经济属性外，能源合作也是美国对拉美外交的政策工具，尤其在平衡拉美油气出口大国关系方面能发挥重要作用。

（二）拉美与欧盟的能源合作

1. 欧盟在拉美的能源利益

欧盟在拉美的能源利益与能源安全的关联度较低，能源利益的重心体现在欧洲几大石油公司在拉美的商业利益上。欧盟与拉美的能源合作表明，能源利益不能简单地用从拉美的原油进口量来衡量，其利益具有多样性和多层次性，且合作政策工具呈现出公共政策和商业渠道不同的分工路径。

（1）欧盟从拉美的石油进口。欧盟每年从拉美进口的石油量仅占其全球总进口量的3%左右。2008年，欧盟从拉美的石油进口量达到了3290万吨，为近五年的最高值，在进口的绝对量上超过了中国和印度从拉美的进口额[1]。欧盟委员会官方数据显示，2011年，欧盟从拉美进口原油1.24亿桶，占原油总进口的3.08%[2]。墨西哥、委内瑞拉、巴西和哥伦比亚是欧盟在拉美的主要原油进口来源国。

（2）欧洲跨国石油公司在拉美。20世纪90年代初，随着大部分拉美国家的油气产业陆续开放或私有化，欧洲的跨国石油公司开始大举进入拉美。

第一，合作对象国较为广泛。阿根廷、巴西、委内瑞拉、秘鲁、厄瓜多尔、玻利维亚等国油气资源储量丰富，成为欧洲跨国石油公司合作的重点对象国。例如，BP和BG公司分别有7个和6个合作对象国，而雷普索尔公司几乎与所有的拉美国家都建立了合作关系。

第二，业务较为多元和平衡。除油气上游勘探、开发业务外，欧洲的跨国石油公司在拉美的业务发展灵活，还积极参与下游的炼厂、油品销售、油气管道建设运营等业务，还建立与业务发展相配套的技术服务支持系统。

第三，商业合作模式多样化。根据资源国对油气产业的管制政策特点，欧洲的跨国石油公司采取了不同的商业合作模式，除与本地的跨国石油公司合作外，一些欧洲跨国石油公司还与区外石油公司建立了广阔的合作网络关系。

2. 欧盟与拉美的能源合作机制

欧盟与拉美的关系主要以欧盟－拉美首脑峰会为框架，能源合作已成为重要议题。欧盟在公共政策上加强与拉美的能源合作，并与气候变化谈判相联系，以期在拉美获得立场支持。

（1）欧盟－拉美首脑峰会机制。欧盟视拉美为重要的能源合作伙伴，厄瓜多尔和委内瑞拉是OPEC成员国，并且欧盟与OPEC建立了部长级对

---

① BP, Statistical Review of World Energy 2009, p. 18.

② The European Commission, Directorate-General for Energy, Registration of Crude Oil Imports and Deliveries in the European Union, Period 1 – 12/2011.

话关系。在 2006 年的"维也纳峰会"、2008 年的"利马峰会"、2010 年的"马德里峰会"上，能源和气候变化问题成为首脑峰会的主题之一。

（2）强调能源合作的多角色参与性。欧盟重视相关角色参与能源合作，如政府、商业、科技界和公民社会等，调动利益相关者和充分的金融资源推动欧拉能源合作。2010 年 4 月，欧盟和拉美讨论了技术合作、可再生能源和能源效率问题，探索欧拉能源合作的框架和战略，其中可再生能源和能源效率是重点之一。

（3）能源合作内关于欧拉的其他合作领域。在欧拉之间不同层次上的经济合作、发展合作、投资等都涉及了能源合作问题。在环境保护、科技合作和政治对话领域，能源合作是必不可少的内容。

（4）推动能源领域的投资和技术合作。2010 年 5 月，欧盟倡议成立了"拉美投资基金""加勒比基础设施投资基金""欧盟－拉美和加勒比基金"3 个新的政策工具，以推动欧拉在能源、环境等领域的投资合作。欧盟主张加强研发、创新合作，并扩大技术合作的融资选择。

（5）视巴西为最重要的战略合作伙伴。1992 年 6 月，欧共体与巴西签署了框架合作协议，其中包括了欧共体与巴西的能源政策对话。2005年 4 月，欧盟－巴西共同委员会第九次会议加强了能源领域内的合作对话。2007 年 3 月，欧盟－巴西共同委员会第十次会议决定深化"欧盟－巴西能源政策对话机制"，目标是交流能源政策信息和发展经验，加强能源合作研究等。

综上分析，欧盟与拉美的能源合作重点包括技术合作、政策理念对话、投融资支持、发展经验交流等；在合作渠道上，欧拉之间不同层次上的经济合作、发展援助合作都涉及了能源合作议题。欧盟在拉美的能源利益不能简单地用原油进口量的多少来衡量，其利益具有多层次性和多样性，而跨国石油公司的商业运营是实现其多种能源利益的载体，且政府间的能源合作与石油公司的商业行为有着明确分工。

（三）拉美与印度、日本等国的能源合作

除中国石油公司外，日本、印度、越南等亚洲国家石油公司在拉美日

益活跃，以竞标、并购、参股等多种方式，在拉美获得油气资产。为确保国内能源安全，扩大原油进口是亚洲国家石油公司进入拉美的战略目标。

1. 日本与拉美的能源合作

日本原油进口高度依赖中东，能源安全感紧迫，正在实施原油进口来源多元化战略。日本高度关注与巴西、委内瑞拉等国的油气合作，并有了资金参与。日本重油炼制技术先进，是日本与拉美合作的重要优势。

当前，拉美不是日本原油进口的核心区。据 BP《世界能源统计》，2004～2009 年，日本从拉美的原油进口微乎其微，年均进口量约 30 万吨。日本与巴西、委内瑞拉等国的石油合作趋势呈上升势头，其合作重点是油气大型设备制造、能源开发贷款融资等。日本特别关注拉美锂矿资源开发，考虑到发展太阳能电池、电动汽车等产业，日本急需锂矿资源，玻利维亚、智利和阿根廷是日本看重的锂矿资源合作开发对象国。

2. 印度与拉美的能源合作

印度与拉美的能源合作发展迅速，继中东和非洲之后，拉美已跃升为印度第三大石油进口来源地。印度在拉美的能源利益不仅局限于原油进口的能源安全保障，且印度国家石油公司还视拉美为国际化经营的战略要地。印度与拉美石油合作的最大特点是以参与为主、投资步子小、收益大。

（1）印度的能源安全需求。据 BP《世界能源统计》，印度从拉美的石油进口由 2008 年的 770 万吨上升到了 2009 年的 1180 万吨，2010 年虽略有下降，但也超过了 1000 万吨。墨西哥、委内瑞拉、巴西和哥伦比亚是印度在拉美的主要石油进口对象国。

（2）印度石油公司"国际化"需求。印度国家石油天然气公司（ONGC）是维护印度国家能源安全的主要组织载体和实施者，与政府的密切政治联系以及公司自身的国际化战略都推动了该公司向拉美扩张，其子公司 Videsh 是拓展拉美业务的执行者。

（3）印度与拉美能源合作的特点。第一，合作对象国轻重有别。巴西和哥伦比亚是印度在拉美的重点合作对象国，两国集中了 12 个合作项目，占到了印度在拉美合作项目的 75%。印度与拉美左派执政国家的石油合作较为审慎，合作项目不多。

第二，投资进度小步前进。印度在拉美的石油投资规模较小，多笔投资仅仅是上千万美元，超过上亿美元的投资项目不多。Videsh 公司公布的数据显示，截至 2011 年 3 月底，该公司在拉美的实际投资额约 15 亿美元。

尽管印度投资规模偏小，但这种积极参与、小步前进的投资策略，无论是从印度国家石油公司在拉美油气市场的参与度来看，还是以印度从拉美进口的原油量来衡量，都确保了印度在拉美的能源利益。

第三，合作方式灵活多样。在合作方式上，印度国家石油公司采取了控股、参股、联合勘探开发等多种合作形式。在合作伙伴选择上，印度的一个显著特点是看重与拉美本地的国家石油公司合作，而与欧美的跨国石油公司合作相对较少。

随着世界增长中心的转移，拉美与亚洲国家的石油贸易将会上升。当前拉美仍不是亚洲能源消费大国的能源安全绝对保障地区，而被亚洲国家定位为"边际安全增量的"保障地。

三 拉美局势变化对中国能源安全的影响

（一）拉美局势变化

1. 政治局势

以 1999 年查韦斯总统上台执政为标志，拉美政局变化最大的特点是拉美左派的兴起以及对内政、外交的一系列政策调整。在政治上，拉美左派政府一般都通过召开制宪大会制定新宪法或修改原宪法，以巩固其执政地位。在执政理念上，激进左派政府提出了建设社会主义的口号。在经济政策领域，左派政府力图改变新自由主义发展模式，实行能源等战略部门的"国有化"，加强国家经济干预。

2011 年，秘鲁、阿根廷等举行了总统或议会选举，部分国家的传统政党地位仍比较稳固或力量有所恢复。拉美一些国家的执政联盟的脆弱性逐渐显现，如秘鲁的"秘鲁胜利"联盟和巴西执政联盟都显示出内部矛盾加剧、分歧扩大的趋势，不仅影响其执政能力，也可能带来分裂的风险。2012 年，墨西哥和委内瑞拉举行总统大选。因查韦斯总统健康状况，委内瑞拉大选结果将会影响到该国未来的政治走向。尽管拉美左派继续保持政治优势，但委内瑞拉、玻利维亚和厄瓜多尔三国左派政府不断推进变革，面临着其他政治势力的挑战。

2. 经济形势

拉美正进入新一轮增长和发展周期，2004~2007 年，拉美经济保持了年均高于 5% 的增长率。因受国际金融危机的冲击，2008~2009 年拉美经济增长放缓。2010 年拉美经济实现快速复苏，增长 5.9%，但因受欧美债务危机影响，2011 年有所下降，仅为 4.3%[①]。就对世界增长的贡献而言，拉美的贡献度超过了日本和欧盟，2010 年，拉美的贡献率为 0.52%，比 2008 年上升了 0.15%[②]。

尽管拉美内生性增长有所增强，但储蓄率和投资率仍然较低，基础设施投资缺口较大。与以往相比，拉美近年来财政状况不断改善，外贸盈余增加，外汇储备充足，抵御危机的能力增强。特别是拉美左派政府开始探索新的发展道路，强调国家干预，实施反周期的财政政策能力增强，扩大基础设施投资、社会性支出。拉美增长的特点仍是依赖初级产品出口，欧债危机和中国经济增长放缓等因素都增加了拉美经济前景的不确定性。

拉美的外债负担率呈下降趋势，由 2002 年的 39.8% 下降到 2011 年的 19.2%[③]。2005~2011 年，拉美出现了债务负担下降的趋势，原因是经济增长强劲，外汇储备增多，偿债能力增强，且巴西、阿根廷等国加强债务管理，调整债务结构，发展国内债务市场。拉美的偿债率也呈下降趋势，

---

① The Economic Commission for Latin America and the Caribbean of the United Nations, *Preliminary Overview of the Economies of Latin America and the Caribbean* 2011, Santiago, Chile, December 2011, p. 95.

② The Economic Commission for Latin America and the Caribbean of the United Nations, *Latin America and the Caribbean in the World Economy* 2010–2011, Santiago, Chile, October 2011, p. 12.

③ The Economic Commission for Latin America and the Caribbean of the United Nations, *Preliminary Overview of the Economies of Latin America and the Caribbean* 2011, Santiago, Chile, December 2011, p. 95.

由 2002 年的 178% 下降到 2008 年的 74%。受国际金融危机的冲击，2009年，偿债率有所回升，为 101%，2010~2011 年，偿债率又有所下降[①]。

然而，拉美经济也面临一些挑战。因食品和燃料价格上涨，通胀压力加大。由于国际产业链条调整加速，拉美产业结构调整难度进一步增大。为防止未来可能出现的资本外逃、国际初级产品价格下跌和贸易条件恶化三者并发的风险，绝大多数拉美国家适度收紧货币政策；调控汇率政策，抑制货币升值；实现初级财政盈余，保持公共债务的可持续性。

3. 国际关系变化

拉美中左派上台后，拉美成为全球反美主义的一个重要组成部分。为平衡美国在西半球的影响，拉美积极推动对外关系的多元化，加强与中国、俄罗斯、印度等国的关系。尽管拉美目前尚未进入各大国的外交战略重点，但是，巴西的崛起和区外大国对拉美外交争夺的张力正不断提升拉美的国际地位。

（1）对外关系多元化日趋明显。墨西哥重点发展与美国、加拿大的关系，巴西则巩固和提升在南美的大国地位，成为新兴崛起大国。受中拉经贸关系的推动，中国已成为拉美国家对外关系多元化的重要战略选择。俄罗斯努力重返拉美，恢复其传统影响力，印度、伊朗也正在积极发展与拉美国家的关系。俄罗斯和伊朗重点发展与拉美左派的关系。

（2）美国和欧盟在拉美的影响力下降。美国在拉美的霸权相对衰落，影响力有所下降。奥巴马政府的拉美政策仅做出外交姿态调整，强调与拉美的平等伙伴关系，对新的政策倡议并无实质性的大手笔投入。当前美拉经贸关系增量空间不大，中短期内因受财力制约，美国对拉美外交将陷入颓废之势。鉴于拉美地区大国的国际影响力上升，且拉美国家的外交多元化使美国在拉美的战略空间受到挤压，促使美国加大对拉美的关注力度，主动寻求对话以重新强化美拉关系。

因未能关切拉美扩大进入欧盟市场的利益诉求，欧盟与拉美的关系进

---

① The Economic Commission for Latin America and the Caribbean of the United Nations, *Preliminary Overview of the Economics of Latin America and the Caribbean* 2011, Santiago, Chile, December 2011, p. 95.

展缓慢。欧盟内部对拉美关系出现了新的攻守变化，西班牙处于守势，而法、德则呈活跃攻势。2010 年 8 月，德国出台了新的拉美政策，强调与拉美的经贸、科技合作关系。受欧债危机的影响，欧盟对拉美的关注度和影响力下降，欧拉关系中短期内面临挑战。

特别需要指出的是，2010 年以来，阿根廷与英国关于马岛主权争端升温，研究表明马岛附近海域石油蕴藏量巨大。2012 年 3 月，阿根廷称将严惩在马岛非法勘探开采石油的英国公司。此外，因对西班牙雷普索尔－YPF 石油公司实施"国有化"，阿根廷与西班牙的关系紧张，并导致了阿根廷与欧盟的贸易纠纷。

（3）推动地区一体化。为抗衡美国倡导的美洲自由贸易区，无论是温和左派政府，还是激进左派政府都把推进拉美一体化作为对外政策的重要目标，其中以巴西为主导的南方共同市场和以委内瑞拉和古巴为主导的"美洲玻利瓦尔联盟"最为引人注目。2011 年 12 月，拉美及加勒比共同体成立，该组织是首个没有美国和加拿大参加的拉美的地区组织。

（4）看重与亚太国家的关系。鉴于亚太是全球最具经济活力的地区，拉美"面向亚太"的外交取向明显加强，积极拓展与亚太的经贸合作。2011 年 4 月，秘鲁、智利、哥伦比亚和墨西哥宣布成立"太平洋集团"，并积极参与推动"跨太平洋经济伙伴关系"。加强与亚洲的关系，有利于拉美扩大对外经贸合作的选择余地，摆脱对欧美的过度依赖。

（5）大国对拉美的资源争夺。鉴于拉美丰富的资源和国际地位的上升，大国都在重新评估拉美的战略重要性。日本正加强与包括拉美国家在内的新兴国家的外交力度，目标重在确保资源供应和开拓海外市场。德国也提出了新的拉美政策主张，应发挥拉美资源和市场对德国经济的振兴作用。此外，印度也将是加入拉美资源争夺战中强有力的竞争者。

（二）拉美复杂的能源合作环境

1. 能源合作政策的持续调整

拉美能源对外合作政策变化是资源国对其与跨国公司既定收益分配格局的调整，也反映了资源国国内政治博弈和对外关系的变化。拉美对外能源政策变化具有经济政策和外交政策调整的双重性质。从政策取向、调整时段及国别差异看，自20世纪90年代以来，拉美大致经历了三个政策调整周期，且都是中拉油气合作不断深化的转折点。

（1）油气产业对外开放期（1990～2000年）：面对拉美油气产业开放机遇，中国石油公司通过资源国区块招标开始走向拉美。这一时期可视为中拉油气合作的起始点，且合作对象仅限于秘鲁和委内瑞拉两国，合作规模不大，项目也较为零星。

（2）拉美左派政府油气产业"国有化"（2001～2007年）：委内瑞拉、玻利维亚、厄瓜多尔三国左派政府出台了一系列的油气政策调整法令，强调或继续保持国家对油气资源的控制权，即扩大国家石油公司的控股权，提高能源税费或扩大政府分成比例，但吸引外资参与的政策主旨未变。

由于中国石油公司进入拉美的油气市场时间较晚，合作规模有限，拉美左派政府油气国有化对欧美跨国油气公司冲击较大，对中国公司的影响不仅相对较小，反而为中国企业在拉美并购创造了市场机遇。

（3）油气产业开放进一步收缩（2008～2012年）：以2008年国际金融危机爆发为界，2009年至今，拉美的油气政策调整周期仍未结束。巴西盐下层油田开发立法、厄瓜多尔合同模式变更一度成为2010年拉美油气的热点问题。2012年上半年，阿根廷对雷普索尔－YPF公司的强制收购、玻利维亚对西班牙电力公司的国有化可能预示着拉美又一轮政策调整高潮的到来。

对中国公司而言，国际金融危机给跨国石油公司在拉美经营造成的局部冲击，为中国石油公司进入拉美创造了又一次新机遇。

2. 资源民族主义

从历史上看，拉美的油气政策经历了三次大的周期性转型。发现油气资源至20世纪初，为拉美的油气产业开放期。以1922年阿根廷成立垂直一体化的国家石油公司为起点和以1976年委内瑞拉实施国有化、成立国家石油公司为终点，为拉美地区性油气国有化运动时期。受债务危机冲击，20世纪80年代末至90年代，拉美油气产业重新开放或实施私有化。

阿根廷是最早完成私有化的拉美国家，委内瑞拉、厄瓜多尔、秘鲁也于20 世纪 90 年代中后期开放油气产业，开放程度较高。

以 2001 年委内瑞拉颁布的新油气法为标志，拉美又掀起了新一轮油气政策变革，一些资源国开始向加强国家对油气产业控制的政策回归。2002～2007 年，拉美左派执政国家先后加强了对油气资源的控制，具体政策调整包括提高矿区使用费、国家石油公司的持股比例、政府分成比例、所得税率及油气出口关税等。欧美学者把拉美这新一轮油气政策调整称之为"资源民族主义"或"国有化"浪潮的兴起。

"国有化"和"资源民族主义"似乎成为媒体解读拉美新一轮油气政策变化的代表性关键词。国内对拉美油气政策变化的理解，大多取自欧美媒体的观点和分析。根据宪法规定，当前所有拉美国家都有拥有其自然资源的权利，资源权益归国家所有。对资源国而言，其政策设计是实现"租金"的最大化。油气合同模式变化是拉美资源国"国有化"的核心，一国往往采用多种合同模式，而不是仅限于一种，问题是随油气价格波动，近年来调整频率较高。

拉美"资源民族主义"概念，不如理解成"资源国家主义"，原因是油气政策的调整者以政府的名义出现，往往具有很强的党派性，可明显地看到拉美"政治钟摆"与油气政治变化的高度关联性。资源国的政策选择是政府的理性行为，鉴于对油气收入的财政依赖，油气价格变化对合作成本收益分配结构的改变以及资源国内部政治、经济、社会条件的改变都有可能促使政策调整。

3. 油气资源开发与社会冲突

拉美油气资源开发引发了不少暴力冲突，涉及政治、社会、环保和劳工等多个方面。这类冲突产生的根源是拉美长期经济不平等、社会对少数人群的边缘化以及政府对资源性收入的管理使用不当[①]。

根据油气资源开发冲突发生范围，冲突可分为三个层次，即地区层面

---

① Patricia I. Vasquez，"Energy and Conflicts：A Growing Concern in Latin America，Inter-America Dialogue and Inter-American Development Bank"，*Working Paper*，November 2010，p. 5.

上的、国家范围内的和地方性的。地区层面上的冲突指油气地缘政治冲突或边境冲突，例如，油气资源开发和管道建设的跨国合作、以油气外交发展政治联盟；同时，拉美存在着大量的仍未解决的边境纠纷，这都有可能阻碍油气合作。国家层面上的冲突表现为"资源收益分配冲突"，指国家资源收入在不同社会集团或族群之间因分配比例不同而引发社会矛盾冲突。地方性冲突指在油气资源开发区内，由当地土著居民或农业耕种者引发的利益分配冲突问题。据非政府组织"拉美矿业冲突观察"统计，截至 2012 年 1 月，拉美因油气、矿业资源开发而引发的社会冲突有 155 起，其中阿根廷、巴西、智利、哥伦比亚和秘鲁五国较多，分别有 24 起、21 起、25 起、16 起和 26 起[①]。

哥伦比亚的油气管道及其他能源基础设施一直是游击队的袭击对象。2010 年，哥伦比亚就发生了 13 起破坏、袭击油气管道事件，而在 21 世纪初的前几年，这样的事件每年发生高达上百起[②]。2011 年 6 月，中国石油公司工人在哥伦比亚遭到绑架。2012 年 5 月，"哥伦比亚革命武装力量"炸毁了该国西南部的一处输油管道。

4. 油气政治中的印第安人角色

印第安人土著居民已成为拉美油气政治的参与者，其角色是拉美油气政治研究中不可或缺的部分。秘鲁、玻利维亚多次发生印第安人抵制油气资源开发的暴力冲突事件，厄瓜多尔在亚马孙地区的石油勘探开发也导致了印第安人与政府之间的暴力冲突。秘鲁、玻利维亚和墨西哥等国发生过多次暴力冲突；厄瓜多尔的亚马孙地区因石油勘探开发导致了土著印第安居民与政府之间的暴力冲突，石油管道爆炸事件也时有发生。

石油勘探开发给印第安人土著居民带来了生存、环境和文化灾难，印第安人对油气政治的参与基本上属于维权活动。为阻止油气勘探开发或对其利益损害进行补偿，在维权形式上，印第安人采取了法律诉讼、示威抗议、占领油气田、封锁道路、扣押人员等方式。印第安人的维权政治是拉

---

① http：//www.olca.cl/ocmal/.

② U. S. Energy Information Administration, Country Analysis Briefs：Columbia, June 2011, p. 3.

美油气资源开发和收益分配政治的外围延伸，其中非政府组织是重要的推动力量。拉美环保和人权非政府组织繁多，如"亚马孙观察""地球权利国际""亚马逊保护团队"及南美本地印第安人组织社团。

（三）中国与拉美能源合作面临的主要障碍

基于拉美在政治、经济、外交、文化等方面的独特性，中拉能源合作的经济风险与政治风险并存，涉及东道国的国内政治、对外关系等诸多非经济因素。

1. 潜在的政治危机或冲突不容忽视

中拉能源合作项目主要集中在委内瑞拉、哥伦比亚、厄瓜多尔、秘鲁等安第斯国家，该地区潜在的政治或经济危机可能会对合作带来冲击。

其一，委内瑞拉、厄瓜多尔以及玻利维亚等左派政府推行的改革虽取得了社会底层的支持，却导致国内政治对立加大，社会稳定面临考验，国内潜伏的政治危机值得密切关注。

其二，拉美国内政治力量的更替，尤其反华势力上台后，其对外能源合作可能转向，给中国的能源合作制造纠纷，甚至出现逼退中国能源企业的可能。

其三，"反美"左派与"亲美"右派关系不可不察。中拉能源合作的风险因素还应置于地区或次地区关系中加以考察。2008～2009年，哥伦比亚、秘鲁两个"亲美"国家与厄瓜多尔、委内瑞拉、玻利维亚等"反美"国家的关系一直较为紧张，美国则是影响安第斯国家间关系的幕后因素，涉及哥伦比亚军队进入厄瓜多尔境内打击反政府武装、哥伦比亚与美国签署的新军事合作协议。

2. 对外合作政策调整存在不确定性

尽管保持能源产业开放是拉美的政策主流，但主要油气生产国不断调整油气对外合作政策，调整方向存在不确定性。

墨西哥继2008年通过新的油气改革法案后，开始采用新的激励性服务合同，但开放程度有限；2012年7月大选后，新政府将会继续推进能源改革。2010年，厄瓜多尔以强硬态度与跨国石油公司重新谈判，推行油气服务合同，以取代原有产品分成合同。2009～2011年，就盐下层油田开发合同模式和矿区使用费分配等立法问题，巴西联邦、地州、各党派、国家石油公司等不同利益集团一直争论不休。

2012年年初，阿根廷限制雷普索尔－YPF等跨国石油公司的利润分红和汇出，要求对油气勘探、开发进行再投资。2012年3～4月，阿根廷收回了雷普索尔－YPF的12个石油开发许可合同；5月，阿根廷议会通过对雷普索尔－YPF公司"国有化"的法令，并由克里斯蒂娜总统签署实施。阿根廷自2002年实施至今的油气价格的冻结，使得阿根廷油气投资环境恶化，跨国石油公司陷入经营困境，开始调整经营策略或撤离。

3. 欧美跨国公司在拉美的调整期仍未结束

尽管委内瑞拉、玻利维亚、厄瓜多尔对油气政策实施了大调整，但绝大多数欧美公司并未撤离，仍积极参与战略性项目，视在巴西、委内瑞拉的项目为战略重点。对早先进入拉美的跨国公司而言，继2005～2007年投资策略调整之后，2009～2011年又进行了新一轮的资产结构和国别策略调整，调整态势可概括为"留守委内瑞拉，静观厄瓜多尔，试撤阿根廷，进军巴西"。因阿根廷油气政策变化，雷普索尔等跨国公司不断调整在阿业务或出售资产。

此外，在拉美地区的中小石油公司为数众多，且投资活跃。大多数中小公司出现融资困难，拉美持续出现公司并购、联合高潮，而资本实力雄厚的跨国公司将赢得更多市场机会，实现资产结构的重组、优化。

4. 社会风险难以控制

拉美的社会问题突出，已成为能源合作的一大障碍。尤其群体性事件具有突发性、不可预测性，当地政府也难以控制。

厄瓜多尔、秘鲁和玻利维亚等国的印第安人组织反对外国石油投资的呼声不断，经常干扰油田作业、占领油气田和机场、封锁道路、破坏公共设施等，给油气生产和运输造成严重影响。2006～2007年，中国在厄瓜多尔位于亚马孙地区的石油项目遭到多次冲击。2009年，秘鲁北部亚马孙油气产区局势紧张，暴力活动加剧，秘鲁政府一度宣布对该地区实行紧急状态。因反对政府让更多外国能源及矿业公司进入亚马孙热带雨林区，印第安人土著居民示威者经常与警方产生冲突。

5. 环保标准严格

拉美资源国环保条款的透明性、监管到位程度、纠纷解决机制等，都是中国对拉美能源、矿业投资不可忽略的关键因素。尤其印第安人生活领地边界的模糊性，是造成环境纠纷的潜在根源之一。宝钢在巴西的投资计划之所以受挫，是因为巴方曾以环保评估为"说辞"。中铝公司2007年收购了秘鲁一铜矿，因当地的环境和社会影响评估问题，项目进展缓慢。

厄瓜多尔政府在石油合同重新谈判中，对环保提出了更为严格的标准，并要求外国石油公司对以前造成的环境破坏做出赔偿。厄瓜多尔一直在指控谢夫隆的子公司德士古公司1964～1990年在其境内因石油勘探开发给亚马孙地区造成的严重污染，要求该公司赔偿近150多亿美元。2006～2009年，秘鲁印第安人和环保组织一直在起诉外国石油公司，认为外国石油公司破坏了土著人的生活环境，强烈要求外国石油公司做出赔偿，且要求其在控制污染后，才能继续油气勘探的开发活动。

墨西哥湾石油泄漏事件发生后，巴西国内对开发深海油田可能对环境带来的影响甚为担心。巴西在1984年、1988年和2001年发生过三次严重的海上油气勘探事故，此后巴西加强了海上油气勘探开发的环境保护立法，并建立了应急机制。2011年11月，雪佛龙公司在巴西的钻井发生石油泄漏事故，巴西要求该公司中止作业，以"破坏环境罪"对其处罚，并让其支付赔偿金。巴西要求在海上油田作业的石油公司必须雇用独立的环境监测机构，对石油勘探、开采和生产过程实时监控。

6. 劳工权益诉求多变

拉美重视维护劳工权益。一些劳工组织势力强大，借助油气价格上涨，不断要求提高福利待遇，并对外国投资者提出协议之外的利益要求。拉美劳工组织反对跨国公司的"外包"行为，要求政府随着石油、矿产品价格的上涨提高工资水平。拉美不时发生名目繁多的罢工示威，如中国首钢公司秘鲁公司，因工人大罢工，公司蒙受了不少经济损失。2006 年 3 月，厄瓜多尔国家石油公司举行罢工，要求直接与国家石油公司订立雇佣关系，同时，罢工工人强烈要求外国石油公司要为当地基础设施建设提供资金，并提供更多的就业岗位。由于厄瓜多尔石油产业纠纷不断，2005～2007 年，有三家外国公司撤出在厄瓜多尔的石油行业。2011 年 8 月，阿根廷石油工人罢工，中国石油公司的生产经营受到了冲击。

7. 美国因素的潜在影响

中拉能源合作还应考虑到美国的反应和潜在的影响。鉴于拉美对美国的能源安全保障、美拉之间石油贸易的相互依赖以及美国石油公司在拉美的商业利益，美国长期主导着西半球能源秩序变化。美国异常关注中国在委内瑞拉、厄瓜多尔、巴西以及玻利维亚等国能源领域的投资，担心中拉能源合作会危及美国能源安全，并降低拉美对美国资本、能源市场的依赖。2005～2010 年美国国会和美中经济与安全委员会就中拉关系举行多次听证会，重点评估中拉能源合作及其对美国的影响。美国学者对中拉能源合作深感忧虑，认为中拉能源合作有可能危及美国的能源安全[①]。中拉能源合作应充分评估美国在拉美的能源商业竞争、地区国际关系、军事存在等诸多方面的可能影响。

8. 油气市场竞争激烈

拉美本地的国家石油公司掌控绝大部分油气储量和优质区块，居于垄断地位，并利用地缘、文化等优势，加强区域内的油气上、中、下游合作。新兴市场国家的油气公司开始活跃于拉美市场，但仍处于市场融入阶段，而欧美的跨国石油公司在拉美仍占有优势。俄罗斯、印度、日本、伊朗、印度尼西亚、越南等国积极加强与拉美的油气合作，而俄罗斯和伊朗与拉美的能源合作主要受政治利益驱动。从能源安全保障来看，扩大原油进口是亚洲国家石油公司参与拉美市场的重要战略性目标。

---

① Robert Evan Ellis, "The New Challenge: China and the Western Hemisphere", Testimony before the House Committee on Foreign Affairs, Subcommittee on the Western Hemisphere, One Hundred Tenth Congress, June 11, 2008.

四　对策建议

中国与拉美地区的能源合作，在实现拉美能源自足的基础上，有助于局部影响、改变世界能源供需关系，从而能为确保中国能源安全争取到"机动地缘空间"。中国与拉美的能源合作战略影响不仅在于可为中国原油进口安全寻找战略替代来源地、缓冲区，还应该看到拉美对美国能源安全的决定性影响。就西半球石油贸易格局变化看，拉美从美国进口成品油的数量不断扩大，而对美国的原油出口呈下降趋势。

中国参与拉美的能源产业，能够对西半球的能源供求关系、产业链条施加局部影响，尽管目前这种影响还较"微小"，但已不能忽视。若拉美能够减少对美国的依赖，则意味着中国战略空间的扩大。从企业国际化战略来看，中国石油公司在拉美地区无论是合作的国别布局，还是业务和合作伙伴的选择都已完成战略部署，从而进入战略经营和业务成长时期，以下问题值得重视。

（一）　加强对拉美地区的全方位能源外交

委内瑞拉、厄瓜多尔、玻利维亚是拉美政治生态较为脆弱的国家，而巴西、阿根廷、秘鲁国内政治相对平稳。2010 年 10 月，厄瓜多尔发生政治骚乱，厄总统一度遭到绑架，且政府与议会在油气立法上一直存在分歧争议[①]。委内瑞拉国内对中委合作出现了不同声音，委反对派政党自 2011 年年底至 2012 年年初，向查韦斯政府和议会施加压力，要求公布中委合作细节，特别是中委合作基金的使用去向。因查韦斯总统健康状况和 2012 年 10 月的总统大选，外界对中委合作的可持续性不断猜测。

鉴于委、厄等国内复杂的政治环境，我国应加强能源外交，与不同政党及政治势力沟通，促成中拉合作的政治意愿。

---

① Ecuadorian President Defies Congress over Hydrocarbons Law, IHS Global Insight, 2010 - 09 - 30.

（二）提升资产、管理整合能力

中国石油公司进入拉美，不仅包括资本的进入，还应包括人员的进入和学习能力的提升，从而培养一支从技术到管理都针对拉美油气市场的专业化队伍。未来几年将是中国石油公司在拉美的资产消化、业务发展之年，特别应提高并购、参股后的业务整合能力。拉美商业环境复杂，资源国的政党政治、地方政府与联邦政府的关系、劳工及印第安人群体都是中国公司不可回避的因素。

简而言之，中国石油公司在拉美不应仅自视为"作业者"，而应提升到"经营者"的思维高度。

（三）建立政策对话和信息交流机制

中国在拉美的能源利益已超越公司层面的市场运作能力，针对中拉油气合作上升势头，建立政府间常规性政策对话和信息交流机制显得较为迫切。为把握拉美油气政策动向，相关部门和企业可建立拉美油气信息动态数据库和跟踪研究机制。

就目前来看，还应高度关注拉美的能源立法问题，加强立法机构之间的往来，以通过拉美议会外交渠道深入了解资源国的立法取向及其国内政治博弈。

（四）探索油气投资争端解决机制

拉美是油气投资纠纷争端多发地区，2006 年，共发生投资争端 57 项，其中 26 项与能源有关，重点集中在阿根廷、厄瓜多尔、委内瑞拉和玻利维亚四国[①]。2009～2010 年，厄瓜多尔取消与多个跨国公司的石油合同，引起了一系列的投资纠纷。厄政府反对引用世界银行投资纠纷解决机制，而主张提请联合国国际贸易法委员会解决。截至 2010 年 7 月，世界

---

① Alexia Brunet, Juan Agustin Lentini. Arbitration of International Oil, Gas and Energy Disputes in Latin America, *Northwestern Journal of International Law and Business*, 2007, p. 41.

银行国际投资争端解决中心存有 10 个针对委内瑞拉的投资纠纷诉讼，其中涉及康菲、埃克森美孚等石油公司。

可见，有必要了解、探索拉美油气投资争端解决机制的历史惯例和传统，这有助于保护中国石油公司的利益。

（五） 适时发布中国企业社会责任报告

为资源国提供力所能及的援助已成为跨国公司的共识。2007 年 8 月，秘鲁发生强烈地震后，中石油及时向灾区提供援助，受到了秘鲁政府和当地社会的好评。拉美基础设施建设薄弱，与中国的对外援助政策相配合，在此背景下，中国能源企业应尽力提供适当援助，如出资建造学校、医院、桥梁、文化等公共设施，树立良好的公司形象，这样有助于促进社会融入。

为消除国际舆论对中国企业的偏见和负面评价，我国企业应适时发布中国企业在拉美地区的社会责任报告，包括当地用工、环保标准执行和社会投入等内容，宣传中国企业为当地社会发展做出的贡献。

（六） 建立社会风险预警和应对机制

拉美社会治安较差，犯罪率较高。为保证中方企业员工人身及财产安全，应就东道国的群体性事件、社会治安状况、种族冲突、阶层矛盾等因素构成的社会风险，进行深入的分析与评估，并建立社会风险的预警和反应机制。

（七） 淡化能源合作的政治色彩

为避免美国对中拉能源合作过度敏感，中拉能源合作要突出企业的市场行为，弱化其政治色彩。一方面，中拉能源合作要扩大产油量，强调"石油增量共享"策略，以缓解美国对中国与之在拉美"夺油"的疑虑；另一方面，当中国企业与欧美公司合作时，一旦与资源国发生纠纷，中国企业在据理力争、维护合理权益的基础上，还要充分考虑到和资源国的双边关系大局，不能完全跟随、效仿欧美公司的处理方式。

因此，中拉能源合作要以企业行为为主，外交渠道为辅，在企业行为和政治关系之间灵活平衡。

总之，拉美希望实现能源自给和能源产业的自主发展，中国已成为拉美对外能源合作多元化的战略伙伴。尽管拉美是中国能源安全保障的"边际供给"，不是中国能源安全的绝对量的保障地区，但是，中国石油公司参与拉美能源市场具有多重战略意义，除原油进口多元化、提升中拉经贸关系外，还可影响全球能源市场。这是拉美的原油储量、产量及在国际贸易中的地位决定的。这不仅是企业简单追求国际化和投资盈利的问题，而且涉及西半球能源格局变化，可从侧面提升中国在全球能源格局中的博弈能力。

参考文献

Allen Gerlach, *Indians, Oil, and Politics: A Recent History of Ecuador*, Rowman & Littlefield Publishers, 2003.

BP, *Statistical Review of World Energy*, June 2011.

Javier Corrales, Michael Penfold, *Dragon in the Tropics: Hugo Chavez and the Political Economy of Revolution in Venezuela*, Brookings Institution Press, 2010.

Jonathan Di John, *From Windfall to Curse: Oil and Industrialization in Venezuela, 1920 to the Present*, The Pennsylvania State University Press, 2009.

Miguel Tinker Salas, *The Enduring Legacy: Oil, Culture, and Society in Venezuela*, Duke University Press, 2009.

Ralph S. Clem, Anthony P. Maingot, Cristina Eguizabal, *Venezuela's Petro-Diplomacy: Hugo Chavez's Foreign Policy*, University Press of Florida Publisher, 2011.

Patricia I. Vasquez, "*Energy and Conflicts: A Growing Concern in Latin America, Inter-America Dialogue and Inter-American Development Bank*", Working Paper, 2010.

Ralph S. Clem, Anthony P. Maingot, Cristina Eguizabal, Venezuela's Petro-Diplomacy: *Hugo Chavez's Foreign Policy*, University Press of Florida Publisher, 2011.

Robert Evan Ellis, "The New Challenge: China and the Western Hemisphere", Testimony before the House Committee on Foreign Affairs, Subcommittee on the Western Hemisphere, One Hundred Tenth Congress, June 11, 2008.

Suzana Sawyer, *Crude Chronicles: Indigenous Politics, Multinational Oil, and Neoliberalism in Ecuador*, Duke University Press, 2004.

U. S. EIA, Country Analysis Briefs: Columbia, June 2011.

U. S. EIA, Country Analysis Briefs: Mexico, July 2011.

U. S. EIA, Country Analysis Briefs: Venezuela, March 2011.

Sidney Weintraub, *Energy Cooperation in the Western Hemisphere*, the CSIS Press, Center for Strategic and International Studies, Washington, D. C. 2007.

Thad Dunning, *Crude Democracy: Natural Resource Wealth and Political Regimes*, Cambridge University Press, 2008.

The Economic Commission for Latin America and the Caribbean of the United Nations, *Preliminary Overview of the Economies of Latin America and the Caribbean 2011*, Santiago, Chile, December 2011.

Terry Lynn Karl, *The Paradox of Plenty: Oil Booms and Petro-States*, University of California Press, 1997.

图书在版编目（CIP）数据

中国能源安全的国际环境/史丹主编. —北京：社会科学文献出版社，2013.1

（中国社会科学院财经战略研究院报告）

ISBN 978 - 7 - 5097 - 4086 - 6

Ⅰ. ①中…　Ⅱ. ①史…　Ⅲ. ①国际政治关系 - 影响 - 能源 - 国家安全 - 研究报告 - 中国　Ⅳ. ①TK01

中国版本图书馆 CIP 数据核字 （2012） 第 300153 号

中国社会科学院财经战略研究院报告

中国能源安全的国际环境

主　　编 / 史　丹

出 版 人 / 谢寿光
出 版 者 / 社会科学文献出版社
地　　址 / 北京市西城区北三环中路甲 29 号院 3 号楼华龙大厦
邮政编码 / 100029

责任部门 / 经济与管理出版中心 （010） 59367226　　责任编辑 / 林　尧　许秀江
电子信箱 / caijingbu@ ssap. cn　　　　　　　　　　　责任校对 / 谢　华
项目统筹 / 恽　薇　　　　　　　　　　　　　　　　　责任印制 / 岳　阳
经　　销 / 社会科学文献出版社市场营销中心 （010） 59367081　　59367089
读者服务 / 读者服务中心 （010） 59367028

印　　装 / 北京鹏润伟业印刷有限公司
开　　本 / 787mm × 1092mm　1/16　　　　　　　印　　张 / 15.75
版　　次 / 2013 年 1 月第 1 版　　　　　　　　　　字　　数 / 240 千字
印　　次 / 2013 年 1 月第 1 次印刷
书　　号 / ISBN 978 - 7 - 5097 - 4086 - 6
定　　价 / 49.00 元

本书如有破损、缺页、装订错误，请与本社读者服务中心联系更换

▲ 版权所有　翻印必究